浙江省高等教育重点建设教材

数 据 结 构

吴海燕　任午令　章志勇 编著

ZHEJIANG UNIVERSITY PRESS
浙江大学出版社

图书在版编目（CIP）数据

数据结构 / 吴海燕等编著. —杭州：浙江大学出
版社，2011.6（2021.1 重印）
ISBN 978-7-308-08738-4

Ⅰ. ①数… Ⅱ. ①吴… Ⅲ. ①数据结构 Ⅳ.
①TP311.12

中国版本图书馆 CIP 数据核字（2011）第 107976 号

数据结构

吴海燕　任午令　章志勇 编著

责任编辑	杜希武
封面设计	刘依群
出版发行	浙江大学出版社
	（杭州市天目山路 148 号　邮政编码 310007）
	（网址：http://www.zjupress.com）
排　版	杭州好友排版工作室
印　刷	广东虎彩云印刷有限公司绍兴分公司
开　本	787mm×1092mm　1/16
印　张	16.5
字　数	401 千
版 印 次	2011 年 6 月第 1 版　2021 年 1 月第 4 次印刷
书　号	ISBN 978-7-308-08738-4
定　价	43.00 元

前　　言

　　"数据结构"作为一门独立的课程在国外是从 1968 年才开始设立的。1968 年美国唐·欧·克努特教授开创了数据结构的最初体系,他所著的《计算机程序设计技巧》第一卷《基本算法》是第一本较系统地阐述数据的逻辑结构和存储结构及其操作的著作。"数据结构"在计算机科学中是一门综合性的专业基础课程。数据结构是介于数学、计算机硬件和计算机软件三者之间的一门核心课程。数据结构这一门课的内容不仅是一般程序设计(特别是非数值性程序设计)的基础,而且是设计和实现编译程序、操作系统、数据库系统及其他系统程序的重要基础。

　　本书从数据结构的逻辑结构、存储结构和数据的运算等几个方面去介绍了线性表、堆栈、队列、串、数组、树、图和文件等常用的数据结构,以及程序设计中经常出现的排序和查找算法。全书共分九个章节,第一章综述了数据、数据结构和抽象数据类型等基本概念;第二章至第六章介绍上述的几种数据结构及其应用;第七章至第八章讨论排序和查找的各种算法;第 9 章介绍常用的文件结构。全书采用 C 语言作为数据结构和算法的描述语言。

　　本书可作为计算机及其相关专业的本科或专科教材,也可以作为信息类或其他相关专业的选修教材,还可以作为其他一些课程如编译原理、操作系统、计算机图形学、数据库系统等的辅助读物。教师可根据课时、专业和学生的实际情况,解读或选讲书中的内容。本教材也是浙江省精品课程"数据结构"的教学用书。全书概念清楚,选材精练,叙述深入浅出,用了大量经典的应用实例和图表来说明基本概念和方法,直观易懂。

　　本教材的作者均为浙江工商大学承担数据结构课程的骨干教师,项目实践经验丰富,积累了不少的教学素材,本书由吴海燕负责全书的策划和组织,任午令教授和章志勇老师对全书进行了统稿和校对。由浙江工商大学的吴海燕,谢满德,柳虹和章志勇编写,其中吴海燕编写了第 1,3,4,9 章,章志勇和吴海燕共同编写了第 2 章和第 5 章,谢满德和柳虹共同编写了第 6 章,柳虹编写了第 7,8 章。同时,要感谢浙江工商大学的彭浩宇、陈志贤、朱继祥、竺乐庆、欧阳毅、庄毅、杨文武、韩建伟、潘伟峰等教师对本书提出的真诚和宝贵的修改建议。

　　在本书的编写过程中,参考了部分图书资料和网站资料,在此向其作者表示感谢。由于作者水平有限,书中难免出现遗漏和不足之处,恳请社会各界同仁及读者朋友提出宝贵意见和真诚的批评。

作　者

2011 年 5 月于浙江工商大学

目　　录

1

第一章　绪　　论

数据结构是计算机程序设计的重要理论技术基础,它不仅是计算机及相关专业考研和水平等级考试的必考科目,也是众多理工专业的热门选修课。通过数据结构的学习,培养数据抽象能力,在实际应用中有效合理地组织、存储和处理数据,正确地设计算法以及分析和评价算法能力。

1.1　为什么要学习数据结构

数据结构是一门综合性的专业课程,是介于数学、计算机硬件、计算机软件之间的一门核心课程,是设计和实现编译系统、操作系统、数据库系统及其他系统程序和大型应用程序的基础。

当给出一个问题描述后,用计算机帮助解题的过程通常是这样的,首先将具体问题转换为数学模型,然后给出算法,根据根据算法再进行程序设计,求解问题。然而在现实社会中存在着许多非数值计算问题,其数学模型难以用数学方程描述。我们来看几个例子:

(1)人机对弈问题(GamePlaying)

在对弈问题中,计算机处理的对象是一个个格局。计算机能与人对弈,是因为人们将博弈规则存入计算机,利用高速运算实现对弈过程。所有可能出现的格局是一棵倒置的树。这涉及数据结构中树的问题。

(2)旅游线路的安排问题

如需要到全国 9 个城市旅游,每个城市只走一次,由于地理环境不同等因素使各条旅游线路所需耗费不同,如何使耗费成本最低? 这是一个讨论图的生成树的问题。

(3)求 n 个整数中的最大值问题

最大值求解问题中,如果这些整数的值有可能达到 10^{12},那么对 32 位的计算机来说,就存在一个如何表示这些数的问题。

(4)员工信息检索系统

当我们需要查找某个员工的有关情况时,或者想查询某个部门或职务的员工的有关情况时,我们可以在信息检索系统中建立一张按工号顺序排列的员工信息表和分别按姓名、部门、职务等属性顺序排列的索引表。由这些表构成的文件就是员工信息检索的数学模型。

从以上例子中我们可以看到,描述这类非数值计算问题的数学模型不再是数学方程,而是诸如表、树和图之类的数据结构。因此,简单地说,数据结构是一门研究非数值计算的程序设计问题中计算机的操作对象以及它们之间的关系和操作的学科。

1.2 基本概念和术语

接下来,我们介绍数据结构中常用的一些术语。

数据(Data):是指所有能输入到计算机中并被计算机程序处理的符号的总称。数据是计算机加工的对象,是数据元素的集合。

数据元素(DataElement):是数据的基本单位,在计算机程序中通常作为一个整体进行考虑和处理。有些情况下,数据元素也称为元素、结点、顶点、记录。有时数据元素可以由若干数据项(也称为字段、域、属性)组成,数据项是数据的有独立含义的最小标识单位。

数据类型:(DataType):是一个值的集合和定义在这个值集上的所有的操作。例如,整数类型。数据类型可分为:原子数据类型和结构数据类型。原子类型的值是不可分解的,结构类型的值是由若干成分按某种结构组成的。

抽象数据类型(Abstract Data Type):可理解为数据类型的进一步抽象。即把数据类型和数据类型上的运算捆在一起,进行封装。引入抽象数据类型的目的是把数据类型的表示和数据类型上运算的实现与这些数据类型和运算在程序中的引用隔开,使它们相互独立。对于抽象数据类型的描述,除了必须描述它的数据结构外,还必须描述定义在它上面的运算(过程或函数)。抽象数据类型上定义的过程和函数以该抽象数据类型的数据所应具有的数据结构为基础。一个 ADT 可描述为:

```
ADT  ADT-Name{
    数据对象: 数据说明
    数据关系: 数据元素之间逻辑关系的描述
    基本操作/操作说明:
        Operation1://操作1, 它通常可用C或C + + 的函数原型来描述
        Operation2://操作2
        ......
    }//ADT
```

数据结构(Data Structure):数据之间的相互关系,即数据的组织形式。包括以下三方面:

(1)数据元素之间的逻辑关系,也称为数据的逻辑结构;

(2)数据元素及其关系在计算机存储器内的表示,称为数据的存储结构;

(3)数据的运算,即对数据施加的操作。

数据的逻辑结构:在不产生混淆的前提下,常将数据的逻辑结构简称为数据结构。数据的逻辑结构有两大类:线性结构和非线性结构。线性结构的逻辑特征是:若结构是非空集,则有且仅有一个开始结点和一个终端结点,并且所有结点都最多只有一个直接前趋和一个直接后继。线性表是一个典型的线性结构。栈、队列、串等都是线性结构。非线性结构的逻辑特征是:一个结点可能有多个直接前趋和直接后继。数组、广义表、树和图等数据结构都是非线性结构。

数据的存储结构:数据结构在计算机中的表示(又称映象)称为数据的物理结构,又称存

储结构,是数据元素及其关系在计算机存储器的表示。用于表示数据元素的位串称之为元素或结点,用于表示数据项的位串称之为数据域。算法的设计取决于选定的数据逻辑结构,而算法的实现依赖于采用的存储结构。数据有四种存储结构:

(1)顺序存储结构:把逻辑上相邻的结点存储在物理位置上相邻的存储单元里,结点间的逻辑关系由存储单元的邻接关系来体现。通常顺序存储结构是借助于语言的数组来描述的。

(2)链式存储结构:不要求逻辑上相邻的结点物理上也相邻,结点间的逻辑关系是由附加的指针字段表示的,通常要借助于语言的指针类型来描述。

(3)索引存储方法:该方法通常在储存结点信息的同时,还建立附加的索引表。索引表由若干索引项组成。若每个结点在索引表中都有一个索引项,则该索引表称之为稠密索引。若一组结点在索引表中只对应一个索引项,则该索引表称为稀疏索引。索引项的一般形式是:

(关键字、地址)

关键字是能唯一标识一个结点的那些数据项。稠密索引中索引项的地址指示结点所在的存储位置;稀疏索引中索引项的地址指示一组结点的起始存储位置。

(4)散列存储方法:根据结点的关键字直接计算出该结点的存储地址。

同一逻辑结构采用不同的存储方法,可以得到不同的存储结构。选择何种存储结构来表示相应的逻辑结构,视具体要求而定,主要考虑运算方便及算法的时空要求。

1.3 算法描述

算法(Algorithm)是对特定问题求解步骤的一种描述,它是指令的有限序列。每条指令表示一个或多个操作。

算法具有五个重要特性:有穷性、确定性、可行性、输入、输出。有穷性指算法执行有穷步后结束,不能无止境地执行下去;确定性是指算法的描述必须是清晰的,不具有二义性;可行性指算法原则上能精确地进行,用纸和笔有限次完成;一个算法必须有输入,算法结束后必须有输出。

对一个算法设计的要求包含以下几点:正确性、可读性、健壮性和效率与低存储量。

若一个算法对于每个输入实例均能终止并给出正确的结果,则称该算法是正确的。正确的算法解决了给定的计算问题,一个不正确的算法是指对某些输入实例不终止,或者虽然终止但给出的结果不是所渴望得到的答案,一般只考虑正确的算法。算法的健壮性是指算法在碰到一个非法数据时的处理能力。

算法的描述形式有自然语言表示法,伪代码表示法,流程图表示法,结构化流程图(N—S图),计算机程序语言或其他语言表示法等等,唯一的要求是该说明必须精确地描述计算过程。

一般而言,描述算法最合适的语言是介于自然语言和程序语言之间的伪语言。它的控制结构往往类似于 Pascal、C 等程序语言,但其中可使用任何表达能力强的方法使算法表达更加清晰和简洁,而不至于陷入具体的程序语言的某些细节。从易于上机验证算法和提高实际程序设计能力考虑,在本书中大多数算法我们采用 C 语言的形式描述。

1.4 算法分析

求解同一问题可能有许多不同的算法,究竟如何来评价这些算法的好坏以便从中选出较好的算法呢? 选用的算法首先应该是"正确"的。此外,主要考虑如下三点:

(1)执行算法所耗费的时间;

(2)执行算法所耗费的存储空间,其中主要考虑辅助存储空间;

(3)算法应易于理解,易于编码,易于调试等等。

一个占存储空间小、运行时间短、其他性能也好的算法是很难做到的。原因是上述要求有时相互抵触:要节约算法的执行时间往往要以牺牲更多的空间为代价;而为了节省空间可能要耗费更多的计算时间。因此我们只能根据具体情况有所侧重:若该程序使用次数较少,则力求算法简明易懂;对于反复多次使用的程序,应尽可能选用快速的算法;若待解决的问题数据量极大,机器的存储空间较小,则相应算法主要考虑如何节省空间。

接下来我们重点讨论算法的时间性能分析。

一个算法所耗费的时间=算法中每条语句的执行时间之和;

每条语句的执行时间=语句的执行次数(即频度(Frequency Count))×语句执行一次所需时间;

算法转换为程序后,每条语句执行一次所需的时间取决于机器的指令性能、速度以及编译所产生的代码质量等难以确定的因素。若要独立于机器的软、硬件系统来分析算法的时间耗费,则设每条语句执行一次所需的时间均是单位时间,一个算法的时间耗费就是该算法中所有语句的频度之和。

例如,求两个 n 阶方阵的乘积 C=A×B,其算法如下:

```
# define n 100                          // n 可根据需要定义,这里假定为100
void MatrixMultiply(int A[n][n], int B [n][n], int C[n][n])
{                                        //右边注释列为各语句的频度
    int i ,j ,k;
(1) for(i=0; i<n;j++)                    // n+1
(2)    for (j=0;j<n;j++) {               // n(n+1)
(3)      C[i][j]=0;                      // n²
(4)      for (k=0; k<n; k++)             // n²(n+1)
(5)        C[i][j]=C[i][j]+A[i][k]*B[k][j]; //  n³
       }
}
```

该算法中所有语句的频度之和(即算法的时间耗费)为:

$$T(n)=2n^3+3n^2+2n+1$$

其中,语句(1)的循环控制变量 i 要增加到 n,测试到 i=n 成立才会终止。故它的频度是 n+1。但是它的循环体却只能执行 n 次。语句(2)作为语句(1)循环体内的语句应该执行 n 次,但语句(2)本身要执行 n+1 次,所以语句(2)的频度是 n(n+1)。同理可得语句

(3),(4)和(5)的频度分别是 n^2,$n^2(n+1)$ 和 n^3。算法 MatrixMultiply 的时间耗费 $T(n)$ 是矩阵阶数 n 的函数。

　　算法求解问题的输入量称为问题的规模(Size),一般用一个整数 n 表示。例如,矩阵乘积问题的规模是矩阵的阶数。一个图论问题的规模则是图中的顶点数或边数。一个算法的时间复杂度(Time Complexity,也称时间复杂性)$T(n)$ 是该算法所求解问题规模 n 的函数。当问题的规模 n 趋向无穷大时,时间复杂度 $T(n)$ 的数量级(阶)称为算法的渐进时间复杂度。

　　例如上面的算法 MatrixMultidy 的时间复杂度 $T(n)=2n^3+3n^2+2n+1$,当 n 趋向无穷大时,显然有

$$\lim_{n\to\infty}T(n)/n^3=\lim_{n\to\infty}(2n^3+3n^2+2n+1)/n^3=2$$

　　这表明,当 n 充分大时,$T(n)$ 和 n^3 之比是一个不等于零的常数。即 $T(n)$ 和 n^3 是同阶的,或者说 $T(n)$ 和 n^3 的数量级相同。记作 $T(n)=O(n^3)$ 是算法 MatrixMultiply 的渐近时间复杂度。数学符号"O"的严格的数学定义如下:

　　若 $T(n)$ 和 $f(n)$ 是定义在正整数集合上的两个函数,则 $T(n)=O(f(n))$ 表示存在正的常数 C 和 n0,使得当 n≥n0 时都满足 $0\leq T(n)\leq C\cdot f(n)$。

　　主要用算法时间复杂度的数量级(即算法的渐近时间复杂度)评价一个算法的时间性能。

　　例如,有两个算法 A1 和 A2 求解同一问题,时间复杂度分别是 $T1(n)=100n^2$,$T2(n)=5n^3$。

　　(1)当输入量 n<20 时,有 $T1(n)>T2(n)$,后者花费的时间较少。

　　(2)随着问题规模 n 的增大,两个算法的时间开销之比 $5n^3/100n^2=n/20$ 亦随着增大。即当问题规模较大时,算法 A1 比算法 A2 要有效得多。它们的渐近时间复杂度 $O(n^2)$ 和 $O(n^3)$ 从宏观上评价了这两个算法在时间方面的质量。在算法分析时,往往对算法的时间复杂度和渐近时间复杂度不予区分,而经常是将渐近时间复杂度 $T(n)=O(f(n))$ 简称为时间复杂度,其中的 $f(n)$ 一般是算法中频度最大的语句频度。例如上文的算法 MatrixMultiply 的时间复杂度一般为 $T(n)=O(n^3)$,$f(n)=n^3$ 是该算法中语句(5)的频度。下面再举例说明如何求算法的时间复杂度。

　　(1) 交换 i 和 j 的内容。
```
        temp=i;        //（1次）
        i=j;           //（1次）
        j=temp;        //（1次）
```

　　以上三条单个语句的频度均为1,该程序段的执行时间是一个与问题规模 n 无关的常数。算法的时间复杂度为常数阶,记作 $T(n)=O(1)$。如果算法的执行时间不随着问题规模 n 的增加而增长,即使算法中有上千条语句,其执行时间也不过是一个较大的常数。此类算法的时间复杂度是 $O(1)$。

（2）求和。

```
sum=0;                    // （1次）
for(i=1;i<=n;i++)         // （n次 ）
    for(j=1;j<=n;j++)     // （n²次 ）
        sum++;            // （n²次 ）
```

因此，$T(n)=2n^2+n+1=O(n^2)$。一般情况下，对步进循环语句只需考虑循环体中语句的执行次数，忽略该语句中步长加1、终值判别、控制转移等成分。因此，以上程序段中频度最大的语句是 sum++，其频度为 $f(n)=n^2$，所以该程序段的时间复杂度为 $T(n)=O(n^2)$。

当有若干个循环语句时，算法的时间复杂度是由嵌套层数最多的循环语句中最内层语句的频度 $f(n)$ 决定的。

```
（3）  for(i=0;i<n;i++)
          for(j=0;j<i;j++)
            for(k=0;k<j;k++)
              x=x+2;
```

当 i 的值为某个 x，j 的值为某个 y 的时候，内层循环的次数为 y。而当 i 的值为某个 x 时，j 可以取 $0,1,\cdots,x-1$，所以这里最内循环共进行了 $0+1+\cdots+x-1=(x-1)x/2$ 次，因此，当 i 从 0 取到 n 时，则循环共进行了：$0+(1-1)*1/2+\cdots+(n-1)n/2=n(n+1)(n-1)/6$ 所以时间复杂度为 $O(n^3)$。

常见的时间复杂度按数量级递增排列依次为：常数 $O(1)$、对数阶 $O(\log n)$、线形阶 $O(n)$、线形对数阶 $O(n\log n)$、平方阶 $O(n^2)$ 立方阶 $O(n^3)$、$\cdots$、k 次方阶 $O(n^k)$、指数阶 $O(2^n)$、阶乘阶 $O(n!)$，显然，时间复杂度为阶乘阶 $O(n!)$ 的算法效率极低，当 n 值稍大时就无法应用。

最坏情况下的时间复杂度称最坏时间复杂度。如无特别说明，讨论的时间复杂度均是最坏情况下的时间复杂度。这样做的原因是：最坏情况下的时间复杂度是算法在任何输入实例上运行时间的上界，这就保证了算法的运行时间不会比任何更长。平均时间复杂度是指所有可能的输入实例均以等概率出现的情况下，算法的期望运行时间。

类似于时间复杂度的讨论，一个算法的空间复杂度（Space Complexity）$S(n)$ 定义为该算法所耗费的存储空间，它也是问题规模 n 的函数。渐近空间复杂度也常常简称为空间复杂度。算法的时间复杂度和空间复杂度合称为算法的复杂度。

习　　题

1.设 n 为正整数，利用大"O"记号，将下列程序段的执行时间表示为 n 的函数。

```
(1)  i=1; k=0;
     while(i<n)
     { k=k+10*i; i++;
     }
```

```
(2) i=0; k=0;
    do{
      k=k+10*i; i++;
      }
    while(i<n);
(3) i=1; j=0;
    while(i+j<=n)
      {
        if (i>j) j++;
        else i++;
      }
(4)x=n; // n>1
   while (x>=(y+1)*(y+1))
      y++;
(5) x=91; y=100;
    while(y>0)
        if(x>100)
           {x=x-10;y--;}
        else x++;
```

2. 按增长率由小至大的顺序排列下列各函数：

$2^{100}, (3/2)^n, (2/3)^n, n^n, n^{0.5}, n!, 2^n, \lg n, n^{\lg n}, n^{(3/2)}$

3. 简述下列概念：数据、数据元素、数据类型、数据结构、逻辑结构、存储结构、线性结构、非线性结构。

4. 试举一个数据结构的例子、叙述其逻辑结构、存储结构、运算三个方面的内容。

5. 评价一个好的算法，可以从哪几方面来考虑？

6. 根据数据元素之间的逻辑关系，一般有哪几类基本的数据结构？

7. 有实现同一功能的两个算法 A1 和 A2，其中 A1 的时间复杂度为 $T1=O(2^n)$，A2 的时间复杂度为 $T2=O(n^2)$，仅就时间复杂度而言，请具体分析这两个算法哪一个好。

第二章 线性表

线性结构是简单且常用的数据结构,而线性表是一种典型的线性结构。一般情况下,如果需要在程序中存储数据,最简单、最有效的方法是把它们存放在一个线性表中。只有当需要组织和搜索大量数据时,才考虑使用更复杂的数据结构。本章讨论和分析了一般线性表的表示,并介绍了不同的实现线性表的方法。

2.1 线性表的概念

在所有的数据结构中,最简单的是线性表(Linear List)。通常,定义线性表为 $n(n \geq 0)$ 个数据元素的一个有限的序列。记为 $L = (a_1, a_2, \cdots, a_i, a_{i+1}, \cdots, a_n)$。其中,L 是线形表的名称,$a_i$ 是表中的数据元素,是不可再分割的原子数据,有时又称为结点或表项。n 是线形表中数据元素的个数,也称为表的长度。若 $n=0$ 叫做空表,此时,表中一个元素也没有。线性表的第一个元素称为表头(head),最后一个元素称为表尾(tail)。

线性表是一个有限线性序列,这意味着表中的各个数据元素是相继排列的,且除了第一个数据元素和最后一个数据元素外,每两个相邻的数据元素之间都构成了直接前驱和直接后继的相互关系,也就是说,线性表存在唯一的第一个数据元素和最后一个数据元素。除第一个数据元素外,其他所有的数据元素有且仅有一个直接前驱,第一个元素没有前驱;除最后一个数据元素外,其他所有的数据元素有且仅有一个直接后继,最后一个元素没有后继。

直接前驱和直接后继从不同的角度深刻地刻画了线形表结点之间的一种逻辑关系(即邻接关系)。在线性结构中,这种相互邻接关系是 1 对 1 的,即除了首尾的数据元素外,每个结点只有一个直接前驱并且只有一个直接后继。而所有结点按 1 对 1 的邻接关系构成的整体就是线性结构。

线性表中的每一个元素都有自己的数据类型。虽然在概念上允许线性表中各个元素可以有不同的数据类型(参看有关广义表的讨论),但为简单起见,本章讨论的线性表的程序实现中,表中所有的数据元素都具有相同的数据类型。下面是几个线性表的例子。

COLOR=('Red','Orange','Yellow','Green','Blue','Black')

DEPT=(通信,计算机,自动化,微电子,建筑与城市规划,生命科学,精密仪器)

SCORE=(667,664,662,659,59,659,657,654,653,652,650,650)

线性表中元素的值与它的位置之间可以有联系,也可以没有联系,这个取决于实际的各种应用。例如,有序线性表(sorted list)中的各个数据元素按照值的递增顺序排列,而无序线性表(unsorted list)的各个数据元素的值与位置之间就没有特殊的联系。线性表的抽象数据类型定义如下所示:

```
ADT LinearList is

    Objects: n(≥0)个原子表项的一个有限序列。每个表项的数据类型为 T。

Function:

    void initList(struct SeqList *L, int ms)/* 初始化线性表 L，进行动态存储空间分配*/

    void againMalloc(struct SeqList *L)     /* 空间扩展为原来的 2 倍，原内容被保留 */

    void clearList(struct SeqList *L)          /* 清除线性表 L 中的所有元素 */

    int sizeList(struct SeqList *L)            /* 返回线性表 L 当前的长度 */

    int emptyList(struct SeqList *L)           /* 判断线性表 L 是否为空 */

    elemType getElem(struct SeqList *L, int pos)  /* 返回线性表 L 中第 pos 个元素的值 */

    void traverseList(struct SeqList *L)  /* 顺序扫描（即遍历）输出线性表的每个元素 */

    int search(struct SeqList *L, elemType x)  /* 从线性表 L 中查找值与 x 相等的元素 */

    int updatePosList(struct SeqList *L, int pos, elemType x) /* 把线性表 L 中第 pos 个元素的
                                                         值修改为 x*/

    void inserFirstList(struct SeqList *L, elemType x)  /* 向线性表 L 的表头插入元素 x */

    void insertLastList(struct SeqList *L, elemType x)  /* 向线性表 L 的表尾插入元素 x */

    int insertPosList(struct SeqList *L, int pos, elemType x)  /* 向线性表 L 中第 pos 个元素位
                                                         置插入元素 x */

    void insertOrderList(struct SeqList *L, elemType x)  /* 向有序线性表 L 中插入元素 x,
                                                         并且插入后仍然有序*/

    elemType deleteFirstList(struct SeqList *L)  /* 从线性表 L 中删除表头元素并返回它 */

    elemType deleteLastList(struct SeqList *L)   /* 从线性表 L 中删除表尾元素并返回它*/

    elemType deletePosList(struct SeqList *L, int pos)  /* 从线性表 L 中删除第 pos 个元素并
                                                         返回它*/

    int deleteValueList(struct SeqList *L, elemType x)  /* 从线性表 L 中删除值为 x 的第一个
                                                         元素*/

end LinearList
```

上面所列举的函数是一些常用的线性表操作函数,在实际应用中,可以根据实际情况制定相应的函数操作集合。函数的参数,名称以及返回值可以根据实际情况进行设计调整。此外,以上所提及的运算是逻辑结构上定义的运算,只给出这些运算的功能是"做什么",至于"如何做"等实现细节,只有待确定了存储结构之后才考虑。线性表的存储表示方法有两种,它们分别是顺序存储方式和链表存储方式。用顺序存储方式实现的线性表称为顺序表(Sequential List),它是用数组作为表的存储结构的。

2.2　顺序表

线性表的存储方式有基于数组的存储表示和基于链表的存储表示等多种方式。基于数组的存储表示是其中最简单、最常用的一种，它又可以分为基于静态数组存储和基于动态数组存储这两种方式。顺序表（Sequential List）有时又称为向量（vector），就是线性表的基于数组的存储表示。

2.2.1　顺序表的定义和特点

顺序表的定义是：把线性表中的所有 n 个元素按照其逻辑顺序关系依次存储到计算机存储中指定存储位置开始的一块连续的存储空间中。这样，线性表中第一个元素的存储位置就是被指定的存储起始位置，第 i 个元素（$2 \leqslant i \leqslant n$）的存储位置紧接在第 i−1 个元素的存储位置的后面。在实际应用中，数组这种数据类型符合顺序表的存储要求。

假设顺序表中每个元素的数据类型为 T，则每个元素所占用存储空间的大小（即字节数）相同，均为 sizeof(T)，整个顺序表所占用存储空间的大小为 n * sizeof(T)，其中 n 表示线性表的长度。顺序表的特点是：

1. 在顺序表中，各个元素的逻辑顺序与其存放的物理顺序一致，即第 i 个元素存储于第 i 个物理位置（$1 \leqslant i \leqslant n$）。

2. 对顺序表中所有元素，既可以进行顺序访问，也可以进行随机访问。也就是说，既可以从表的第一个元素开始逐个访问元素，也可以按照元素的序号（亦称为下标）直接访问元素。

顺序表可以用 C 语言的一维数组来实现。C 的一维数组可以是静态分配的，也可以是动态分配的。在 C 语言中，只要定义了一个数组，就定义了一块可供用户使用的连续存储空间，该存储空间的起始位置就是由数组名表示的地址常量。数组的数据类型就是顺序表中每个元素的数据类型，数组的大小（即下标上界值，它等于数组包含的元素个数，亦即存储元素的位置数）要大于等于顺序表的长度。顺序表中的第一个元素被存储在数组的起始位置，即下标为 0 的位置上，第二个元素被存储在下标为 1 的位置上，依次类推，第 n 个元素被存储在下标为 n−1 的位置上。存储结构如图 2-1 所示。

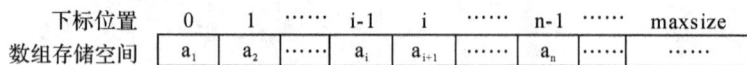

下标位置	0	1	……	i-1	i	……	n-1	……	maxsize
数组存储空间	a_1	a_2	……	a_i	a_{i+1}	……	a_n		

图 2-1　顺序表的示意图

假设顺序表 A 的第一个元素的存储位置记为 Loc(1)，第 i 个表项的存储位置记为 Loc(i)，则有：Loc(i)＝Loc(1)＋(i−1) * sizeof(T)。在实际中，Loc(1) 是数组中第 0 个元素的存储位置，sizeof(T) 是数据类型 T 的存储大小。

2.2.2　顺序表的存储及其操作

顺序表的数组存储表示方式有两种，它们分别是静态存储方式和动态存储方式，参看程序 2.1 和程序 2.2。在顺序表的静态存储结构中,存储数组的大小是事先确定,空间也事先分配好,这种方式操作非常简单。但是,由于存储数组的大小和空间是事先已经固定分配好的,一旦数组空间被占满了,再加入新的数据就将产生溢出,此时存储空间不能扩充,就会导致程序停止工作。此外,对于顺序表的元素个数会出现偶然高峰的情况下,静态数组存储方式空间效率较低。静态数组存储方式适合与顺序表数据元素个数稳定,并且最大数据元素个数预知的情况。

在顺序表的动态存储结构中,存储数组的空间是在程序执行过程中通过动态存储分配的语句进行分配,一旦数据空间占满,可以另外再分配一块更大的存储空间,用以代换原来的存储空间,从而达到扩充存储数组空间的目的,同时将表示数组大小的常量 maxSize 放在顺序表的结构内定义,可以动态地记录扩充后数组空间的大小,进一步提高了存储结构的灵活性。动态存储操作灵活,并且适合于最大人数难以确定的使用情况。

顺序表的静态存储表示如下:

```
#define maxSize 100
typedef int elemType;
typedef struct
{
    elemType list [maxSize];
    int size;
} SeqList;
```

其中,list[maxSize]数组用于存储线形表的元素,size 表示当前存储的元素个数,maxSize 表示最大元素存储个数。

顺序表的动态存储表示如下:

```
typedef int elemType;
typedef struct
{
  elemType * list;
  int size;
  int maxSize;
} SeqList;
```

其中,list 是一个指针,它用于动态分配数组。size 表示存储的元素个数,maxSize 表示最大元素存储个数。

程序 2.1 给出了顺序表的一个 C 语言实现,它包括数组空间分配,数据查找等具体操作。程序在定义中利用了动态数组作为顺序表的存储结构。

程序 2.1:顺序表的操作

```
#include <stdio.h>
#include <stdlib.h>
typedef int elemType;
struct SeqList {
    elemType *list;
    int size;
    int maxSize;
};
/* 初始化线性表 L，即进行动态存储空间分配并置 L 为一个空表 */
void initList(struct SeqList *L, int ms)
{
    /* 检查 ms 是否有效，若无效的则退出运行 */
    if(ms <= 0){
        printf("MaxSize 非法");
        exit(1);   /* 执行此函数中止程序运行，此函数在 stdlib.h 中有定义 */
    }
    L->list =(elemType *) malloc(ms * sizeof(elemType));
    if(! L->list){
        printf("空间分配失败！");
        exit(1);
    }
    L->maxSize = ms;     /* 设置线性表空间大小为 ms */
    L->size = 0;

    return;
}


/* 空间扩展为原来的 2 倍，并由 p 指针所指向，原内容被自动拷贝到 p 所指向的
存储空间 */
void againMalloc(struct SeqList *L)
{
    elemType *p = (elemType *)realloc(L->list, 2 * L->maxSize * sizeof(elemType));
    if(!p){     /* 分配失败则退出运行 */
        printf("存储空间分配失败！ ");
```

```
            exit(1);
        }
        L->list = p;        /* 使 list 指向新线性表空间 */
        L->maxSize = 2 * L->maxSize;        /* 把线性表空间大小修改为新的长度 */
}

/* 清除线性表 L 中的所有元素，释放存储空间，使之成为一个空表 */
void clearList(struct SeqList *L)
{
    if(L->list != NULL){
        free(L->list);
        L->list = NULL;
        L->size = L->maxSize = 0;
    }
    return;
}
/* 返回线性表 L 当前的长度，若 L 为空则返回 0  */
int sizeList(struct SeqList *L)
{
    return L->size;
}

/* 判断线性表 L 是否为空，若为空则返回 1, 否则返回 0 */
int emptyList(struct SeqList *L)
{
    if(L->size ==0){
        return 1;
    }
    else{
        return 0;
    }
}

/* 返回线性表 L 中第 pos 个元素的值，若 pos 超出范围，则停止程序运行 */
elemType getElem(struct SeqList *L, int pos)
```

```
    {
        if(pos < 1 || pos > L->size){        /* 若 pos 越界则退出运行 */
            printf("元素序号越界！");
            exit(1);
        }
        return L->list[pos - 1];        /* 返回线性表中序号为 pos 值的元素值 */
    }


    /* 顺序扫描（即遍历）输出线性表 L 中的每个元素 */
    void traverseList(struct SeqList *L)
    {
        int i;
        for(i = 0; i < L->size; i++){
            printf("%d ", L ->list[i]);
        printf(" ");
        }
     return;
    }


    /* 从线性表 L 中查找值与 x 相等的元素，若查找成功则返回其位置，否则返回-1 */
    int search(struct SeqList *L, elemType x)
    {
        int i;
        for(i = 0; i < L->size; i++){
            if(L->list[i] == x){
                return i;
            }
        }
        return -1;
    }
    /* 把线性表 L 中第 pos 个元素的值修改为 x 的值，若修改成功返回 1，否则返回 0 */
    int updatePosList(struct SeqList *L, int pos, elemType x)
    {
```

```
        if(pos < 1 || pos > L->size){        /* 若 pos 越界则修改失败 */
            return 0;
        }
        L->list[pos - 1] = x;
        return 1;
}
/* 向线性表 L 的表头插入元素 x */
void inserFirstList(struct SeqList *L, elemType x)
{

        int i;
        if(L->size== L->maxSize){ /* 重新分配更大的存储空间 */
            againMalloc(L);
        }
        for(i = L->size - 1; i >= 0;   i--)/*元素后移*/
            L->list[i + 1] = L->list[i];
        L->list[0] = x;
        L->size ++;
}

/* 向线性表 L 的表尾插入元素 x */
void insertLastList(struct SeqList *L, elemType x)
{
        if(L->size == L-> maxSize){        /* 重新分配更大的存储空间 */
            againMalloc(L);
        }
        L->list[L->size] = x;        /* 把 x 插入到表尾 */
        L->size ++;        /* 线性表的长度增加 1 */
}
/* 向线性表 L 中第 pos 个元素位置插入元素 x,若插入成功返回 1 , 否则返回 0 */
int insertPosList(struct SeqList *L, int pos, elemType x)
{
        int i;
        if(pos < 1 || pos > L->size + 1){        /* 若 pos 越界则插入失败 */
            return 0;
        }
```

```
        if(L->size == L->maxSize){      /* 重新分配更大的存储空间 */
            againMalloc(L);
        }
        for(i = L->size - 1; i >= pos - 1; i--){
            L->list[i + 1] = L->list[i];
        }
        L->list[pos - 1] = x;
        L->size++;
        return 1;
}


/* 向有序线性表 L 中插入元素 x，使得插入后仍然有序*/
void insertOrderList(struct SeqList *L, elemType x)
{
    int i, j;
    /* 若数组空间用完则重新分配更大的存储空间 */
    if(L->size == L->maxSize){
        againMalloc(L);
    }
    /* 顺序查找出 x 的插入位置 */
    for(i = 0; i < L->size; i++){
        if(x < L->list[i]){

            break;
        }
    }
/* 从表尾到下标 i 元素依次后移一个位置，把 i 的位置空出来 */
for(j = L->size - 1; j >= i; j--)
    L->list[j+1] = L->list[j];
/* 把 x 值赋给下标为 i 的元素 */
L->list[i] = x;
/* 线性表长度增加 1 */
L->size++;
return;
```

```
}
/* 从线性表 L 中删除表头元素并返回它，若删除失败则停止程序运行 */
elemType deleteFirstList(struct SeqList *L)
{
    elemType temp;
    int i;
    if(L->size == 0){
        printf("线性表为空，不能进行删除操作！   ");
        exit(1);
    }
    temp = L->list[0];
    for(i = 1; i < L->size; i++)   /* 元素前移 */
        L->list[i-1] = L->list[i];
    L->size--;
    return temp;
}


/* 从线性表 L 中删除表尾元素并返回它，若删除失败则停止程序运行 */
elemType deleteLastList(struct SeqList *L)
{
    if(L ->size == 0){
        printf("线性表为空，不能进行删除操作！   ");
        exit(1);
    }
    L->size--;
    return L ->list[L->size];            /* 返回原来表尾元素的值 */
}


/* 从线性表 L 中删除第 pos 个元素并返回它，若删除失败则停止程序运行 */
elemType deletePosList(struct SeqList *L, int pos)
{
    elemType temp;
```

```
        int i;
        if(pos < 1 || pos > L->size){              /* pos 越界则删除失败 */
            printf("pos 值越界，不能进行删除操作！  ");
            exit(1);
        }
        temp = L->list[pos-1];
        for(i = pos; i < L->size; i++)
            L->list[i-1] = L->list[i];
        L->size--;
        return temp;
    }


    /* 从线性表 L 中删除值为 x 的第一个元素，若成功返回 1，失败返回 0 */
    int deleteValueList(struct SeqList *L, elemType x)
    {
        int i, j;
        /* 从线性表中顺序查找出值为 x 的第一个元素 */
        for(i = 0; i < L->size; i++){
            if(L->list[i] == x){
                break;
            }
        }
        /* 若查找失败，表明不存在值为 x 的元素，返回 0 */
        if(i == L->size){
            return 0;
        }
        /* 删除值为 x 的元素 L->list[i] */
        for(j = i + 1; j < L->size; j++){
            L->list[j-1] = L->list[j];
        }
        L->size--;
        return 1;
    }
```

```
/*最后，定义如下的 main，初始化线性表，然后调用以上各种操作   */
main()
{
    struct SeqList   L;
    int ms;

    initList(&L, 100);
    scanf("%d", &ms);
    while ( ms != -1 ){
        inserFirstList(&L, ms);
        scanf("%d", &ms);
    }
    //.......
    traverseList(&L);
}
```

2.2.3 顺序表的性能分析

顺序表所有操作的实现中,最复杂、最耗时的就是查找、插入和删除运算的代码。分析顺序表的性能,主要是分析这 3 个操作的时间复杂性和空间复杂度。

int search(struct List * L, elemType x)是顺序表的顺序搜索算法。其主要思想是:从表的开始位置起,根据给定值 x,逐个与表中各元素的值进行比较。若给定值与某个元素的值相等,则算法报告搜索成功的信息并返回该表项的位置;若查遍表中所有的元素,没有任何一个元素满足要求,则算法报告搜索不成功的信息并返回 - 1。

很显然,搜索函数 search 的时间代价可以用元素比较的次数来衡量,计算比较次数的平均值可以了解算法对表操作的整体性能。在搜索成功的情形下,顺序搜索的元素比较次数可做如下分析:

若要找的正好是表中第 1 个元素,元素比较次数为 1,这是最好的搜索比较情况;若要找的是表中最后的第 n 个元素,元素比较次数为 n(设表的长度为 n),这是最坏的情况。很显然,若要找的是第 i 个元素,那么需要比较的次数为 i。若要计算顺序表元素的平均比较次数,需要考虑各个元素的搜索概率 p_i 及找到该元素时的数据比较次数 c_i。如果没有其他特殊的假设,显然顺序表各个元素被搜索的概率是相等的,也就是说有 $p_1=p_2=\cdots=p_n=1/n$。由于搜索第 1 个元素的数据比较次数为 1,搜索第 2 个元素的数据比较次数为 2,$\cdots$,搜索第 i 个数据的数据比较次数为 i,那么搜索的平均数据比较次数 ACN(Average Comparing Number)为:

$$ACN = \frac{1}{n}\sum_{i=1}^{n}i = \frac{1}{n}(1+2+\cdots+n) = \frac{n+1}{2}$$

从公式可以看出,即平均要比较次数为$(n+1)/2$,顺序表的搜索时间复杂度为 $O(n)$。

在顺序表中插入一个新的表项或删除一个已有的表项时,表的长度(设为 n)会发生改变。如果在插入或删除时不得改变各表项的相互位置关系,就必须做表项的成块移动。在插入的情形,为了把新表项 x 插入到指定位置 i,必须把从 i 到 n 的所有表项成块向后移动一个表项位置,以空出第 i 个位置供 x 插入,如图 2-2(a)所示。在删除的情形,为了删去第 i 个元素,则必须把从 $i+1$ 到 $n-1$ 的所有元素向前移动一个位置,把第 i 个元素覆盖掉,参看图 2-2(b)。注意插入和删除算法中元素移动的方向不同。插入一个元素,首先是最后一个元素向后移动,接着依次前一个元素移动;删除一个元素,首先是删除位置的后一个元素向前移动,接着依次移动后一个元素。

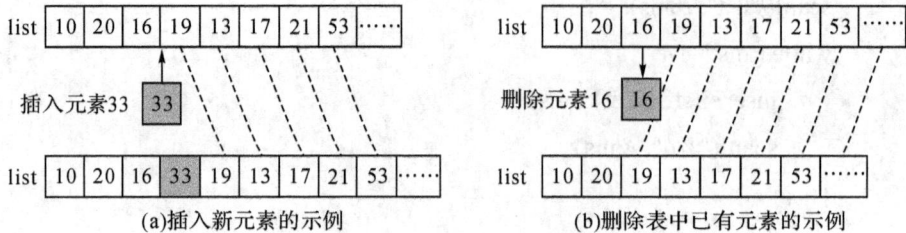

(a)插入新元素的示例　　　　　　　　(b)删除表中已有元素的示例

图 2-2　表项的插入与删除

分析顺序表的插入和删除的时间复杂度主要是看循环内的数据移动次数。在将新元素插入到第 i 个元素($0 \leqslant i \leqslant n$)后面时,必须从后向前循环,逐个向后移动 n-i 个元素。因此,最好的情形是在第 n 个元素后面追加新元素,移动元素个数为 0;最差情形是在第 1 个表项位置插入新元素(视为在第 0 个元素后面插入),移动元素个数为 n。平均数据移动次数 AMN(Average Moving Number)在各表项插入概率相等时为:

$$AMN = \frac{1}{n+1}\sum_{i=1}^{n}(n-i) = \frac{1}{n}(n+n-1+\cdots+1) = \frac{n}{2}$$

即就整体性能来说,在插入时有 $n+1$ 个插入位置,平均移动 n/2 个元素位置,也就是时间复杂度为 $O(n)$。在删除第 i 个表项($1 \leqslant i \leqslant n$)时,必须从前向后循环,逐个移动 n-i 个元素。因此,最好的情形是删去最后的第 n 个元素,移动元素个数为 0;最差情形是删去第 1 个元素,移动元素个数为 $n-1$。假设在各表项删除概率相等时,那么平均数据移动次数 AMN 为:

$$AMN = \frac{1}{n}\sum_{i=1}^{n}(n-i) = \frac{1}{n}(n-1+\cdots+1) = \frac{n-1}{2}$$

就整体性能来说,在删除时有 n 个删除位置,平均移动$(n-1)/2$ 个表项,其时间复杂度为 $O(n)$。但如果在插入和删除时,对表中原来的数据排列顺序没有要求,不必须保持原来的元素顺序关系。这时,可以采用如图 2-3 所示的方式移动表项。在插入时,每次都是把新表项追加在表的尾部,如图 2-3(a)所示。在删除时,用表中最后一个表项(第 n 个表项)填到第 i 个要求删除表项的位置,如图 2-3(b)所示。在这种情形下,插入时需要移动的元素个数为 0,删除时只需要移动 1 个元素。插入和删除的时间复杂度都为 $O(1)$。

list	10	20	16	19	13	17	21	53	······			

插入元素33　| 33 |

删除元素16　| 16 |

list	10	20	16	19	13	17	21	······	53

list	10	20	16	19	13	17	21	53	33	······

list	10	20	53	19	13	17	21	······

(a) 插入新元素的示例　　　　　　　(b) 删除表中已有元素的示例

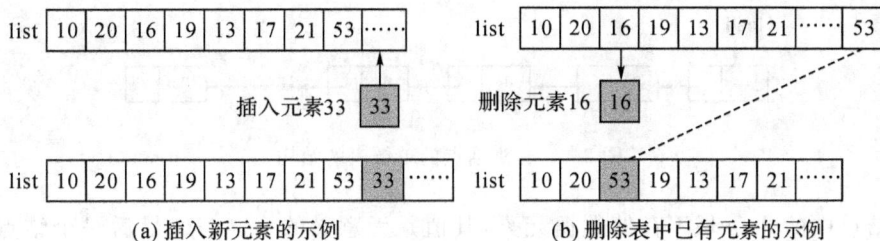

图 2-3　另一种插入与删除算法

2.3　单链表

顺序表是基于数组的线性表的存储表示,其特点是用物理位置上的邻接关系来表示结点

间的逻辑关系,这一特点使得顺序表具有如下的优缺点。其优点是:

(1) 无需为表示结点间的逻辑关系而增加额外的存储空间,存储利用率高;

(2) 可以方便地随机存取表中的任一结点;存取速度快。

其缺点是:

(1) 在表中插入新元素或删除无用元素时,为了保持其他元素的相对次序不变,平均需要移动一半元素,运行效率很低;

(2) 由于顺序表要求占用连续的空间,如果预先进行存储分配(静态分配),则当表长度变化较大时,难以确定合适的存储空间大小,若按可能达到的最大长度预先分配表的空间,则容易造成一部分空间长期闲置而得不到充分利用。若事先对表长估计不足,则插入操作可能使表长超过预先分配的空间而造成溢出。如果采用指针方式定义数组,在程序运行时动态分配存储空间,一旦需要,可以用另外一个新的更大的数组来代替原来的数组,这样虽然能够扩充数组空间,但时间开销比较大。

为了克服顺序表的缺点,可以采用链接方式来存储线性表,通常将链接方式存储的线性表称为链表。链表适用于插入或删除频繁,以及存储空间需求不定的情形。

2.3.1　单链表

单链表(Singly Linked List)是一种最简单的链表表示,也叫做线性链表。用它来表示线性表时,用指针表示结点间的逻辑关系。因此单链表的一个存储结点(node)包含了两个部分(域,field):

data	next

一个是 data,另外一个是指针 next。data 部分称为数据域,用于存储线性表的一个数据元素,其数据类型由应用问题决定。next 部分称为指针域或者称为链域,用于存放一个指针,该指针指示该结点的后续结点的存储地址。一个线性表($a_1, a_2, a_3, \cdots, a_n$)的单链表结构可以如图 2-4 所示。

带头结点的链表中,链表的第一个结点称为头结点(又称为哨兵结点),它由指针 Head

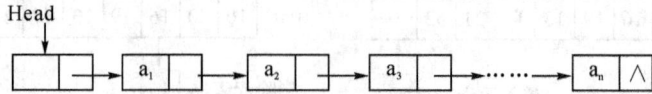

图 2-4　有头结点的单链表的结构

指向,头结点中的 data 域不存储数据元素,其值是无意义的。链表的最后一个结点没有后继,结点的 next 域中放一个空指针 NULL(在图中用符号 ∧ 表示)作为终结。因此,对单链表中任一结点的访问必须首先根据头指针 Head,然后再按各结点指针域中存放的指针顺序往下找,直到找到所需的结点。在有些应用中,单链表没有头结点,Head 直接指向单链表的第一个结点,如图 2-5 所示。

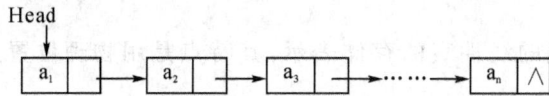

图 2-5　无头结点的单链表的结构

单链表的特点是长度可以很方便地进行扩充。例如有一个连续的可用存储空间,如图 2-6(a)所示。指针 free 指示当前可用的一片连续空间的开始地址。当链表要增加一个新的结点时,只要可用存储空间允许,就可以为链表分配一个结点空间,供链表使用。因此,线性表中数据元素的顺序与其链表表示中结点的物理顺序可能不一致,一般通过单链表的指针将各个数据元素按照线性表的逻辑顺序链接起来,参看图 2-6(b)。图 2-6 可称为单链表的示意图。当 Head 为空时,则单链表为空表,否则为非空表。

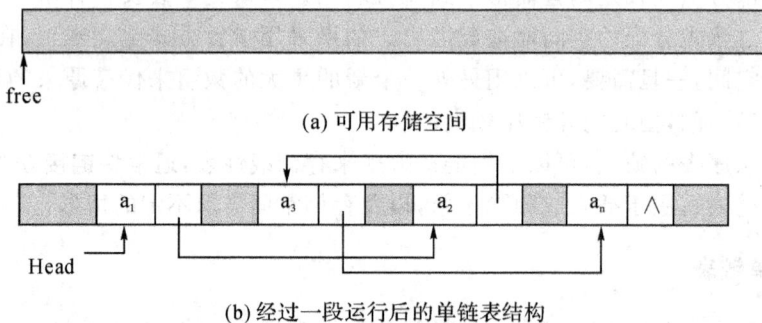

(a) 可用存储空间

(b)经过一段运行后的单链表结构

图 2-6　单链表的存储映像

在线性表的顺序存储中,逻辑上相邻的元素,其对应的存储位置也相邻,所以当进行插入或删除运算时,通常需要平均移动半个表的元素,这是相当费时的操作。在线性表的这种基于链表的存储表示中,逻辑上相邻的元素,其对应的存储位置是通过指针来链接的,因而每个结点的存储位置可以任意安排,不必要求相邻。由于链接表的每个结点带有指针域,因而在存储空间上比顺序存储要付出较大的代价。

2.3.2　单链表的操作

程序 2.2 给出了不带头结点的单链表的一个 C 语言实现,它包括链表结点初始化,结点的插入,删除,逆序等具体操作。

程序 2.2:单链表的基本操作

```
#include   <stdio.h>
#include <malloc.h>
typedef   struct   node
{
    int    data;
    struct   node   *link;
} NODE;
/*  单链表创建操作  */
NODE *create()
{
    NODE *head, *tail, *p;
    int num;

    head = tail = NULL;
    printf("please input the numbers, -1 is the end \n");
    scanf("%d", &num);
    while ( num != -1 )
    {
        p = (NODE *)malloc(sizeof(NODE ) );
        if ( p == NULL )
        {
            printf("Malloc failure\n");
            return NULL;
        }
        p->data = num;
        p->link = NULL;
        if ( head == NULL ) head = p;
        else       tail->link = p;
```

```
        tail = p;
        scanf("%d", &num);
    }
    return head;
}


/*返回链表结点的个数*/
int countlist (NODE * head) {
    int     count=0;
    while (head ){
        count++;
        head = head->link;
    }
    return     count;
}


/*  单链表的遍历  */
printlist(NODE *head)
{
    while ( head ){
        printf("%6d", head->data);
        head = head->link;
    }
}

/*  在单链表有序的单链表中插入一个结点，保持链表的有序性*/
NODE *insertnode(NODE *head, int num)
{
    NODE    *p, *q, *list;

    list = (NODE *)malloc(sizeof(NODE) );
    list->data = num;
    list->link = NULL;
```

```
if ( head == NULL )
{
    return list;
}

p = head;
q = NULL;
while   ( p )
{
        if (p->data < num )
        {
            q = p; p = p->link;
        }else
        {
            if ( q )
            {
                q->link = list;
                list->link = p;
            }else{
                list->link = head;
                head = list;
            }
            break;
        }
    }
    if ( ! p )
        q->link = list;

    return head;
}

/* 在单链表中删除值为 num 的结点*/
NODE *deletenode(NODE *head, int num)
```

```
{
    NODE *p, *q;
    if ( head == NULL )
        return head;
    q = NULL; p = head;
    while ( p ) {
        if ( p->data == num )
        {
            if ( q == NULL ){
                head = head->link;
                free(p);
                p = head;
            }else
            {

                q->link = p->link;   free(p);    p = q->link;
            }
        }else
        {
            q = p;
            p = p->link;
        }
    }
    return head;
}
/*  单链表的逆序, 例如, 原单链表中为 1, 3, 6, 4, 2, 5 的链接, 现在变为 5, 2, 4, 6, 3, 1*/
 NODE *inverse(NODE *head)
{
    NODE *middle, *tail, *lead;
    tail = middle = NULL;lead = head;
    while (lead)
    {
        middle = lead;
        lead = lead->link;
```

```
                middle->link = tail;
                tail = middle;
            }
        return middle;
    }
```

　　如图 2-7 所示,程序 2.3 实现以下功能:以给定的链表 head 的第一个结点的值为标准,对链表 head 的结点重新排列,把小于第一个结点值的结点排在链表前面,把大于等于第一个结点值的结点排在链表后面,第一个结点在中间。程序中使用一个链接队列,用于链接小于第一个结点值的所有结点。在程序段的执行中,始终没有改动结点中的值,而只改变结点的链接指针值。

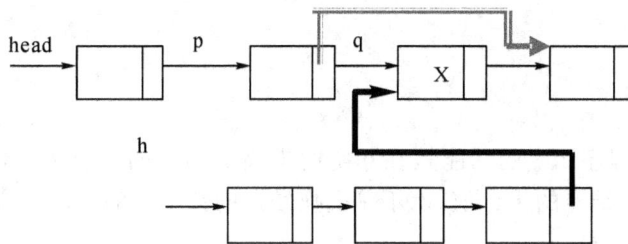

图 2-7　单链表重新排序

　　程序 2.3:单链表重新排序

```
#include  <stdio.h>
#include <malloc.h>
typedef  struct  node
{
    int   data;
    struct  node  *link;
} NODE;

NODE* re_order(NODE *head)
{
    NODE   *h, *p,*q,*r;
    int   t;
    if  (head==NULL||head->link==NULL)  return(head);
    h=NULL;     t=head->data;   p=head;
    while  ( p->link  )
        if  (p->link->data<t)
        {
```

```
            q=p->link;
            p->link=q->link;
            if (h==NULL)   h=r=q;
            else   r->link = q;
            r=q;
        }else
            p = p->link;
    if   (h==NULL)
        return(head);
    else
    {
        r->link = head ;
        return(h);
    }
}
```

如图 2-8 所示,程序 2.4 的功能是在非空的带表头结点的单链表上实现冒泡排序的程序。该程序采用改变结点的指针值,而不是交换结点的数据值的方法来实现冒泡排序,排序后,结点值非递减次序排列。

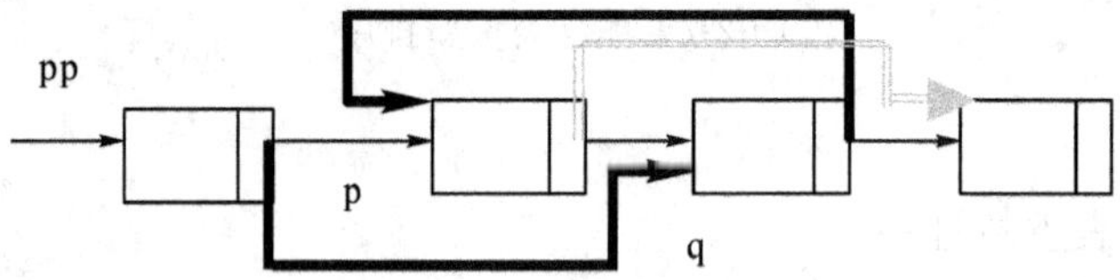

图 2-8　单链表冒泡排序

程序 2.4:单链表的冒泡排序

```
#include  <stdio.h>
#include <malloc.h>
typedef  struct  node
{
    int   data;
    struct  node  *link;
} NODE;



void bubblesort(NODE   *head)
{
```

```
    NODE    *pp, *p, *q, *last;

    last=head;

    while    (last->link!=NULL)

        last = last->link;

    while (last!=head->link)

    {

        pp=head;

        p = pp->link;

        while    (p!=last)

        {

            q = p->link;

            if    (p->data>q->data)

            {

                pp->link=q; p->link= q->link ;

                q->link=p;

                if    (last==q)    last=p;

            }

            pp=(p->data < q->data)?p:q ;        p=pp->link;

        }

        last=pp;

    }

}
```

　　用单链表来表示线性表,将使得插入和删除变得很方便,只要直接修改链中结点指针的值,无需移动表中的元素,就能高效地实现插入和删除操作。删除情况和插入情况类似。

　　从单链表的逻辑结构可以看出,单链表的指针只能是向后移动,结点的访问只能是从前到后,也就是通过一个结点的 next 指针访问后面一个结点,依次类推。在单链表中,要单链表中寻找指定结点的后继结点是很方便的,只要通过该结点的 next 指针,就能直接找到所需搜索的结点,所需时间开销为 $O(1)$。但要找该结点的前驱则很麻烦,必须从表的头结点开始循链逐个访问每个结点,看谁的后继是指定结点,谁就是该结点的直接前驱,时间开销达到 $O(n)$,n 是链表结点个数。为了解决这些问题,出现了单链表的其他变形,如单向循环链表(简称循环链表)和双向循环链表(简称双链表)等。

2.4　循环链表

　　循环链表(Circular List)是另一种形式的表示线性表的链表,它的结点结构与单链表相同,与单链表不同的是链表中表尾结点的 next 域中不是 NULL,而是指向链表头结点后的第一个结点。图 2-9 是带头结点的循环链表的一个示意图。

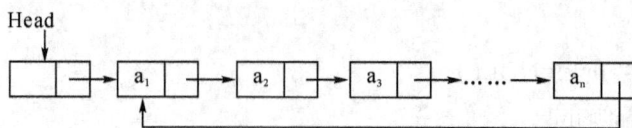

图 2-9　循环链表的示意图

从循环链表可以看出,只要知道表中任何一个结点的地址,就能遍历表中其他任一结点,包括该结点的前驱结点。设 current 是在循环链表中逐个结点检测的指针,则在判断 current 是否达到链表的链尾时,不是判断是否 current—>next==NULL,而是判断是否 current—>next==head—>next。

循环链表的运算与单链表类似,只是在涉及链头与链尾处理时稍有不同。例如,在实现循环链表的插入运算时,如果是在表的最前端插入,必须改变链尾最后一个结点的 next 域的值,这就需要循链搜索找到最后一个结点。

例如,在循环链表的最后一个结点(设由指针 p 指向)后插入一个由指针 q 所指向的结点,其 C 语言代码为:q—>next=p—>next;p—>next=q;。在循环链表的头结点(head)之后插入一个由指针 q 指向的结点,其 C 语言代码为:

```
p = head ->next;
while(p->next!= head ->next) { /*指针后移*/
    p=p->next;
}
p->next=q;
q= head ->next;
head ->next=q;
```

2.5　双向链表

从单链表的逻辑结构可以看出,每一个结点可以通过链表的尾结点的 next 指针回到头结点,从而访问到该结点的前驱结点。但是,这种循环方式时间效率较低。访问前驱结点的时间复杂度为 O(n)。为了进一步改善链表访问前驱结点的效率,可以采用双向链表。

双向链表(Doubly Linked List)又称为双链表。使用双向链表的目的是为了解决在链表中访问直接前驱和直接后继的问题。在双向链表中,每个结点都有两个指针,一个是 prior 指针,它指向结点的直接前驱;另外一个 next,它指向结点的直接后继。

图 2-10　双向链表结点结构

```
typedef struct doublenode *dbLink;
typedef struct doublenode
{
    int data;
    struct doublenode * prior;
    struct doublenode * next;
} dNode;
```

从这里可以看出,双向链表的每个结点至少有三个域。不论是向前驱方向搜索还是向后继方向搜索,其时间开销都只有 O(1)。图 2-11 是一个带头结点的双向链表,图 2-12 是一个只有头结点的双向链表。

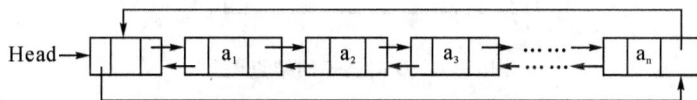

图 2-11　带头结点的双向链表

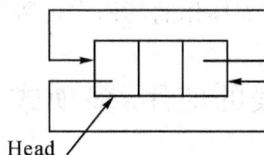

图 2-12　带头结点的空双向链表

双向链表的结点插入比单链表的结点插入稍微复杂点,其可以看成是两个单链表结点插入的复合。如图 2-13 所示,在结点 a_i 之后插入一个新的结点 b,需要四次指针赋值,其分别是调整 a_i 的 next 指针,调整 a_{i+1} 的 prior 指针,对 b 结点的 next 指针和 prior 指针赋值。设指针 p 指向了结点 a_i,指针 q 指向了结点 b,其 C 语言代码为:

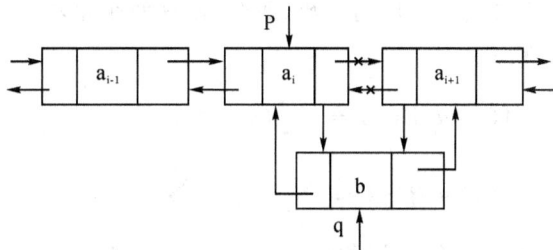

图 2-13　双向链表的结点插入

```
q->next=p->next;

q->prior=p;

p->next->prior=q;

p->next=q;
```

双向链表的结点删除比单链表的结点删除稍微复杂点。如图 2-14 所示,删除结点 a_i 需要进行两次指针赋值,其分别是调整 a_{i-1} 的 next 指针,调整 a_{i+1} 的 prior 指针。设指针 p 指向了结点 a_i,其 C 语言代码为:

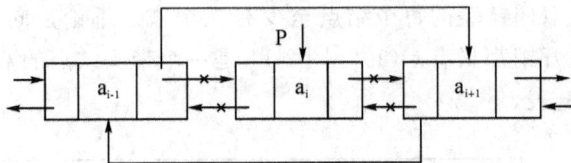

图 2-14　双向链表的结点删除

```
p->prior->next=p->next;

p->next->prior= p->prior;
```

关于双链表的创建,插入,删除等操作的具体实现留给读者思考。

2.6　链表的应用:多项式及其运算

在表处理时经常遇到的一个问题就是多项式的表示和运算,如何建立一个符号多项式的数据结构,并构造由符号(即多项式中的系数和指数)组成的表以及运算具有重要的使用意义。例如,有两个一元多项式 $A(x)$ 和 $B(x)$,$A(x)$ 是一个一元 4 阶多项式,$B(x)$ 是一个一元 6 阶多项式:

$$A(x) = \sum_{i=0}^{4} a_i x^i = 1 + 2x^2 + 3x^3 + 4x^4$$

$$B(x) = \sum_{i=0}^{6} b_i x^i = 1 + 2x^2 + 0x^3 + 4x^4 + 5x^5 + 6x^6$$

定义多项式的阶为多项式中的最高指数。那么,做这两个多项式的加法和乘法时,其和与乘积可以分别表示为:

$$A(x) + B(x) = \sum_{i=0}^{6} (a_i + b_i) x^i$$

$$A(x) * B(x) = \sum_{i=0}^{4} (a_i x^i * \sum_{j=0}^{6} b_j x^j)$$

类似的,可以做两个多项式的减法和除法运算,以及其他很多运算。

2.6.1　多项式的表示

在数学上,一个一元多项式可按指数的升幂表示为:$A(x) = a_0 + a_1 x + a_2 x^2 + \cdots +$

$a_n x^n$，它由 $n+1$ 个系数唯一确定。因此，多项式可以用一个线性表 $(a_0, a_1, a_2, \cdots, a_n)$ 来表示，每一项的指数 i 隐含在其系数 a_i 的序号里。

若有 $A(x) = a_0 + a_1 x + a_2 x^2 + \cdots + a_n x^n$ 和 $B(x) = A(x) = b_0 + b_1 x + b_2 x^2 + \cdots + b_m x^m$，一元多项式求和也就是求 $A(x) = A(x) + B(x)$，这实质上是一个合并同类项的过程。在实际应用中，多项式的指数可能很高且变化很大，在表示多项式的线性表中就会存在很多零元素。一个较好的存储方法是只存非零元素，存储非零元素系数的同时存储相应的指数。这样，一个一元多项式的每一个非零项可由系数和指数唯一表示。例如，$S(x) = 5 + 10x^{30} + 90x^{100}$ 就可以用线性表 $((5,0), (10,30), (90,100))$ 来表示。

接下来需要考虑的是表示多项式的线性表的存储结构问题。如果采用顺序表存储，对于指数相差很多的两个一元多项式，相加会改变多项式的系数和指数。若相加的某两项的指数不等，则将两项分别加在结果中，将引起顺序表的插入；若某两项的指数相等，则系数相加，若相加结果为零，将引起顺序表的删除。因此，虽然采用顺序表可以实现两个一元多项相加，但由于会引起顺序表的插入和删除操作，时间效率较低。

采用单链表存储，则每一个非零项对应单链表中的一个结点，且单链表应按指数递增有序排列。单链表适用于项数不定的多项式，特别是对于项数在运算过程中动态减少或者增长的多项式，不存在存储溢出的问题。多项式的运算所引起的项的增加和减少对应了单链表结点的删除和插入操作。由单链表的操作可知，不像在顺序方式中那样，单链表结点的插入和删除不需要结点的移动，其时间效率较高。多项式结点结构如下所示。

coef	exp	next

```
typedef struct    PloyNode {
    int exp;
    int coef;
    PloyNode *next;
} Poly ;
```

其中，coef 是系数，用于存放非零系数；exp 是指数，用于存放非零系数的指数，很明显，项的系数是一个整数类型；next 用于存放下一个结点的指针。

对于 $A(x) = 1 + 3x^3 + 4x^4$，其单链表如图 2-15 所示：

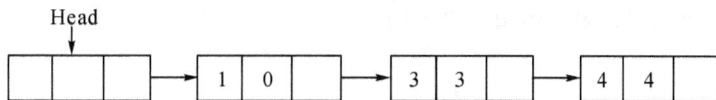

图 2-15   一元多项式的存储表示

2.6.2   多项式的加法

设 L_A 和 L_B 分别是两个带头结点的多项式单链表，结点按多项式指数降序排序，p，q 分别是指向 L_A 和 L_B 中的某一个结点的指针。同时，又设 p 和 q 开始时分别指向 L_A 和 L_B 的第一结点，L_A 和 L_B 相加的结果保存在 L_A 单链表中，多项式相加可以按如下规律操作：

比较 p->exp 与 q->exp：

1) 如果 p—>exp>q—>exp:那么 p 结点是多项式中的一项,p 指针后移,q 不动。

2) 如果 p—>exp<q—>exp:那么 q 结点是和多项式中的一项,将 q 指针的结点插在 p 指针结点之后,q 后移,p 不动。

3) p—>exp══q—>exp:系数相加,如果为 0,那么从 L_A 中删除 p 结点,同时释放 p 结点和 q 结点,p 指针和 q 指针后移;如果不为 0,那么修改 p 结点的系数域,同时释放 q 结点,p 指针和 q 指针后移。

上述过程直到 p 或 q 为 NULL,若 q══NULL,那么操作结束,若 p══NULL,将 L_B 中剩余部分连到 L_A 上即可

程序 2.5 多项式加法

```c
#include <stdio.h>
#include <stdlib.h>

typedef struct   PolyNode {
        int exp;
        int coef;
        struct PolyNode *next ;
} Poly ;

//实现带头结点的多项式的相加
add_poly(Poly *polya, Poly *polyb)
{
    Poly *p,*q,*pre,*temp;
    int sum;
    p=polya->next;
    q=polyb->next;
    pre=polya;
    while(p!=NULL&&q!=NULL)
    {
        if(p->exp>q->exp)
        {
            pre->next=p;pre=pre->next;
            p=p->next;
        }
```

```
        else if(p->exp==q->exp)
        {
                sum=p->coef+q->coef;
                if(sum!=0)
                {
                        p->coef=sum;
                        pre->next=p;pre=pre->next;
                        p=p->next;temp=q;q=q->next;free(temp);
                }
                else
                {
                        temp=p->next;free(p);p=temp;
                        temp=q->next;free(q);q=temp;
                }
        }
        else
        {
                pre->next=q;pre=pre->next;
                q=q->next;
        }
}
if(p!=NULL)
        pre->next=p;


        else
                pre->next=q;
}
//创建一个带头结点的多项式单链表
Poly *create_poly()
{
        Poly *head, *tail, *p;
        int exp,coef;
```

```
        head =    (Poly *)malloc(sizeof(Poly ) );
        head->next = NULL;
        tail = head;

        scanf("%d%d", &coef, &exp);
        while ( exp!= -1 && coef != -1 )
        {
            p = (Poly *)malloc(sizeof(Poly ) );
            if ( p == NULL )
                {
                    printf("Malloc failure\n");
                return NULL;
                }
            p->exp = exp;
            p->coef = coef;
            p->next = NULL;
            tail->next = p;
            tail = p;
            scanf("%d%d", &coef, &exp);
        }
        return head;
}

/*遍历带头结点的单链表   */
print_poly(Poly *head)
{
    for (head = head->next ; head ; head = head->next )
        printf("   %d*x^%d ", head->coef, head->exp );
}

main()
{
    Poly   *p, *q;
```

```
        printf("Polynomial add:\n");
        printf("请按降序输入常系数和指数,以 -1 -1 作为结束的标记 \n");
        printf("例如, 多项式 3X^9+6X^5-7X^2+9 可以如下方式输入  \n");
        printf("3    9\n");
        printf("6    5\n");
        printf("-7   2\n");
        printf("9    0\n");
        printf("-1 -1\n");
        printf("请按以上方式输入第一个多项式\n ");
        p = create_poly();
        printf("请按以上方式输入第二个多项式\n ");
        q = create_poly();
        add_poly(p, q);
        printf("运行结果如下");
        print_poly(p);
}
```

习　　题

1. 线性表可用顺序表或链表存储。试问:

(1) 两种存储表示各有哪些主要优缺点?

(2) 如果有 n 个表同时并存,并且在处理过程中各表的长度会动态发生变化,表的总数也可能自动改变、在此情况下,应选用哪种存储表示? 为什么?

(3) 若表的总数基本稳定,且很少进行插入和删除,但要求以最快的速度存取表中的元素,这时应采用哪种存储表示? 为什么?

2. 顺序表的插入和删除要求仍然保持各个元素原来的次序。设在等概率情形下,对有 127 个元素的顺序表进行插入,平均需要移动多少个元素? 删除一个元素,又平均需要移动多少个元素?

3. 设 n 个人围坐在一个圆桌周围,现在从第 s 个人开始报数,数到第 m 个人,让他出局;然后从出局的下一个人重新开始报数,数到第 m 个人,再让他出局,……,如此反复直到所有的人全部出局为止。下面要解决的 Josephus 问题是:对于任意给定的 n,s 和 m,求出这 n 个人的出局序列。请以 n=9,s=1,m=5 为例,人工模拟 Josephus 的求解过程以求得问题的解。

4. 已知一个有 n 个非零元素的整数一维数组 A[n],A[0] 中存放的值为 t,试编写一个函数,使得 A 中大于 t 的元素存放在数组的前半部分,小于他的元素存放在数组的后半部分,t 存放在这两部分之间。

5. 已知两个整数集合 A 和 B,它们的元素分别依元素值递增有序存放在两个单链表 HA 和 HB 中,编写一个函数求出这两个集合的并集 C,并要求表示集合 C 的链表的结点仍依元素值递增有序存放。

6. 编写函数,将一个单链表中的重复结点删除,例如原链表中存放的结点若为 3,5,1,3,6,7,3,9,则删除后链表中的结点为 3,5,1,6,7,9。

7. 如果一个链表的尾指针指向了链表中的某个结点而不是 NULL,我们称该链表中存在循环链,假设给你一指向头结点的链表指针,在不修改原链表,时间复杂度为 O(n),空间复杂度为 O(1') 的前提下,写一个算法判断该链表是否存在循环链。

8. 实现带头结点的双链表的创建函数。

9. 写一个函数,给出两个单链表的头指针,如图 2-16 所示,判断两个单链表是否相交。为了简化问题,我们假设两个单链表均不带环。

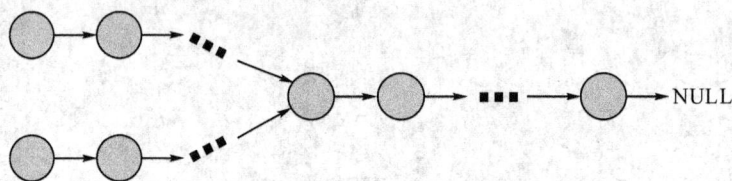

图 2-16 单链表相交示意图

第三章 堆栈和队列

栈和队列是在程序设计中被广泛使用的两种线性数据结构,因此本章的学习重点在于掌握这两种结构的特点,以便能在应用问题中正确使用。

3.1 堆栈的定义

堆栈(stack)是一种操作受限制的线性表,堆栈的插入与删除只能在一端进行。允许插入和删除的一端称作"栈顶(top)",不允许插入和删除的另一端称作"栈底(bottom)"。栈的修改是按"先进后出"的原则进行的,因此栈又称为"先进后出"的线性表,如图 3-1 所示。

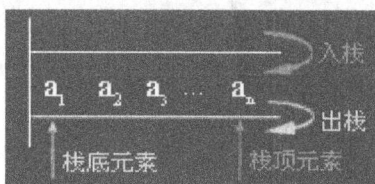

图 3-1 堆栈

栈的基本操作除了在栈顶进行插入或删除外,还有栈的初始化,判断栈是否为空及取栈顶元素等。下面我们给出栈的抽象数据类型的定义:

ADT Stack {
  数据对象:D={ ai | ai∈ElemSet, i=1,2,...,n, n≥0 }
  数据关系:数据元素间呈线性关系。
  基本操作:
    InitStack (&S):初始化操作。构造一个空栈 S。
    ClearStack (&S):将S清为空栈。
    Empty(&S):判断栈是否为空,若为空栈,则返回值为"TRUE",否则返回值为"FALSE"。
    Pop (&S):出栈函数。若S不为空,则从栈中删除栈顶元素,并返回栈顶元素的值,否则返回NULL。
    Full(&S):判断栈是否为满,若为满栈,则返回值为"TRUE",否则返回值为"FALSE"。
    Push (&S, t):入栈操作。若S不为满,则插入t为栈中栈顶元素,否则返回NULL。
    GetTop (&S):函数返回栈顶元素的值。
}

3.2　堆栈的表示和实现

　　栈是一种操作受限的线性表,栈也有顺序和链式的两种存储结构,下面以顺序的存储结构为例来说明堆栈的表示及其操作的实现。

　　由于顺序栈的入栈操作受数组上界的约束,当对栈的最大使用空间估计不足时,可能发生栈的上溢,因此,入栈操作完成前必须先检查栈是否为满。若栈为满,则发生栈的上溢,入栈操作失败,否则,将元素插入到栈顶。

　　同样的,在进行出栈操作前,要判断栈是否是空的,若为空,则出栈操作失败,否则删除栈顶元素,并将其值作为函数返回值返回。具体的数据结构和函数描述如下:

```c
#include  <stdio.h>
#define    MAXITEM       200
typedef   enum{ FALSE,TRUE}   boolean;
typedef   struct  {

    int        item[MAXITEM];
    int        top;
} Stack;
Stack     s;

void ClearStack(Stack      *s)
{
    s->top  =  0;
}

boolean Empty(Stack      *s)
{
    if   (s->top==0)
         return    TRUE;
    else
         return    FALSE;
}

boolean Full(Stack        *s)
{
    if   (s->top >= MAXITEM-1)
         return    TRUE;
    else
```

```
        return    FALSE;
}


boolean  Push(Stack    *s,  int    t)
{
   if(        Full(s)   )
        return  FALSE;
   else
   {
        s->item[s->top]   =   t;
        s->top++;
        return    TRUE;
   }
}


int  Pop(Stack    *s)
{
   if  (Empty(s))
            return    FALSE;
   else

   {
        s->top--;
        return    s->item[s->top];
   }
}

int  GetTop(Stack     *s)
{
   if  (Empty(s))
        return    FALSE;
   else
        return    s->item[s->top-1];
}
```

3.3 堆栈的应用

由于堆栈的操作具有先进后出的固有特性,使堆栈成为程序设计中的有用工具。下面我们举几个利用栈求解的例子。

3.3.1 数制转换

十进制数 N 和其他 d 进制数的转换是计算机实现计算的基本问题,其解决方法很多,其中一个简单算法基于下列原理:

$$N = (N\ div\ d) \times d + N\ mod\ d$$

(其中:div 为整除运算,mod 为求余运算)

例如:$(1348)10 = (2504)8$,其运算过程如下:

N	N div 8	N mod 8
1348	168	4
168	21	0
21	2	5
2	0	2

假设现要编制一个满足下列要求的程序:对于输入的任意一个非负十进制整数,打印输出与其等值的八进制数。问题很明确,就是要输出计算过程中所得到的各个八进制数位。然而从计算过程可见,这八进制的各个数位产生的顺序是从低位到高位的,而打印输出的顺序,一般来说应从高位到低位,这恰好和计算过程相反。因此,需要先保存在计算过程中得到的八进制数的各位,然后逆序输出,因为它是按"先进后出"的规律进行的,所以用堆栈最合适。基于 3.2 节栈的基本操作,数值转换的具体算法描述如下:

```
void conversion ()
{
    // 对于输入的任意一个非负十进制整数, 打印输出与其等值的八进制数
    Stack s;// 定义栈
    int   n;
    ClearStack(&s);
    printf("please input a number:\n");
    scanf("%d",&n);
    while(n){
        Push(&s, n%8);   // "余数"入栈
        n = n/8;  // 非零"商"继续运算
    }// while
    while (!Empty(&s))
    { //  和"求余"所得相逆的顺序输出八进制的各位数
        printf("%d",Pop(&s));
    } // while
} // conversion
```

3.3.2 括弧匹配检验

假设表达式中允许包含两种括号:圆括号和方括号,其嵌套的顺序随意,如([ ]())或

［(［］［］)］等为正确的匹配,［( )］或(［ ］( )或(( )))均为错误的匹配。要求检验一个给定
表达式中的括弧是否正确匹配。

检验括号是否匹配的方法中,对"左括弧"来说,后出现的比先出现的"优先"等待检验,
对"右括弧"来说,每个出现的右括弧要去找在它之前"最后"出现的那个左括弧去匹配。显
然,必须将先后出现的左括弧依次保存,为了反映这个优先程度,保存左括弧的结构用堆栈
最合适。这样对出现的右括弧来说,只要"栈顶元素"相匹配即可。如果在栈顶的那个左括
弧正好和它匹配,就可将它从栈顶删除。具体算法描述如下:

```
boolean   matching(char        exp[] )
{
// 检验表达式中所含括弧是否正确嵌套, 如正确, 返回 true, 否则返回 false。
    int state = 1;
    int i=0;
    Stack s;         // 定义栈

    ClearStack(&s);
    while (exp[i] != '\0' && state) {
        switch (exp[i] ) {
            case '(': Push(&s, exp[i]);
                    i++;
                    break;
            case ')':
                    if ( !Empty(&s) && GetTop(&s) == '('   )
                    {
                        Pop(&s);
                        i++;
                    }else
                        state = 0;
                    break;

            case '[': Push(&s, exp[i]);
                    i++;
                    break;
            case ']':
                    if ( !Empty(&s) && GetTop(&s) == '['   )
                    {
                        Pop(&s);
                        i++;
                    }else
```

```
                              state = 0;
                         break;
                default :  i++;
                         break;
            }
        }
    if ( state && Empty(&s) )   return TRUE;
    else    return    FALSE;
}
```

3.3.3 迷宫问题

求迷宫中从入口到出口的所有路径是一个经典的程序设计问题。由于计算机解迷宫时,通常用的是"穷举求解"的方法,即从入口出发,顺某一方向向前探索,若能走通,则继续往前走;否则沿原路退回,换一个方向再继续探索,直至所有可能的通路都探索到为止。为了保证在任何位置上都能沿原路退回,显然需要用一个先进后出的结构来保存从入口到当前位置的路径。因此,在求迷宫通路的算法中应用"堆栈"是合适的。

假设迷宫如下图 3-2 所示,图中的每个方块或为通道(以空白方块表示),或为墙(以带阴影的方块表示)。所求路径必须是简单路径,即在求得的路径上不能重复出现同一通道块。

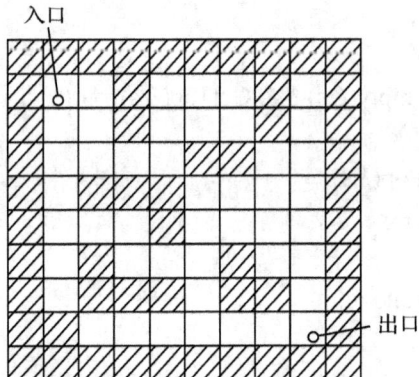

图 3-2　迷宫问题

假设"当前位置"指的是"在搜索过程中某一时刻所在图中某个方块位置",则求迷宫中一条路径的算法的基本思想是:若当前位置"可通",则纳入"当前路径",并继续朝"下一位置"探索,即切换"下一位置"为"当前位置",如此重复直至到达出口;若当前位置"不可通",则应顺着"来向"退回到"前一通道块",然后朝着除"来向"之外的其他方向继续探索;若该通道块的四周八个方块均"不可通",则应从"当前路径"上删除该通道块。所谓"下一位置"指的是"当前位置"四周八个方向上相邻的方块。假设以栈 S 记录"当前路径",则栈顶中存放的是"当前路径上最后一个通道块"。由此,"纳入路径"的操作即为"当前位置入栈";"从当前路径上删除前一通道块"的操作即为"出栈"。求迷宫中一条从入口到出口的路径的算法可简单描述如下：
设定当前位置的初值为入口位置：

```
do{
    若当前位置可通,
    则{   将当前位置插入栈顶；       // 纳入路径
          若该位置是出口位置，则结束；  // 求得路径存放在栈中
          否则切换当前位置的相邻方块为新的当前位置；
       }
    否则,
        若栈不空且栈顶位置尚有其他方向未经探索,
            则设定新的当前位置为沿顺时针方向旋转找到的栈顶位置的下一相邻块；
        若栈不空但栈顶位置的四周均不可通,
            则{   删去栈顶位置；       // 从路径中删去该通道块
                  若栈不空，则重新测试新的栈顶位置,
                  直至找到一个可通的相邻块或出栈至栈空；
               }
}while(栈不空);
```

在此，需说明的是，所谓当前位置可通，指的是未曾走到过的通道块，即要求该方块位置不仅是通道块，而且既不在当前路径上（否则所求路径就不是简单路径），也不是曾经纳入过路径的通道块（否则只能在死胡同内转圈）。数据结构和程序描述如下：

```
#include <stdio.h>
#include <stdlib.h>
#define MAX 100
typedef   struct {
    short   int row;
    short   int col;
    short   int dir;
}element;

element   stack[MAX];        //定义一个堆栈存放走过的路径
typedef   struct{
    short   int   vert;
    short   int   horiz;
}offsets;

offsets   move[8]=              //定义一个结构数组表示每个方向的偏移量并初始化
{ {-1,0},{-1,1},{0,1},{1,1},{1,0},{1,-1},{0,-1},{-1,-1} };
```

```
int   top=-1;                    //初始化堆栈为空
int   maze[10][10]=              //定义并初始化一个数组来表示迷宫，最外围都是 1
{
    {1,1,1,1,1,1,1,1,1,1},
    {1,0,1,0,0,0,1,1,0,1},
    {1,0,0,1,1,0,0,1,1,1},
    {1,1,0,0,0,1,1,0,0,1},
    {1,0,0,0,0,0,0,0,0,1},
    {1,1,0,0,0,0,1,1,1,1},
    {1,1,1,0,0,0,0,0,0,1},
    {1,1,1,1,0,0,0,0,1,1},
    {1,1,1,0,0,0,0,0,0,1},
    {1,1,1,1,1,1,1,1,1,1}
};
int   mark[10][10];              //定义数组 mark，用来标记该路径是否曾走过

#define   ENTRY_ROW    1     //定口入口位置行坐标
#define   ENTRY_COL    1 //定口入口位置列坐标

#define   EXIT_ROW     8     //定义出口位置行坐标
#define   EXIT_COL     8     //定义出口位置列坐标

void path(void);                 //寻找路径函数

void Push(int *top,element a)    //将元素 a 入栈
{
    ++ (*top) ;
    if ( *top <= MAX -1 )
        stack[*top] = a;
    else
    {
        printf("stack overflow");
        exit(1);
    }
}
element Pop(int *top)            //将栈顶元素弹出
{
    if ( *top >= 0 )
        return ( stack [(*top)--] );
```

```
        else
        {
            printf("stack underflow");
            exit(1);
        }


}

element GetTop(int top)
{
    if ( top >= 0 )
        return ( stack [top] );
    else
    {
        printf("stack underflow");
        exit(1);
    }
 }

void path(void) //(搜索出口)
{
    int i, j, row, col, next_row, next_col, dir, found = 0;
    element position;

    //初始化 mark 数组，值为 0 代表该位置没走过，值为 1 代表该位置曾经走过
    for (i=0; i< 10; i++ )
        for (j=0;j<10;j++)
            mark[i][j] = 0;
    mark[1][1] = 1;                         //入口起始位置为（1，1）
    //将入口位置入栈
    top = 0; stack[0].row = ENTRY_ROW; stack[0].col = ENTRY_COL; stack[0].dir = 0;
    while ( top > -1 && !found ) {          //当还没找到出口并且栈顶还没为空
        position = GetTop(top);             //取出栈顶元素
        row = position.row; col = position.col;
        dir = position.dir;

        while ( dir < 8 && !found ) {       //寻找下一个位置
            next_row = row + move[dir].vert;
            next_col = col + move[dir].horiz;
```

```
            if ( next_row == EXIT_ROW && next_col == EXIT_COL )
                    found = 1;

            else if ( !maze[next_row][next_col] && !mark[next_row][next_col] ) {
            //将该位置的 mark 赋值为 1，代表该路径已走过
                mark[next_row][next_col] = 1;
                position.row = next_row; position.col = next_col;
                position.dir = ++dir;
                Push(&top, position);                    //将新位置入栈
                row = next_row; col = next_col; dir = 0;

            }
            else ++dir;
        }
        if ( !found )
            position = Pop(&top);
    }
    if ( found==1 ) {
        printf( "The path is: \n");
        for ( i = 0; i <= top; i++ )
            printf ("%5d:%5d%5d\n", i+1, stack[i].row, stack[i].col);
        printf ("%5d:%5d%5d\n",i+1,EXIT_ROW,EXIT_COL);
    }else
    printf ( "The maze does not have a path\n ");

}
```

3.3.4 表达式求解问题

本小节分析用堆栈解析算术表达式的基本方法。给出能解析任何包括＋，－，＊，/，(，)和0到9数字组成的算术表达式的算法描述。在介绍表达式求解之前，我们先来解释下中缀表达式和后缀表达式的概念。

中缀表达式就是通常所说的算术表达式，比如(1＋2)＊3－4，运算符出现在两个运算数之间。后缀表达式是指通过解析后，运算符在运算数之后的表达式，比如上式解析成后缀表达式就是12＋3＊4－。后缀表达式中不存在括号，运算符的优先级也蕴含在表达式中，可以直接利用栈来求解。

利用堆栈解析算术表达式的过程可以分为两步来完成，首先将中缀表达式转换为后缀表达式，然后求解后缀表达式。在两个步骤中，我们都将利用堆栈来实现具体的操作过程。

我们先来看下如何将中缀表达式转换成后缀表达式，首先对于表达式根据优先级我们加上所有能加的括号，然后将用离右括号左边最近的运算符来替代所有的右括号，最后去掉所有的左括号。这样就实现了中缀表达式向后缀表达式的转换。

例如中缀表达式

```
    (   1   +   2   )   *   3   -   4
  (   (   1   +   2   )   *   3   )   -   4   )
  (   (   1       2   +   3   *   4   -
        1       2   +   3   *   4   -
```

得到对应的后缀表达式为：1 2＋3 ＊ 4 －，利用堆栈转换的过程如下：

(1)从左向右依次取得数据 ch；

(2)如果 ch 是操作数，直接输出；

(3)如果 ch 是运算符(含左右括号)，则：

a：如果 ch＝'('，放入堆栈；

b：如果 ch＝')'，依次输出堆栈中的运算符，直到遇到'('为止；

c：如果 ch 不是')'或者'('，那么就和堆栈顶点位置的运算符 top 做优先级比较：

　　1：如果 ch 优先级比 top 高，那么将 ch 放入堆栈；

　　2：如果 ch 优先级低于或者等于 top，那么输出 top，然后将 ch 放入堆栈；

(4)如果表达式已经读取完成，而堆栈中还有运算符时，依次由顶端输出；

例如，我们有表达式(A－B)＊C＋D－E/F，要翻译成后缀表达式，并且把后缀表达式存储在一个名叫 output 的字符串中，可以用下面的步骤。

(1)读取'('，压入堆栈，output 为空；

(2)读取 A，是运算数，直接输出到 output 字符串，output＝A；

(3)读取'－'，此时栈里面只有一个'('，因此将'－'压入栈，output＝A；

(4)读取 B，是运算数，直接输出到 output 字符串，output＝AB；

(5)读取')'，这时候依次输出栈里面的运算符'－'，然后就是'('，直接弹出，output＝AB－；

(6)读取'＊'，是运算符，由于此时栈为空，因此直接压入栈，output＝AB－；

(7)读取 C，是运算数，直接输出到 output 字符串，output＝AB－C；

(8)读取'＋'，是运算符，它的优先级比'＊'低，那么弹出'＊'，压入'＋"，output＝AB－C＊；

(9)读取 D，是运算数，直接输出到 output 字符串，output＝AB－C＊D；

(10)读取'－'，是运算符，和'＋'的优先级一样，因此弹出'＋'，然后压入'－'，output＝AB－C＊D＋；

(11)读取 E，是运算数，直接输出到 output 字符串，output＝AB－C＊D＋E；

(12)读取'/'，是运算符，比'－'的优先级高，因此压入栈，output＝AB－C＊D＋E；

(13)读取 F，是运算数，直接输出到 output 字符串，output＝AB－C＊D＋EF；

(14)原始字符串已经读取完毕，将栈里面剩余的运算符依次弹出，output＝AB－C＊D＋EF/－；

当有了后缀表达式以后，运算表达式的值就非常容易了。可以按照下面的流程来计算。

(1)从左向右扫描表达式，逐个取出数据 data；

(2)如果 data 是操作数，就压入堆栈；

(3)如果 data 是操作符，就从堆栈中弹出此操作符需要用到的数据的个数，进行运算，然后把结果压入堆栈；

(4)如果数据处理完毕,堆栈中最后剩余的数据就是最终结果;

比如我们要处理一个后缀表达式 1234＋＊＋65/－,那么具体的步骤如下:

(1)首先 1,2,3,4 都是操作数,将它们都压入堆栈;

(2)取得'＋',为运算符,弹出数据 3,4,得到结果 7,然后将 7 压入堆栈;

(3)取得'＊',为运算符,弹出数据 7,2,得到数据 14,然后将 14 压入堆栈;

(4)取得'＋',为运算符,弹出数据 14,1,得到结果 15,然后将 15 压入堆栈;

(5)6,5 都是数据,都压入堆栈;

(6)取得'/',为运算符,弹出数据 6,5,得到结果 1.2,然后将 1.2 压入堆栈;

(7)取得'－',为运算符,弹出数据 15,1.2,得到数据 13.8,这就是最后的运算结果;

假设表达式中只出现"＋","－","＊","/","(",")"这些运算符和"0"到"9"这些个位的运算数,中缀表达式转换成后缀表达式及计算后缀表达式的具体算法描述如下:

```c
#include <stdio.h>
#include <stdlib.h>

#define MAX_STACK_SIZE    100          //最大堆栈大小
#define MAX_EXPR_SIZE 100              //表达式的最大长度

void postfix(char *expr, char *outstr);
int eval(char *outstr);

typedef enum{ lparen, rparen, plus, minus, times, divide, mod,eos,operand} precedence;
    //全局堆栈，在计算后缀表达式时使用，用来存放各步骤的中间结果
int    stack_int[MAX_STACK_SIZE];
    //全局堆栈，在将中缀转换成后缀表达式时使用，用来存放各种运算符和运算数
precedence    stack_prece[MAX_STACK_SIZE];
char expr[MAX_EXPR_SIZE];            //读入的表达式字符串
    /*
```

我们定义了两个数组来存放枚举类型中对应运算符的优先级,值越大,优先级越高。

其中 isp 为在堆栈中运算符的优先级,icp 为作为将要入栈的运算符的优先级,我们注意到只有左括号的优先级是有区别的,我们定义左括号在栈中的优先级是最低的,而作为要入栈的左括号,它的优先级是最高的。这是因为,扫描碰到左括号总是入栈的,而当左括号为栈顶元素时,其他任何操作符也总是入栈。

```
    */
int isp[]={1,19,12,12,13,13,13,0};
int icp[]={20,19,12,12,13,13,13,0};
#define   INT_ITEM          1          //定义INT_ITEM代表针对statck_int栈进行操作
#define   PRECE_ITEM        2          //定义PRECE_ITEM代表针对statck_prece栈进
行操作
    //因为两个堆栈存放的数据类型不同，因此，我们对入栈和出栈函数稍作修改
void Push(int *top,int a,precedence b,int flag)
{
    //由flag的值来决定将元素a或b入栈
    if   (*top >= MAX_STACK_SIZE -1 )
    {
        printf("栈溢出\n");
        exit(0);
    }
    if ( flag == INT_ITEM )            //若在statck_int栈中进行入栈操作
        stack_int[++*top]=a;
    else if ( flag == PRECE_ITEM ) //若在statck_prece栈中进行入栈操作
        stack_prece[++*top]=b;
}
Pop(int *top,int   *a,precedence   *b,int flag)
{
    //由flag的值来决定stack_int或stack_prece的栈顶元素弹出
    if ( *top<0     )
    {
        printf("栈溢出\n");
        exit(0);
    }
    if ( flag == INT_ITEM )            //若在statck_int栈中进行出栈操作
        *a = stack_int[(*top)--];
    else if ( flag == PRECE_ITEM ) //若在statck_prece栈中进行出栈操作
        *b = stack_prece[(*top)--];
}
precedence get_token(char *symbol, int *n, char *expr)

{
    /*根据symbol返回枚举型中的一个值，
    例如，如果是'0'到'9'之间的数字，则返回operand，
    如果是'（'返回lparen，'）'返回rparen，
    '+'返回plus，'-'返回minus，'/'返回divide，
```

```
         '*' 返回times, '%' 返回mod, '\0'返回eos
    */
    *symbol = expr[(*n)++];
    switch( *symbol ) {
        case '(':  return lparen;
        case ')':  return rparen;
        case '+':  return plus;
        case '-':  return minus;
        case '/':  return divide;
        case '*':  return times;
        case '%': return mod;
        case '\0': return eos;
        default:   return operand;
    //没有出错检查，如果表达式中含有其他字符，程序不能正常运行
    }
}

char precedencetochar(precedence token)
{
    switch( token ) {
        case   plus:        return '+';
        case   minus:       return '-';
        case   divide:      return '/';
        case   times:       return '*';
        case   mod:         return '%';
        case   eos:         return '\0';
        default:            return operand;
    //没有出错检查，如果表达式中含有其他字符，程序不能正常运行
    }
}

void postfix(char *expr, char *outstr)
{
    /*将中缀表达式expr转换为后缀表达式，存放在outstr中。*/
    char symbol;
    precedence token,precevalue;

    int n = 0;
    int intvalue;
```

```
    int i = 0;
    int top =-1;                //初始化堆栈，将eos放入堆栈

    stack_prece[0] = eos;
    for ( token = get_token(&symbol, &n, expr); token != eos;
        token = get_token(&symbol, &n, expr) )
    {
        if ( token == operand )
            outstr[i++]= symbol;
        else if   ( token == rparen ){
            while(stack_prece[top] != lparen )
            {   Pop(&top, &intvalue, &precevalue, PRECE_ITEM);
                outstr[i++] = precedencetochar( precevalue);
            }
            Pop(&top, &intvalue, &precevalue, PRECE_ITEM);//将左括号也弹出来
        }else{
            // 比较优先级，将优先级高于或等于入栈运算符的元素弹出
            if ( top >= 0   )
                while     (isp[stack_prece[top]] >= icp[token] )
                {
                    Pop(&top, &intvalue, &precevalue, PRECE_ITEM);
                    outstr[i++] =   precedencetochar( precevalue);

                }
            Push(&top, 0, token, PRECE_ITEM);
        }
    }
    while ( top >= 0 )
    {
        Pop(&top, &intvalue, &precevalue, PRECE_ITEM);
        outstr[i++] =   precedencetochar( precevalue);
    }
    outstr[i] = '\0';
}

int eval(char *outstr)
{
    precedence   token, precevalue;
```

```
        char      symbol;
        int   op1, op2, result;
        int   n=0;
        int   top = -1;

        token = get_token(&symbol, &n, outstr);
        precevalue = token;

        while ( token != eos ){
            if ( token == operand)
                Push(&top, symbol-'0', precevalue,INT_ITEM);
            else{
                Pop(&top, &op2, &precevalue, INT_ITEM);
                Pop(&top, &op1, &precevalue, INT_ITEM);
                switch( token ){
                    case plus:    Push(&top, op1+op2, precevalue, INT_ITEM);break;
                    case minus:   Push(&top, op1-op2, precevalue, INT_ITEM);break;
                    case times:   Push(&top, op1*op2, precevalue, INT_ITEM);break;
                    case divide:  Push(&top, op1/op2, precevalue, INT_ITEM);break;
                    case mod:     Push(&top, op1%op2, precevalue, INT_ITEM);break;
                }
            }
            token =  get_token(&symbol, &n, outstr);
        }
        Pop(&top, &result, &precevalue, INT_ITEM);
        return    result;
}
main()
{
        int result;
        char expr[100],outstr[100];
        gets(expr);
        postfix(expr, outstr);
        result = eval(outstr);
        printf("The result is %d\n", result);
}
```

```
3+2*6-8/4*5
The result is 5
Press any key to continue
```

上述程序运行时,要求用户输入的表达式中只出现"+","-"," * ","/","(",")"这些运算符和"0"到"9"这些个位的运算数,而且中间不能出现空格,读者可以修改以上程序改变这些不足。

3.4 堆栈与递归

3.4.1 递归

在介绍递归程序之前,我们先来看几个例子:

(1)老和尚讲的故事。从前有座山,山里有座庙,庙里有个老和尚,老和尚对小和尚说故事:从前有座山,山里有座庙,庙里有个老和尚,老和尚对小和尚说故事:从前有座山,山里有座庙,庙里有个老和尚,老和尚对小和尚说故事:从前有座山……"我们注意到,在讲述故事的过程中,又嵌套讲述了故事本身。

(2)汉诺塔问题:有 n 个半径各不相同的圆盘,按半径从大到小,自下而上依次套在 A 柱上,另外还有 B、C 两根空柱。要求将 A 柱上的 n 个圆盘全部搬到 C 柱上去,每次只能搬动一个盘子,且必须始终保持每根柱子上是小盘在上,大盘在下。在汉诺塔问题中,在移动盘子的过程当中发现要搬动 n 个盘子,必须先将 n−1 个盘子从 A 柱搬到 B 柱去,再将 A 柱上的最后一个盘子搬到 C 柱,最后从 B 柱上将 n−1 个盘子搬到 C 柱去。搬动 n 个盘子和搬动 n−1 个盘子时的方法是一样的,当盘子搬到只剩一个时,递归结束。

回顾一下 C 语言中递归的定义,在一个函数的定义中出现了对自己本身的调用,称之为直接递归;或者一个函数 p 的定义中包含了对函数 q 的调用,而 q 的实现过程又调用了 p,即函数调用形成了一个环状调用链,这种方式称之为间接递归。

接下来,我们来看一个 C 语言中最直接的递归函数 F()定义:

```
void F()
{
  F();
}
```

在函数 F()的函数体内,又调用了函数 F()。这个函数和"老和尚讲故事"是否很像?这样会造成什么结果? 当然也和那个故事一样,没完没了!!!!!!!!!! 所以上面的代码是一段"必死"的程序。我们在 vc++6.0 的 C 编译环境下建个控制台工程,填入那段代码,在主函数 main()里调用 F()。图 3-3 是它的运行结果:

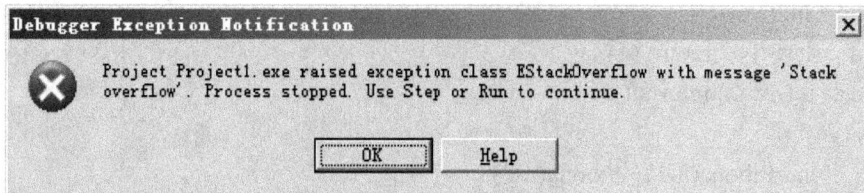

图 3-3 递归程序运行出错提示

从错误信息中我们看到,因为栈溢出的原因,程序不能正常地运行。

因此,递归程序设计具有以下两个特点:

(1)具备递归出口。递归出口定义了递归的终止条件,当程序的执行使它得到满足时,递归执行过程便终止。有些问题的递归程序可能存在几个递归出口;

(2)在不满足递归出口的情况下,根据所求解问题的性质,将原问题分解成若干子问题,这些子问题的结构与原问题的结构相同,但规模较原问题小。子问题的求解通过以一定的方式修改参数进行函数自身调用加以实现,然后将子问题的解组合成原问题的解。递归调用时,参数的修改最终必须保证递归出口得以满足。

举两个简单的递归程序设计的例子:

例 1 用递归来求解正整数 n 的阶乘值 n!。用 fact(n)表示 n 的阶乘值,据阶乘的数学定义可知:

$$fact(n) = \begin{cases} 1 & n=0 \\ n^* fact(n-1) & n>0 \end{cases}$$

该问题的递归程序可描述为:

```
int Fact ( int  n )
{
    int m;
    if (n= =0)  return(1);
    else
    {
        m=n*Fact(n-1);
        return(m);
    }
}
```

例 2 试编一个递归函数,求第 n 项 Fibonacci 级数的值。

假设使用 Fibona(n)表示第 n 项 Fibonacci 级数的值,根据 Fibonacci 级数的计算公式:

$$Fibona(n) = \begin{cases} 1 & n=1 \\ 1 & n=2 \\ fibona(n-1)+Fibona(n-2) & n>2 \end{cases}$$

该问题的递归程序可描写述为:

```
int Fibona ( int  n )
{
    int  m;
    if  (n ==1)  return (1);
    else if (n==2) return(1);
    else
    {   m=Fibona(n-1)+ Fibona(n-2);
        return (m);
    }
}
```

递归程序是怎样执行的呢？在递归程序的运行过程中,系统内部设立了一个栈,用于存放每次函数调用与返回所需的各种数据,主要包括:函数调用执行完成时的返回地址、函数的返回值、每次函数调用的参数和局部变量。

在递归程序的执行过程中,每当执行函数调用时,必须完成以下任务:

(1)计算当前被调用函数每个实参的值;

(2)为当前被调用的函数分配一片存储空间,用于存放其所需的各种数据,并将这片存储空间的首地址压入栈中;

(3)将当前被调用函数的参数、将来当前函数执行完毕后的返回地址等数据存入上述所分配的存储空间中;

(4)控制转到被调用函数的函数体,从其第一个可执行的语句开始执行。

当被调用函数返回时,必须完成下任务:

(1)如果被调用的函数有返回值,则记下该返回值,同时通过栈顶元素到该被调用函数对应的存储空间中取出其返回地址;

(2)把分配给被调用函数的那片存储空间回收,栈顶元素出栈;

(3)按照被调用函数的返回地址返回到调用点,若有返回值,还必须将返回值传递给调用者,并继续程序的执行。

我们举个例子来说明递归过程中栈的变化。设有一函数:

int AddTwoNum(int n1, int n2);

然后在代码某处调用:

```
....
int a = 1;
int b = 2;
int c = AddTwoNum(a,b);
```

当调用函数的动作发生时,栈区出现下面的操作,如图 3-4 所示:

图 3-4　栈区变化情况

(1)开辟一个栈(使用递归的代价是十分巨大的:它会消耗大量的内存!! 递归循环时它用的是堆栈,而堆栈的资源是十分有限的。);

（2）计算当前被调用函数每个实参的值，也就是 a,b；

（3）为 AddTwoNum 分配一片存储空间，用于存放其所需的各种数据，并将这片存储空间的首地址压入栈中；

（4）将 AddTwoNum 的实参 a,b 及将来当前函数执行完毕后的返回地址等数据存入上述所分配的存储空间中；

（5）控制转到 AddTwoNum(a,b) 的函数体，从其第一个可执行的语句开始执行。

图中标明为返回值预留的空间大小是 4 个字节，当然不是每个函数都这个大小。它由函数返回值的数据类型决定，本函数 AddTwoNum 返回值是 int 类型，在 vc 的编译环境下是 4 个字节。其他的 a,b 参数也是 int 类型，所以同样各占 4 字节大小的内存空间。

参数是 a 还是 b 先入栈，根据编译器决定，大多数编译器采用"从右到左的次序"将参数一个个压入。所以本示意图，参数 b 被先"压"入在底部，然后才是 a。

接下来我们看看为何没有出口会引起栈的溢出？先观察下递归会引起什么流程变化？"循环"，如图 3-5 所示。自己调用自己，当然就是一个循环，并且如果不辅于我们前面所学的 if…语句来控制什么时候可以继续调用自身，什么时候必须结束，那么这个循环就一定是一个死循环。

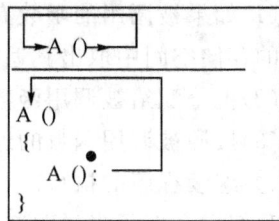

图 3-5　递归引起的循环流程

在这个循环里，函数之间的调用都是系统实现，因此要想"打断"这个循环，我们只有一处"要害"可以下手：在调用会引起递归的函数之前，做一个条件分支判断，如果条件不成立，则不调用该函数。如图 3-5 中的黑点所示。因此，一个合理的递归函数，一定是一个逻辑上类似于这样的函数定义：

```
void F()
{
  ……
  if(……)   //先判断某个条件是否成立
  {
    F();   //然后才调用自身
  }
  ……
}
```

我们将通过一个模拟过程来观察参数的变化。

```
void F(int a)
{
        F(a+1);
}
```

函数 F() 带了一个参数，并且在函数体内调用自身时，我们传给它当前参数加 1 的值，作为新的参数。如果在主函数中调用 F(1)，实参是 1，依照我们前面"参数传递过程"的知识，我们知道 1 被"压入"栈，如图 3-6 所示：

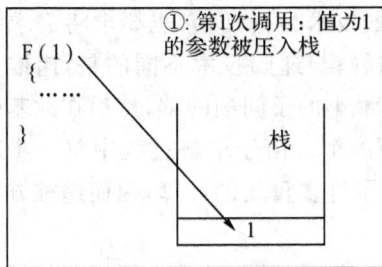

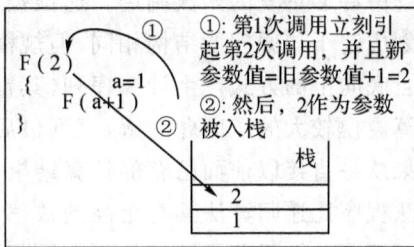

图 3-6　第一次调用实参入栈过程　　　　　图 3-7　第二次实参入栈过程

函数 F()在第 1 次调用后,马上它就调用了自身,但这时的参数是 a+1,a 就是原参数值,为 1,所以新参数值应为 2。随着 F 函数的第二次调用,新参数值也被入栈,如图 3-7 所示:

再往下模拟过程一致。第三次调用 F()时,参数变成 3,依然被压入栈,然后是第四次……递归背后的循环在一次次地继续,而参数 a 则在一遍遍的循环中不断变化。由于本函数仍然没有做结束递归调用的判断,所以最后的结论是:栈溢出。

事实上,要对这个函数加入结束递归调用的逻辑判断是非常容易的。假设我们要求参数变到 10(不含 10)时就结束,那么采用如下代码就能成功地在未来的某个时刻结束。

```
void F(int a)
{
  if( a < 10)
    F(a+1);
}
```

3.4.2　递归与非递归的转换

采用递归方式实现问题的算法程序具有结构清晰、可读性好、易于理解等优点,但递归程序较之非递归程序无论是空间需求还是时间需求都更高,因此在希望节省存储空间和追求执行效率的情况下,人们更希望使用非递归方式实现问题的算法程序;另外,有些高级程序设计语言没有提供递归的机制和手段,对于某些具有递归性质的问题(简称递归问题)无法使用递归方式加以解决,必须使用非递归方式实现。因此,本小节主要研究递归程序到非递归程序的转换方法。

一般而言,求解递归问题有两种方式:

(1)在求解过程中直接求值,无需回溯。称这类递归问题为简单递归问题;

(2)另一类递归问题在求解过程中不能直接求值,必须进行试探和回溯,称这类递归问题为复杂递归问题。

两类递归问题在转换成非递归方式实现时所采用的方法是不同的。通常简单递归问题可以采用递推方法直接求解;而复杂递归问题由于要进行回溯,在实现过程中必须借助栈来管理和记忆回溯点。

采用递归技术求解问题的算法程序是自顶向下产生计算序列,其缺点之一是导致程序执行过程中许多重复的函数调用。递推技术同样以分划技术为基础,它也要求将需求解的问题分划成若干与原问题结构相同、但规模较小的子问题;与递归技术不同的是,递推方法是采用自底向上的方式产生计算序列,其首先计算规模最小的子问题的解,然后在此基础上依次计算规模较大的子问题的解,直到最后产生原问题的解。由于求解过程中每一步新产生的结果总是直接以前面已有的计算结果为基础,避免了许多重复的计算,因而递推方法产生的算法程序比递归算法具有更高的效率。

将原问题分解成若干结构与原问题相同,但规模较小的子问题,并建立原问题与子问题解之间的递推关系,然后定义若干变量用于记录递推关系的每个子问题的解;程序的执行便是根据递推关系,不断修改这些变量的值,使之成为更大子问题的解的过程;当得到原问题解时,递推过程便可结束了。

我们来看一下采用非递归方式实现求正整数 n 的阶乘值。仍使用 Fact(n) 表示 n 的阶乘值。要求解 Fact(n) 的值,可以考虑 i 从 0 开始,依次取 1,2,……一直到 n,分别求 Fact(i) 的值,且保证求解 Fact(i) 时总是以前面已有的求解结果为基础;当 i＝n 时,Fact(i) 的值即为所求的 Fact(n) 的值。

根据阶乘的递归定义,不失一般性,显然有以下递推关系成立:

$$
Fact(i)=
\begin{cases}
1 & i=0 \\
i* Fact(i-1) & i>0
\end{cases}
$$

上述递推关系表明 Fact(i) 是建立于 Fact(i−1) 的基础上的,在求解 Fact(i) 时子问题只有一个 Fact(i−1),且 Fact(0)＝1 是已知的,整个 Fact(n) 的求解过程无需回溯,因此该问题属于简单递归问题,可以使用递推技术加以实现。

实现过程中只需定义一个变量 fac 始终记录子问题 Fact(i−1) 的值。初始时,i＝1,fac＝Fact(i−1)＝Fact(0)＝1;在此基础上根据以上递推关系不断向前递推,使 i 的值加大,直至 i＝n 为止。

阶乘问题的非递归算法的实现如下:

```
double Fact ( int n )
{
    int i;
    double   fac;
    fac=1;                        /*将变量 fac 初始化为 Fact(0)的值*/
    for (i=1;i<=n; ++i) fac =i*fac;     /*根据递推关系进行递推*/
    return(fac);
}
```

复杂递归问题在求解的过程中无法保证求解动作一直向前,往往需要设置一些回溯点,当求解无法进行下去或当前处理的工作已经完成时,必须退回到所设置的回溯点,继续问题的求解。因此,在使用非递归方式实现一个复杂递归问题的算法时,经常使用栈来记录和管理所设置的回溯点。

以下我们举例说明。如按中点优先的顺序遍历线性表问题:已知线性表 list 以顺序存储方式存储,要求按以下顺序输出 list 中所有结点的值:首先输出线性表 list 中点位置上的元素值,然后输出中点左部所有元素的值,再输出中点右部所有元素的值;而无论输出中点左部所有元素的值还是输出中点右部所有元素的值,也均应遵循以上规律。

例如,已知数组 list 中元素的值为:

    18   32 4 9 26 6 10 30 12 8 45

则 list 中元素按中点优先顺序遍历的输出结果为:

    6 4 18 32 9 26 12 10 30 8 45

接下来,我们分别采用递归和非递归算法实现该遍历问题。

首先,该问题的递归实现算法如下:

```
#include <stdio.h>
#define    MAXSIZE        20
typedef    int                listarr[MAXSIZE];
void listorder(listarr list, int left, int right)
{ /*将数组段 list[left..right]的元素按中点优先顺序输出*/
    int mid;
    if (left<=right)
    {
        mid=(left+right)/2;
        printf("%4d",list[mid]);
        listorder(list,left,mid-1);
        listorder(list,mid+1,right);
    }
}
```

下面考虑该问题的非递归实现:在线性表的遍历过程中,输出中点的值后,中点将线性表分成前半部分和后半部分。接下来应该考虑前半部分的遍历,但在进入前半部分的遍历之前,应该将后半部分保存起来,以便访问完前半部分所有元素后,再进入后半部分的访问,即在此设置一个回溯点,该回溯点应该进栈保存,具体实现时,只需将后半部分起点和终点的下标进栈即可,栈中的每个元素均代表一个尚未处理且在等待被访问的数组段。对于每一个当前正在处理的数组(数组段)均应采用以上相同的方式进行处理,直到当前正在处理的数组(数组段)为空,此时应该进行回溯,而回溯点恰巧位于栈顶。于是只要取出栈顶元素,将它所确定的数组段作为下一步即将遍历的对象,继续线性表的遍历,直到当前正在处理的数组段为空且栈亦为空(表示已无回溯点),算法结束。具体描述如下:

```
#include <stdio.h>
#define    MAXSIZE    20
typedef    int              listarr[MAXSIZE];
typedef struct {
        int l; /*存放待处理数组段的起点下标*/
        int r; /*存放待处理数组段的终点下标*/
} stacknode;   /*栈中每个元素的类型*/
void listorder(listarr    list, int   left,      int        right)
{
    stacknode stack[MAXSIZE];
    int top,i,j,mid;   /*top 为栈顶指针*/
    if (left<=right)    /*数组段不为空*/
    {
        top= -1;     i=left; j=right;
        while (i<=j || top!=-1)
        {/*当前正在处理的数组段非空或栈非空*/
            if (i<=j){
                mid=(i+j)/2;
                printf("%4d",list[mid]);
                ++top;
                stack[top].l=mid+1;
                stack[top].r=j; j=mid-1;
            }else
            { /*当前正在处理的数组段为空时进行回溯*/
                i=stack[top].l;
                j=stack[top].r;
                --top;
            }
        }
    }
}
```

3.5 队　　列

　　队列（Queue）也是一种操作受限制的线性列，队列（Queue）只能在表的一端进行插入操作，在另一端进行删除操作。在表中，允许插入的一端称作"队尾（tail）"，允许删除的另一端称作"队头（front）"。如图 3-8 所示。

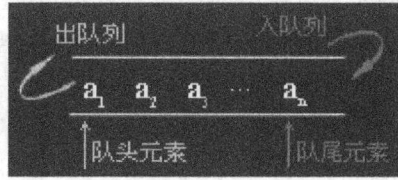

图 3-8　队列

下面我们给出队列的抽象数据类型的定义：

ADT Queue{
　　　数据对象：D＝{ ai| ai∈ElemSet, i=1,2,...,n, n≥0 }
　　　数据关系：数据元素间呈线性关系。
　　　基本操作：
　　　　　InitQueue(**&**Q)：构造一个空队列 Q。
　　　　　ClearQueue(**&**Q)：将已存在的队列Q清为空队列。
　　　　　QueueEmpty(Q)：若 Q 为空队列，则返回 TRUE，否则返回 FALSE。
　　　　　EnQueue(**&**Q,e)：插入元素e为Q的新的队尾元素。
　　　　　DeQueue(**&**Q,**&**e)：删除Q的队头元素，并用e返回其值。
　　　　　GetHead(**&**Q,**&**e)：用e返回Q的队头元素。
　　}

3.6　循环队列

和顺序栈相类似,在利用顺序分配存储结构实现队列时,除了用一维数组描述队列中数据元素的存储区域之外,尚需设立两个指针 front 和 rear 分别指示"队头"和"队尾"的位置。为了叙述方便,在此约定:初始化建空队列时,令 front＝rear＝0,每当插入一个新的队尾元素后,尾指针 rear 增 1;每当删除一个队头元素之后,头指针 front 增 1。因此,在非空队列中,头指针始终指向队头元素,而尾指针指向队尾元素的"下一个"位置。如下图 3-9 所示。

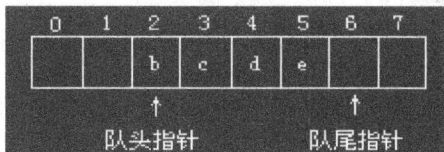

图 3-9　队列队头队尾指针

假设在这之后又有两个元素 f 和 g 相继入队列,而队列中的元素 b 和 c 又相继出队列。则队头指针指向元素 d,队尾指针则指到数组"之外"的位置上去了,致使下一个入队操作无法进行。也就是说,在顺序队列中,头指针 front 始终指向队列头元素,而尾指针 rear 始终指向队列尾元素的下一个位置,随着进队、出队操作的进行,有可能会出现 rear 指针已到达队列存储空间的终点,而队列的实际可用空间并未占满现象。为了避免顺序队列的这种假溢出现象发生,一个巧妙的办法是将顺序队列臆造为一个环状空间,称之为循环队列。如图 3-10 所示:

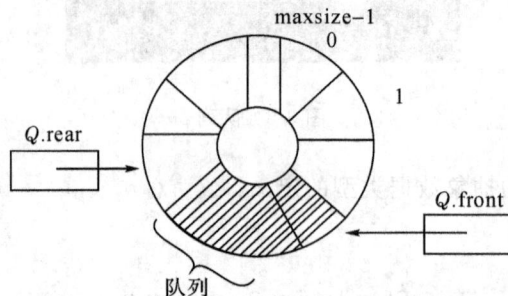

图 3-10　循环队列

为了方便起见,约定:初始化建空队时,令 front=rear=0。当队空时,front=rear;当队满时,front=rear 亦成立。因此只凭等式 front=rear 无法判断队空还是队满。

有两种方法处理上述问题:

(1)另设一个标志位以区别队列是空还是满。

(2)少用一个元素空间,约定以"队列头指针 front 在队尾指针 rear 的下一个位置上"作为队列"满"状态的标志。即:

队空时:　front=rear

队满时：　(rear+1)%maxsize=front

循环队列的类型定义如下:

```
#define MAXQSIZE 100 //最大队列长度
#define OK 1
#define ERROR 0
typedef struct{
    int   base[MAXQSIZE] ;
    int   front; //头指针, 若队列不空, 指向队列头元素
    int   rear; //尾指针, 若队列不空, 指向队列尾元素的下一个位置
}SqQueue;
int EnQueue(SqQueue *Q,   int  e)
{
    //入队函数
    //插入元素为Q的新的队尾元素,成功返回OK, 否则返回ERROR。
    if((Q->rear+1) % MAXQSIZE==Q->front)
        return   ERROR;                      //队列满
    Q->base[Q->rear]=e;
```

```
        Q->rear=(Q->rear+1) % MAXQSIZE;
        return   OK;
    }
    int DeQueue(SqQueue   *Q, int   *e){
        //若队列不空，则删除Q的队头元素，用e返回其值，并返回OK；否则返回ERROR

        if(Q->front==Q->rear) return ERROR;
        *e=Q->base[Q->front];
        Q->front=(Q->front+1)%MAXQSIZE;
        return OK;
    }
```

3.7   队列的应用

  假设在周末舞会上，男士们和女士们进入舞厅时，各自排成一队。跳舞开始时，依次从男队和女队的队头上各出一人配成舞伴。若两队初始人数不相同，则较长的那一队中未配对者等待下一轮舞曲。现要求写一算法模拟上述舞伴配对问题。

  先入队的男士或女士亦先出队配成舞伴。因此该问题具体有典型的先进先出特性，可用队列作为算法的数据结构。

  在算法中，假设男士和女士的记录存放在一个数组中作为输入，然后依次扫描该数组的各元素，并根据性别来决定是进入男队还是女队。当这两个队列构造完成之后，依次将两队当前的队头元素出队来配成舞伴，直至某队列变空为止。此时，若某队仍有等待配对者，算法输出此队列中等待者的人数及排在队头的等待者的名字，他（或她）将是下一轮舞曲开始时第一个可获得舞伴的人。具体程序如下：

```
#include <stdio.h>
#include <stdlib.h>
#define MaxName 100
#define QueueSize 30
typedef struct {
    char name[MaxName];
    char sex;//性别，'F'表示女性，'M'表示男性
}Person;

typedef struct {
    Person dancer[QueueSize];
    int front;
    int rear;
    int count;
```

```
} CirQueue;

void InitQueue(CirQueue *Q)
{
    Q->front=Q->rear=0;
    Q->count=0;
}

int QueueEmpty(CirQueue *Q)
{
    return Q->count<=0;
}

int QueueFull(CirQueue *Q)
{    return Q->count >= QueueSize;
}

Person QueueFront(CirQueue *Q)
{
    if(QueueEmpty(Q)) printf("The queue is empty.\n");
    return Q->dancer[Q->front];
}

void EnQueue(CirQueue *Q,Person dancer)
{
    if(QueueFull(Q))
    {
        printf("Team full!\n");exit(0);
    }
    Q->count++;
    Q->dancer[Q->rear]=dancer;
    Q->rear=(Q->rear+1)%QueueSize;
}

Person DeQueue(CirQueue *Q)
{
    Person temp;
```

```
    if(QueueEmpty(Q))
    {
        printf("Team empty!\n");
        exit(0);
    }

    temp=Q->dancer[Q->front];
    Q->count--;
    Q->front=(Q->front+1)%QueueSize;
    return temp;
}

void DancePartner(Person dancer[],int num)
{
    //结构数组 dancer 中存放跳舞的男女，num 是跳舞的人数。
    int i;
    Person p;
    CirQueue Mdancers,Fdancers;

    InitQueue(&Mdancers);//男士队列初始化
    InitQueue(&Fdancers);//女士队列初始化
    for(i=0;i<num;i++){//依次将跳舞者依其性别入队
        p=dancer[i];
        if(p.sex=='F')
            EnQueue(&Fdancers,p);      //排入女队
        else
            EnQueue(&Mdancers,p);      //排入男队
    }
    printf("The dancing partners are: \n \n");
    while(!QueueEmpty(&Fdancers)&&!QueueEmpty(&Mdancers)){
            //依次输入男女舞伴名
        p=DeQueue(&Fdancers);        //女士出队
        printf("%s            ",p.name);//打印出队女士名
        p=DeQueue(&Mdancers);          //男士出队
        printf("%s\n",p.name);       //打印出队男士名
    }
    if(!QueueEmpty(&Fdancers)){ //输出女士剩余人数及队头女士的名字
        printf("\n There are %d women waitin for the next    round.\n",Fdancers.count);
        p=QueueFront(&Fdancers);    //取队头
```

```
            printf("%s will be the first to get a partner. \n",p.name);
        }else{
            if(!QueueEmpty(&Mdancers)){//输出男队剩余人数及队头者名字
                printf("\n There are %d men waiting for the next      round.\n",Mdancers.count);
                p=QueueFront(&Mdancers);

                printf("%s will be the first to get a partner.\n",p.name);
            }
        }
}//DancerPartner

int main()
{
    int i,j;
    Person dancer[QueueSize];
    printf("\n Please enter the number of the dances:");
    scanf("%d",&j);
    while(j<=0)
    {
        printf("Input error, please input again:");
        scanf("%d",&j);
    }
    while (j> QueueSize)
    {
        printf("Input error, please input less than %d,again:",QueueSize);
        scanf("%d",&j);
    }

    for(i=1;i<=j;i++)
    {

        printf("Please input the %d honored person's name :",i);
        scanf("%s",&dancer[i-1].name);
        printf("Please input the %d honored person's sex (F/M):",i);
        scanf("%s",&dancer[i-1].sex);
        while(dancer[i-1].sex!='F'&&dancer[i-1].sex!='M')
        {
            printf("Input error, please input again:");
            scanf("%s",&dancer[i-1].sex);
```

```
    }
  }
DancePartner(dancer, j);
}
```

这一章我们学习了栈和队列这两种抽象数据类型。这一章的重点则在于栈和队列的应用。通过本章所举的例子学习分析应用问题的特点,在算法中适时应用栈和队列。

习　题

1.若按从左到右的顺序依次读入已知序列{a,b,c,d,e,f,g}中的元素,然后结合堆栈操作,能得到下列序列中的哪些序列(每个元素进栈一次,下列序列表示出栈的次序)?

{d,e,c,f,b,g,a}　　　{f,e,g,d,a,c,b}

{e,f,d,g,b,c,a}　　　{c,d,b,e,f,a,g}

2.设有编号 1,2,3,4 的四辆列车,φ顺序进入一个栈式结构的站台,请写出这四辆列车开出车站的所有可能的顺序。

3.假设以顺序存储结构实现一个双向栈,即在一维数组的存储空间中存在着两个栈,它们的栈底分别设在数组的两个端点。试编写实现这个双向栈 tws 的三个操作:初始化 inistack(tws)、入栈 push(tws,i,x)和出栈 pop(tws,i)的算法,其中 i 为 0 或 1,用以分别指示设在数组两端的两个栈。

4.试写一个算法,识别依次读入的一个以@为结束符的字符序列是否为形如'序列$_1$&序列$_2$'模式的字符序列。其中序列$_1$ 和序列$_2$中都不含字符'&',且序列$_2$是序列$_1$的逆序列。例如,'a+b&b+a'是属该模式的字符序列,而'1+3&3-1'则不是。

5.假设称正读和反读都相同的字符序列为"回文",例如,'abba'和'abcba'是回文,'ab-cde'和'ababab'则不是回文。试写一个算法判别读入的一个以'@'为结束符的字符序列是否是"回文"。

6.编程实现行编辑程序问题。一个简单的行编辑程序的功能是:接受用户从终端输入的程序或数据,并存入用户的数据区。每接受一个字符 j 就存入用户数据区不恰当。较好的做法是,设立一个输入缓冲区,用来接受用户输入的一行字符,然后逐行存入用户数据区。允许用户输入出差错,并在发现有误时可以及时更正。

例如,可用一个退格符"♯"表示前一个字符无效;可用一个退行符"@",表示当前行中的字符均无效。例如,假设从终端接受了这样两行字符:

whli♯♯ilr♯e(s♯ * s)

outcha@putchar(* s=♯++);

则实际有效的是下列两行:

while(* s)

putchar(* s++);

7.实现排队问题的系统模拟。编制一个事件驱动仿真程序以模拟理发馆内一天的活动,要求输出在一天的营业时间内,到达的顾客人数、顾客在馆内的平均逗留时间和排队等候理发的平均人数以及在营业时间内空椅子的平均数。提示：为计算出每个顾客自进门到出门之间在理发馆内逗留的时间，只需要在顾客"进门"和"出门"这两个时刻进行模拟处理即可。习惯上称这两个时刻发生的事情为"事件"，整个仿真程序可以按事件发生的先后次序逐个处理事件，这种模拟的工作方式称为"事件驱动模拟"，程序将依事件发生时刻的顺序依次进行处理，整个仿真程序则以事件表为空而告终。

第四章　数组和串

4.1　数组的类型定义和基本运算

数组的特点是每个数据元素可以又是一个线性表结构。因此,数组结构可以简单地定义为:若线性表中的数据元素为非结构的简单元素,则称为一维数组,即为向量;若一维数组中的数据元素又是一维数组结构,则称为二维数组;依次类推,若二维数组中的元素又是一个一维数组结构,则称作三维数组。

因此,线性表结构是数组结构的一个特例,而数组结构又是线性表结构的扩展。如图 4-1 所示:

$$A_{m \times n} = \begin{bmatrix} a_{00} & a_{01} & \cdots & a_{0,n-1} \\ a_{10} & a_{11} & \cdots & a_{1,n-1} \\ \cdots & \cdots & \cdots & \cdots \\ a_{m-1,0} & a_{m-1,1} & \cdots & a_{m-1,n-1} \end{bmatrix}$$

图 4-1　数组

其中,A 是数组结构的名称,整个数组元素可以看成是由 m 个行向量和 n 个列向量组成,其元素总数为 m×n。在 C 语言中,二维数组中的数据元素可以表示成 a[表达式1][表达式2],表达式 1 和表达式 2 被称为下标表达式,比如,a[i][j]。数组结构在创建时就确定了组成该结构的行向量数目和列向量数目。因此,在数组结构中不存在插入、删除元素的操作。下面我们给出数组的 ADT 描述:

ADT Array {
　　数据对象：D＝{aj1 ,j2 ,...,ji ,...jn | ji =0,...,bi -1,　i=1,2,...,n,
　　　　　　　　　　n(>0)称为数组的维数,
　　　　　　　　　　bi 是数组第 i 维的长度,
　　　　　　　　　　ji 是数组元素的第 i 维下标,
　　　　　　　　　　aj1 ,...,ajn ∈ElemSet }

数据关系：R={R1,R2,...Rn| Ri={<aj1...ji...jn,aj1...ji+1 ...jn>| 0<=jk<=bk-1, 1<=k<=n且
　　　　k<>i, 0<=ji<=bi-2, aj1 ,...,ji ,...,jn , aj1,...ji+1,...jn∈D, i=2,...,n }

基本操作:
　　InitArray(&A, n, bound1, ..., boundn)：若维数 n 和各维长度合法,则构造相应的
　　　　数组 A, 并返回 OK。

Value(A, &e, index1, ..., indexn)：A 是 n 维数组，e 为元素变量，随后是 n 个下标值。
若各下标不超界，则 e 赋值为所指定的 A 的元素值，并返回 OK。

Assign(&A, e, index1, ..., indexn)：A 是 n 维数组，e 为元素变量，随后是 n 个下标值。
若下标不超界，则将 e 的值赋给所指定的 A 的元素，并返回 OK。

} ADT Array

4.2　数组的存储结构

从理论上讲,数组结构也可以使用两种存储结构,即顺序存储结构和链式存储结构。然而,由于数组结构没有插入、删除元素的操作,所以使用顺序存储结构更为适宜。换句话说,一般的数组结构不使用链式存储结构。

组成数组结构的元素可以是多维的,但存储数据元素的内存单元地址是一维的,因此,在存储数组结构之前,需要解决将多维关系映射到一维关系的问题。数组可以按行的形式进行存放,也可以按列的方式进行存放,如图 4-2 所示,数组 A 可以按行的顺序一行一行的存放在数组中,也可以按列的形式一列一列的存放在数组中:

$$Am\times n=\begin{bmatrix} a_{00} & a_{01} & \cdots & a_{0,n-1} \\ a_{10} & a_{11} & \cdots & a_{1,n-1} \\ \cdots & \cdots & \cdots & \cdots \\ a_{m-1,0} & a_{m-1,1} & \cdots & a_{m-1,n-1} \end{bmatrix}$$

（a）数组 A

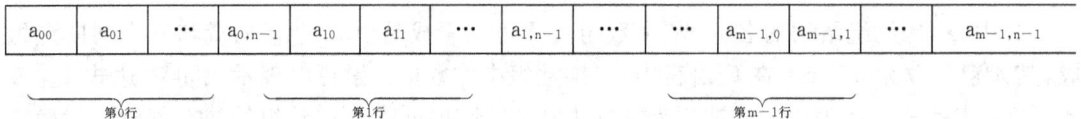

（b）按行存放

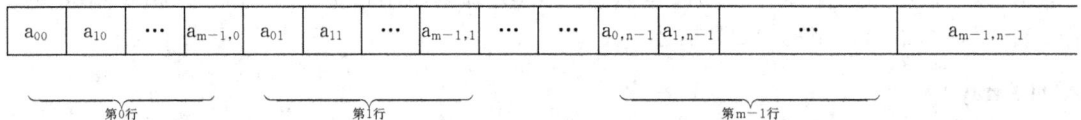

（c）按列存放

图 4-2　数组的存放

由于数组在内存中的连续存放,因此如果知道了数组的起始地址,我们可以很方便地计算出某个元素在内存中的存放位置。在上例中,如果按行的形式来存放,则元素 a[i][j] 的地址为:

$LOC(i,j)=LOC(0,0)+(n*i+j)*L$,其中 L 为每个数组元素所占的空间大小。

4.3　特殊矩阵的压缩存储

矩阵是在很多科学与工程计算中遇到的数学模型。在数学上,矩阵是这样定义的:它是一个由 m×n 个元素排成的 m 行(横向)n 列(纵向)的表。图 4-3 就是一个 m×n 的矩阵。

$$\begin{pmatrix} a_{11} & a_{12} & \cdots & a_{1n} \\ a_{21} & a_{22} & \cdots & a_{2n} \\ \cdots & \cdots & \cdots & \cdots \\ a_{m1} & a_{m2} & \cdots & a_{mn} \end{pmatrix}$$

图 4-3 m×n 的矩阵

所谓特殊矩阵就是元素值的排列具有一定规律的矩阵。常见的这类矩阵有:对称矩阵、下(上)三角矩阵、对角线矩阵、稀疏矩阵等等。对于特殊矩阵,应该充分利用元素值的分布规律,将其进行压缩存储。选择压缩存储的方法应遵循两条原则:一是尽可能地压缩数据量,二是压缩后仍然可以比较容易地进行各项基本操作。接下来我们介绍各种特殊矩阵的压缩存储及在这种存储下的相关操作。

4.3.1　对称矩阵

对称矩阵的特点是 $a_{ij} = a_{ji}$,比如,图 4-4 就是一个对称矩阵 A:

$$\begin{pmatrix} 10 & 5 & 3 & 17 \\ 5 & 7 & 12 & 4 \\ 3 & 12 & 20 & 23 \\ 17 & 4 & 23 & 14 \end{pmatrix}$$

图 4-4 对称矩阵 A

为节约存储空间,只存对角线及对角线以上的元素,或者只存对角线及对角线以下的元素,称之为对称矩阵的压缩存储方式。如图 4-4 所示的 4×4 的对称矩阵 A,把它们按行优先顺序存放主对角线以下的元素于一个一维数组 B 中,这样,

$B[0] = A_{00} = 10$

$B[1] = A_{10} = 5$

$B[2] = A_{11} = 7$

$B[3] = A_{20} = 3$

$B[4] = A_{21} = 12$

$B[5] = A_{22} = 20$

……

$B[9] = A_{33} = 14$

数组 B 共有 $4 + (4-1) + \cdots + 1 = 4*(4+1)/2 = 10$ 个元素。扩展到 n×n 对称矩阵的按行优先顺序存储主对角线以下的元素,如图 4-5 所示:

即按 $A_{00}, A_{10}, A_{11}, A_{21}, A_{21}, A_{22}, \cdots, A_{n-1,0}, A_{n-1,1} \cdots, A_{n-1,n-1}$ 的顺序存放在一维数组中,元素的总数为 $n(n+1)/2$。

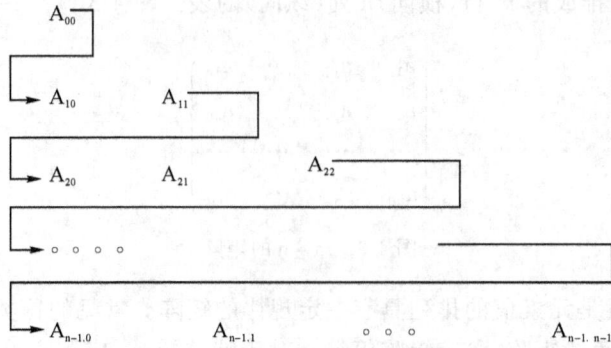

图 4-5 对称矩阵的行优先存放

4.3.2 三角矩阵

以主对角线划分,三角矩阵有上三角矩阵和下三角矩阵两种。上三角矩阵如图 4-6(a)所示,它的下三角(不包括主角线)中的元素均为常数 c。下三角矩阵与上三角矩阵相反,它的主对角线上方均为常数 c,如图 4-6(b)所示。在多数情况下,三角矩阵的常数 c 为零。

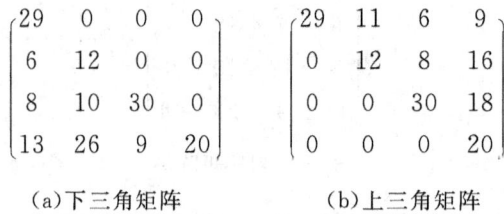

$$
\begin{pmatrix}
29 & 0 & 0 & 0 \\
6 & 12 & 0 & 0 \\
8 & 10 & 30 & 0 \\
13 & 26 & 9 & 20
\end{pmatrix}
\qquad
\begin{pmatrix}
29 & 11 & 6 & 9 \\
0 & 12 & 8 & 16 \\
0 & 0 & 30 & 18 \\
0 & 0 & 0 & 20
\end{pmatrix}
$$

(a)下三角矩阵 　　　　(b)上三角矩阵

图 4-6 三角矩阵

三角矩阵中的重复元素 c 可共享一个存储空间,其余的元素正好有 $n \times (n+1)/2$ 个,因此,三角矩阵可压缩存储到一维数组 $B[0 \cdots n(n+1)/2]$ 中,其中 c 存放在向量的最后一个分量中。

4.3.3 对角矩阵

对角矩阵的特点是所有的非零元素都集中在以主对角线为中心的带状区域中。比如,下面就是一个三阶对角矩阵:

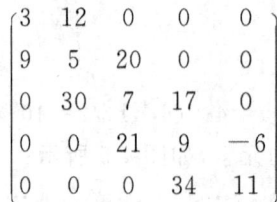

$$
\begin{pmatrix}
3 & 12 & 0 & 0 & 0 \\
9 & 5 & 20 & 0 & 0 \\
0 & 30 & 7 & 17 & 0 \\
0 & 0 & 21 & 9 & -6 \\
0 & 0 & 0 & 34 & 11
\end{pmatrix}
$$

图 4-7 三阶对角矩阵

非零元素仅出现在主对角上($a_{ii}, 0 \leqslant i \leqslant n-1$),紧邻主对角线上面的那条对角线上($a_{i,i}$

$+1,0\leqslant i\leqslant n-2)$和紧邻主对角线下面的那条对角线上($ai+1,i,0\leqslant i\leqslant n-2$)。当$|i-j|>1$时,元素 $aij=0$。由此可知,一个 k 对角线矩阵(k 为奇数)A 是满足下述条件的矩阵:

$$若|i-j|>(k-1)/2,则元素 aij=0。$$

对角矩阵可按行优先顺序或对角线的顺序,将其压缩存储到一个向量中,具体的存储留给大家去思考。

4.3.4 稀疏矩阵

若一个 m×n 的矩阵含有 t 个非零元素,且 t 远远小于 m * n,则我们将这个矩阵称为**稀疏矩阵**。如图 4-8 所示,该 5 * 5 的矩阵中只有 6 个非零元素,我们称其为稀疏矩阵。

$$\begin{pmatrix} -27 & 0 & 0 & 0 & 7 \\ 0 & 0 & -1 & 0 & 0 \\ -1 & -2 & 0 & 0 & 0 \\ 0 & 0 & 0 & 0 & 0 \\ 0 & 0 & 0 & 2 & 0 \end{pmatrix}$$

图 4-8　稀疏矩阵

首先我们给出稀疏矩阵的 ADT 描述:

ADT spmatrix {
　数据对象 D: 具有相同类型的数据元素构成的有限集合;
　数据关系 R: D 中的每个元素均位于 2 个向量中,每个元素最多具有 2 个前驱结点和 2 个
　　　　　　　后继结点,且 D 中零元素的个数远远大于非零元素的个数;

　基本运算:

　Createspmatrix(A): 创建一个稀疏矩阵。
　Printspmatrix(A): 打印输出一个稀疏矩阵。
　Addspmatrix(A,B,C): 实现两个稀疏矩阵 A 和 B 的相加,将结果写到 C 中。
　Multspmatrix(A,B,C): 实现两个稀疏矩阵 A 和 B 的相乘,将结果写到 C 中。
　Transpmatrix(B,C): 将稀疏矩阵 B 转置后,将结果写到中。
　} ADT spmatrix;

我们可以通过三元组的表示法来实现稀疏矩阵的压缩存储。矩阵中的每个元素都是由行序号和列序号唯一确定的。因此,我们需要用三项内容表示稀疏矩阵中的每个非零元素,即形式为:(i,j,value)。其中 i 表示非零元素所在的行号,j 表示非零元素所在的列号,value 表示非零元素的值。采用三元组表示法表示一个稀疏矩阵时,首先将它的每一个非零元素表示成上述的三元组形式,然后按行号递增的次序、同一行的非零元素按列号递增的次序将所有非零元素的三元组表示存放到一片连续的存储单元中即可。例如,图 4-9 中(a)所示的那个矩阵,我们可以用(b)的三元组来进行表示:

$$\begin{pmatrix} -27 & 0 & 0 & 0 & 7 \\ 0 & 0 & -1 & 0 & 0 \\ -1 & -2 & 0 & 0 & 0 \\ 0 & 0 & 0 & 0 & 0 \\ 0 & 0 & 0 & 2 & 0 \end{pmatrix}$$

	i	j	value
0	5	5	6
1	0	0	−27
2	0	4	7
3	1	2	−1
4	2	0	−1
5	2	1	−2
6	4	3	2

(a)   (b)

图 4-9　稀疏矩阵的存储

其中,a[0].i＝5,表示该矩阵为 5 行。

a[0].j＝5,表示该矩阵为 5 列。

a[0].value＝6,表示该矩阵有 6 个非零元素。

其余 a[1]到 a[6]分别存放这 6 个非零元素的行列下标及相应的值。稀疏矩阵可以采用顺序和链式的两种存储方式,接下来我们采用顺序的存储方式来说明其对应的操作过程。首先给出稀疏矩阵的 C 语言的数据结构的描述:

```
#define MAX_TERMS 101        //最多的非零元素的个数
typedef struct {
                int col;
                int row;
                int value;
} term;
term a[MAX_TERMS+1];
```

在此基础上,我们讨论稀疏矩阵的转置过程。三元组表的转置可以采用很多的方法:

方法一:简单地交换数组 a 中每个元素的 col 和 row 的值,得到按列(col)优先顺序存储到数组 b 中,再将 b 数组中的元素重排成按行(row)的值进行重新的排序。

方法二:由于 a 的列是 b 的行,因此,按 a 的列序转置,所得到的转置矩阵 b 的三元组必定是按行优先存放的。按这种方法设计的算法,其基本思想是:对 a 中的每一列 col(0≤col≤a−>n−1),通过从头至尾扫描三元组表 a[i],找出所有列号等于 col 的那些三元组,将它们的行号和列号互换后依次放入 b 数组中,即可得到 b 的按行优先的压缩存贮表示。具体实现过程如下:

```
void transpose (term a[], term b[])
/*将 a 转置，结果存放到 b 中 */
{
    int n, i, j, currentb;
    n = a[0].value;                  /*  非零元素的个数 */
    b[0].row = a[0].col;             /*   b 的行 = a 的列 */
    b[0].col = a[0].row;             /*   b 的列 = a 的行 */
    b[0].value = n;
    if (n > 0) {                     /*   若为非零矩阵 */
        currentb = 1;
        for (i = 0; i < a[0].col; i++)
        /* 按 a 的列进行转置*/
                for( j = 1; j <= n; j++)
                /*  查找所有 col 值为当前列的非零元素，加入到 b 中 */
                if (a[j].col == i) {
                        b[currentb].row = a[j].col;
                        b[currentb].col = a[j].row;
                        b[currentb].value = a[j].value;
                        currentb++;
                }
    }
}
```

从以上过程我们可以看出,该算法的时间复杂度为 O(列数×非零元素的个数)＝O(列数^2×行数)。在这个算法的描述中,为了得到转置后每行的非零元素,我们重复地去遍历所有的这些非零元素,这个过程是低效率的,事实上,转置操作的问题在于转置后的元素还是以按行递增的次序来存放,如果我们能够知道交换了行下标和列下标的值后该元素应该存放在什么位置,那就实现了转置的过程。那能不能知道元素的存放位置呢? 接下来,我们讨论矩阵的快速转置的方法。

方法三:稀疏矩阵的快速转置算法的关键在于我们如何知道转置后元素应存放的位置。为了找到所在的位置,我们首先看看能不能知道转置后的矩阵每行具有的非零元素的个数,

如果这点得到肯定,那根据顺序存储的连续性,我们就能得到转置后每行元素的起始位置。

这样也就解决了我们的问题。

为此,我们引入了两个辅助的存储空间 starting_pos 和 row_terms。其中数组 row_terms 中存放的是各行非零元素的个数,数组 starting_pos 用来存储转置后的矩阵每行非零元素的起始地址。举个具体的例子来看一下,假设稀疏矩阵的三元组表示如图 4-10 所示。

	i	j	value
0	5	5	6
1	0	0	3
2	0	4	7
3	1	2	−1
4	2	0	−1
5	2	1	−2
6	4	3	2

图 4-10 稀疏矩阵三元组表示

我们可以通过扫描所有的非零元素,比较它们的列下标,统计出转置前稀疏矩阵每列的非零元素的个数,因为转置前的列即为转置后的行,因此我们就得到了转置后稀疏矩阵每行的非零元素的个数:

$$row\_terms[0]=2;$$
$$row\_terms[1]=1;$$
$$row\_terms[2]=1;$$
$$row\_terms[3]=1;$$
$$row\_terms[4]=1;$$

根据我们前面的约定,转置后第 0 行的第 1 个非零元素存放的初始位置的下标为 1,也就是说 $starting\_pos[0]=1$;又因为转置后第 0 行有 2 个非零元素,所以第 1 行的第 2 个非零元素存放的位置 $starting\_pos[1]=starting\_pos[0]+row\_terms[0]=1+2=3$,以此类推,得出

$$starting\_pos[2]=starting\_pos[1]+row\_terms[1]=3+1=4;$$
$$starting\_pos[3]=starting\_pos[2]+row\_terms[2]=4+1=5;$$
$$starting\_pos[4]=starting\_pos[3]+row\_terms[3]=5+1=6;$$

由于三元组稀疏矩阵的存放是按行按列递增的,有了以上数据后,我们只需要通过扫描一遍所有这些非零元素就能知道该元素所需的存放位置,实现转置的过程,具体的程序如下:

```
#define   MAX_COL        100
void fast_transpose(term a[ ], term b[ ])
{
    /*将 a 转置, 结果存放到 b 中 */
    int   row_terms[MAX_COL], starting_pos[MAX_COL];
    int   i, j, num_cols = a[0].col, num_terms = a[0].value;
    b[0].row  = num_cols;
    b[0].col = a[0].row;
    b[0].value = num_terms;
```

```
if (num_terms > 0){    /*   若为非零矩阵  */
    for (i = 0; i < num_cols; i++) /*   初始化数组   */
        row_terms[i] = 0;
    /*扫描所有的非零元素，统计转置后每行的非零元 的个数*/
    for (i = 1; i <= num_terms; i++)
        row_terms[a[i].col]++;
    starting_pos[0] = 1;
    /*根据 row_terms 的值算出 starting_pos 的值*/
    for (i =1; i < num_cols; i++)
        starting_pos[i]=starting_pos[i-1] +row_terms [i-1];
    /*根据 starting_pos 的值将扫描的非零元素交换行列的值放入相应位置*/
    for (i=1; i <= num_terms; i++) {
        j = starting_pos[a[i].col]++;
        b[j].row = a[i].col;
        b[j].col = a[i].row;
        b[j].value = a[i].value;
    }
  }
}
```

在快速转置算法中,我们只需要扫描非零元素两遍就可以了,时间复杂度为 O(非零元素的个数)＝O(行数×列数)。大家可以思考下在顺序存储的前提下,稀疏矩阵的加法实现过程。

稀疏矩阵也可以采用链式的存储方法。十字链表的表示法是稀疏矩阵的链式存储方法之一,其基本思想为:将稀疏矩阵同一行的所有非零元素串成一个带表头的环形链表,同一列的所有非零元素也串成一个带表头的环形链表,且第 i 行非零元素链表的表头和第 i 列非零元素链表的表头共用一个表头结点,同时所有表头结点也构成一个带表头的环形链表。因此,在十字链表的表示中有两类结点,非零元素结点和表头结点。非零元素结点的结构如图 4-11 所示:

row	col	val
down		right

图 4-11   非零元素结点的结构

为了程序实现方便,我们将表头结点的结构定义成与非零元素结点的结构相同,只是将其行域和列域的值置为 0;另外,由于所有的表头结点也要串成一个带表头的环形链表,且表头结点本身没有数据值,因此可将非零元素结点中的 row,col,val 域改为指向本表头结点的下一个表头结点的指针域 next,即 row,col,val 域和 next 域共用一片存储空间,于是得到表头结点的结构如图 4-12 所示:

next	
down	right

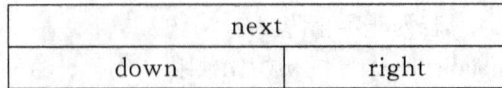

图 4-12　表头结点的结构

同时,为了区别是表头结点,还是非零元素结点,我们增加了一个 tag 域,并约定,当 tag 域的值为 head 时,代表头结点,当 tag 域的值为 entry 时,代表非零元素结点,如图 4-13 所示。

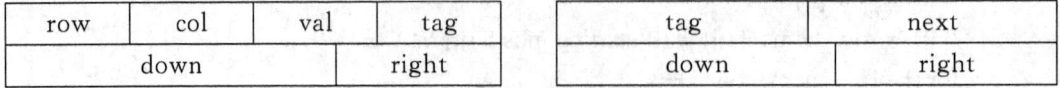

row	col	val	tag
down		right	

tag		next
down		right

图 4-13　带 tag 域的结点结构

稀疏矩阵十字链表表示中结点的类型定义如下:

```
#define MAX_SIZE 50 /* size of largest matrix */
typedef enum {head, entry} tagfield;
typedef struct matrix_node *matrix_pointer;
typedef struct entry_node {
            int row;
            int col;
            int value;
            };
typedef struct matrix_node {
            matrix_pointer down;
            matrix_pointer right;
            tagfield tag;
            union {
                    matrix_pointer next;
                    struct    entry_node entry;
                    } u;
            };
```

图 4-14 所示为稀疏矩阵的链式存储的例子,4-14(a)是一个稀疏矩阵,4-14(b)是其对应的链式存储结构。事实上,由于第 i 行和第 i 列可共用一个表头结点,图 4-14(a)所示的矩阵共有 4 个表头结点。为使读者看得清楚些,我们将第 i 行的表头结点和第 i 列的表头结点分别就行绘制,如图 4-14(b)所示,其实,横向的 4 个头结点,和竖向的 4 个头结点一一对应。也就是说,第 1 行和第 1 列共用同一个头结点,第 2 行和第 2 列共用同一个头结点,依次类推……对于 M * N 的矩阵来说,头结点的个数为 max(M,N)。

$$\begin{pmatrix} 0 & 0 & 1 & 0 \\ 2 & 5 & 0 & 0 \\ 0 & 4 & 0 & 0 \\ 0 & 0 & 0 & 5 \end{pmatrix}$$

(a)稀疏矩阵

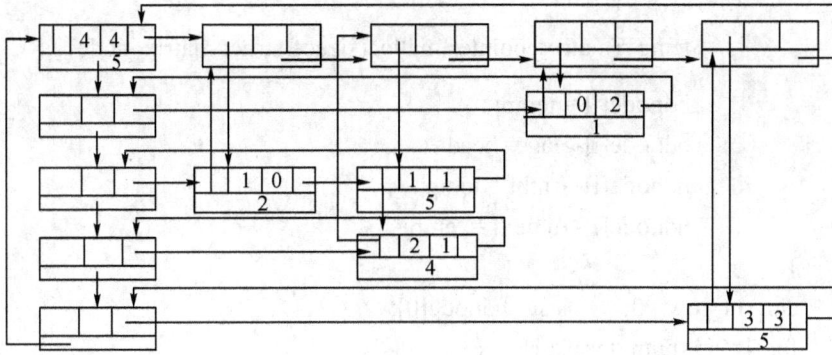

（b）链式存储结构

图 4-14　稀疏矩阵的链式存储结构

在以上数据结构定义的基础上，其创建过程，可以描述如下：

```
#include <stdio.h>
#include <malloc.h>

matrix_pointer creatmatrix(void)
{
    /* read in a matrix and set up its linked    list. An global array hdnode is used */
    int num_rows, num_cols, num_terms;
    int num_heads, i;
    int row, col, value, current_row;
    matrix_pointer temp, last, node;

    printf("Enter the number of rows, columns    and number of nonzero terms: ");

    scanf("%d%d%d", &num_rows, &num_cols, &num_terms);
    num_heads =     (num_cols>num_rows)? num_cols : num_rows;
    /* set up head node for the list of head        nodes */
    node = (matrix_pointer)malloc(sizeof(struct matrix_node) );
    node->tag = entry;
    node->u.entry.row = num_rows;
    node->u.entry.col = num_cols;
    node->u.entry.value = num_terms;

    if (!num_heads)
        node->right = node;
    else { /* initialize the head nodes */
        for (i=0; i<num_heads; i++)
```

```
        {
            temp=(matrix_pointer)malloc(sizeof(struct matrix_node) );;

            hdnode[i] = temp;
            hdnode[i]->tag = head;
            hdnode[i]->right = temp;
            hdnode[i]->u.next = temp;
        }
    current_row= 0;        last= hdnode[0];
    for (i=0; i<num_terms; i++) {
        printf("Enter row, column and value:");
        scanf("%d%d%d", &row, &col, &value);
        if (row>current_row) {
            last->right= hdnode[current_row];
            current_row= row;    last=hdnode[row];
        }
        temp = (matrix_pointer)malloc(sizeof(struct matrix_node) );
        temp->tag=entry; temp->u.entry.row=row;
        temp->u.entry.col = col;
        temp->u.entry.value = value;
        last->right = temp;/*link to row list */
        last= temp;
        /* link to column list */
        hdnode[col]->u.next->down = temp;
        hdnode[col]->u.next = temp;
    }

    /*close last row */
    last->right = hdnode[current_row];
    /* close all column lists */
    for (i=0; i<num_cols; i++)
        hdnode[i]->u.next->down = hdnode[i];
    /* link all head nodes together */
    for (i=0; i<num_heads-1; i++)
        hdnode[i]->u.next = hdnode[i+1];
    hdnode[num_heads-1]->u.next= node;
    node->right = hdnode[0];
    }
  return node;
}
```

4.4　广义表

4.4.1　广义表(Lists,又称列表)是线性表的推广

线性表是 n(n>=0)个元素 a1,a2,a3,…,an 的有限序列。线性表的元素仅限于原子项,原子作为结构上不可分割的成分,它可以是一个数或一个结构,如果放松对表元素的这种限制,容许它们具有其自身结构,这样就产生了广义表的概念。

广义表是 n(n>=0)个元素 a1,a2,a3,…,an 的有限序列,其中 ai 或者是原子项,或者是一个广义表。通常记作 LS=(a1,a2,a3,…,an)。LS 是广义表的名字,n 为它的长度。若 ai 是广义表,则称它为 LS 的子表。通常用圆括号将广义表括起来,用逗号分隔其中的元素。为了区别原子和广义表,书写时用大写字母表示广义表,用小写字母表示原子。以下我们给出广义表的 ADT 描述。

```
ADT Glist {
    数据对象：D＝{ ei ｜ i=1,2,..,n;  n≥0;ei ∈AtomSet 或 ei ∈GList,
                AtomSet 为某个数据对象 }
    数据关系：LR＝{<ei-1, ei >｜ ei-1 ,ei ∈D,  2≤i≤n }
    基本操作:
        创建空的广义表: initGList(&L);
        销毁广义表: destroyGList(&L);
        复制广义表: copyGList(&T, L);
        求广义表的长度: length(L);
        求广义表的深度: depth(L);
        求广义表的表头: getHead(L);
        求广义表的表尾: getTail(L);
        插入一个元素使其成为新的表头: insertFirst(&L, e);
        删除表头元素: deleteFirst(&L, &e);
        判断表是否空: isEmpty(L);
}ADT GList;
```

广义表是递归定义的线性结构,LS=(1,2,…,n),其中 i 或为原子或为广义表。广义表具有如下的结构特点:

(1)广义表中的数据元素有相对次序;

(2)广义表的长度定义为最外层包含的元素个数;

(3)广义表的深度定义为所含括弧的重数;其中,"原子"的深度为"0","空表"的深度为 1;

(4)广义表可以共享;

(5)广义表可以是一个递归的表;递归表的深度是无穷值,长度是有限值。

(6)任何一个非空广义表 LS=(a1,a2,…,an)

均可分解为表头 Head(LS)＝1 和表尾 Tail(LS)＝(2,…,n)两部分。

以下是广义表的一些例子：

(1)A＝()－－A 是一个空表,其长度为零。

(2)B＝(e)－－表 B 只有一个原子 e,B 的长度为 1。

(3)C＝(a,(b,c,d))－－表 C 的长度为 2,两个元素分别为原子 a 和子表(b,c,d)。

(4)D＝(A,B,C)－－表 D 的长度为 3,三个元素都是广义表。显然,将子表的值代入后,则有 D＝(( ),(e),(a,(b,c,d)))。

(5)E＝(a,E)－－这是一个递归的表,它的长度为 2,E 相当于一个无限的广义表 E＝(a,(a,(a,(a,…))))。

4.4.2 广义表的存储结构和操作

由于广义表($a1,a2,a3,…an$)中的数据元素可以具有不同的结构,(或是原子,或是广义表),因此,难以用顺序存储结构表示,通常采用链式存储结构,每个数据元素可用一个结点表示。

由于广义表中有两种数据元素,原子或广义表,因此,需要两种结构的结点：一种是表结点,一种是原子结点。下面介绍广义表的链式存储结构。

如图 4-15 所示,表结点由三个域组成：标志域、指示表头的指针域和指示表尾的指针域；而原子域只需两个域：标志域和值域。表结点的 tag 域的值为 1,原子结点的 tag 域的值为 0。

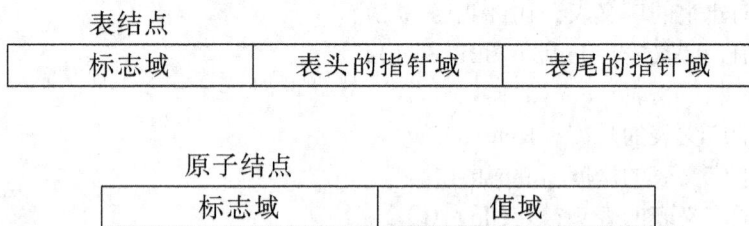

表结点

标志域	表头的指针域	表尾的指针域

原子结点

标志域	值域

图 4-15　广义表的链式存储结构

例如,有广义表 L1 和 L2,其链式的存储结构表示如下：

L1 ＝(5,12,'s',47,'a')

L2 ＝ (5, (3,2,(14,9,3), ()，4),2, (6,3,10))

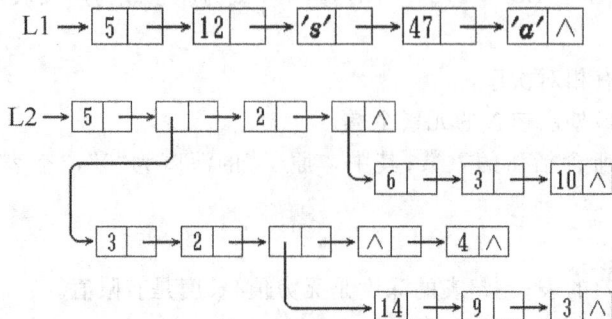

根据以上分析,给出广义表的数据结构定义如下:

```
typedef enum {ATOM, LIST} ElemTag;
typedef struct GLNode  GList;
typedef struct GLNode {
    ElemTag      tag;        //标志原子或表结点
    union{
        AtomType   atom;     //原子结点的值
        struct GLNode *hp;   // 表结点的表头指针
    }ptr;
    struct GLNode    *tp;    //指向下一个元素结点
};  //广义表类型是扩展的线性表
```

接下来,我们来分析如何求解广义表的深度。广义表的深度＝Max{子表的深度}＋1。空表的深度为1,原子的深度为0。广义表 LS＝(a1,a2,…,an)深度的求解可以写成以下等式。

$$
\text{Depth (LS)} = \begin{cases} 0, & \text{当 LS 为原子时} \\ 1, & \text{当 LS 为空表时} \\ 1+\max\{\text{Depth (ai)}\}, & \text{其他, } n\geq1 \\ 0\leq i\leq n \end{cases}
$$

例如,对于广义表 E(B(a,b),D(B(a,b),C(u,(x,y,z)),A()))
按递归算法分析:

```
Depth (E) = 1+Max { Depth (B), Depth (D) }
Depth (B) = 1+Max { Depth (a), Depth (b) } = 1
Depth (D) = 1+Max { Depth (B), Depth (C), Depth (A)}
Depth (C) = 1+Max { Depth (u), Depth ((x, y, z)) }
Depth (A) = 1
Depth (u) = 0
Depth ((x, y, z)) = 1+Max {Depth (x), Depth (y), Depth (z) } = 1
Depth (C) = 1+Max { Depth (u), Depth ((x, y, z)) } = 1+Max {0, 1} = 2
Depth (D) = 1+Max { Depth (B), Depth (C), Depth (A)} = 1+Max {1, 2, 1} = 3
Depth (E) = 1+Max { Depth (B), Depth (D) } = 1+Max {1, 3} = 4
```

在以上数据结构定义的基础上,我们给出广义表深度的求解函数:

```
#include <stdio.h>
int  depth ( GList *ls ) {
//广义表 ls 用扩展的线性链表存储，函数返回 ls 的深度
    GList *temp = ls;
    int m = 0;            //m 表示当前层元素的最大深度
    int n;

    if ( ls == NULL ) return 1;    //空表
    while ( temp != NULL ) {      //横扫广义表的每个元素
        if ( temp->tag == LIST ) {    //子表深度
            n = depth ( temp->ptr.hp );
            if (  n>m ) m = n;
        }    //不是子表不加深度
        temp = temp->tp;     //temp 指向下一个元素
    }
    return m+1;
}
```

根据广义表递归定义的特点，我们也可以很方便的给出广义表的复制函数。

```
#include <malloc.h>
#include <stdlib.h>
typedef enum {OVERFLOW, OK} Status;
Status copyGList(GList *T, GList *L) {
//将广义表 L 复制到广义表 T
 if (!L) T = NULL;
 else {
    if (!(T=(GList *)malloc(sizeof(GList)))) exit(OVERFLOW);
    T->tag = L->tag;
    if (L->tag==ATOM)  T->ptr.atom = L->ptr.atom; //拷贝原子
    else copyGList(T->ptr.hp, L->ptr.hp); //利用递归拷贝广义表
    copyGList(T->tp, L->tp);
 }
 return OK;
}//copyGList
```

4.5 串

4.5.1 串的定义

串的逻辑结构和线性表极为相似,区别仅在于串的数据对象约束为字符集。然而,串的基本操作和线性表有很大差别。在线性表的基本操作中,大多以"单个元素"作为操作对象,如:在线性表中查找某个元素、求取某个元素、在某个位置上插入一个元素和删除一个元素等;而在串的基本操作中,通常以"串的整体"作为操作对象,如:在串中查找某个子串、求取一个子串、在串的某个位置上插入一个子串以及删除一个子串等。串的抽象数据类型的定义如下:

ADT String {
   数据对象: D={ ai |ai∈CharacterSet, i=1,2,...,n, n≥0 }
   数据关系: R1={ < ai-1, ai > | ai-1, ai ∈D, i=2,...,n }
   基本操作:
       StrCopy (T, S): 串 S 存在, 由串 S 复制得串 T。
       StrEmpty (S): 若 S 为空串, 则返回 TRUE, 否则返回 FALSE。
       StrCompare (S, T): 比较两个字符串, 若 S=T, 则返回值为 0; 若 S〉T, 则返回一
                  个大于 0 的数; 若 S< T, 则返回一个小于 0 的值。
       StrLength (S): 返回 S 的元素个数, 称为串的长度。
       Concat (S1, S2): 将串 S2 联接到 S1 后面。
       SubString (&Sub, S, pos, len): 用 Sub 返回串 S 的第 pos 个字符起长度为 len 的子串。
       Index (S, T, pos): 若主串 S 中存在和串 T 值相同的子串, 则返回它在主串 S 中第 pos
             个字符之后第一次出现的位置; 否则函数值为 0。

      · · · ·

} ADT String;

串是字符串的简称。它是一种在数据元素的组成上具有一定约束条件的线性表,即要求组成线性表的所有数据元素都是字符,所以,人们经常又这样定义串:串是一个有穷字符序列。串一般记作:s="$a_1 a_2 \cdots a_n$"(n≥0)。其中,s 是串的名称,用双引号("")括起来的字符序列是串的值;a_i 可以是字母、数字或其他字符;串中字符的数目 n 被称作串的**长度**。当 n=0 时,串中没有任何字符,其串的长度为 0,通常被称为空串。例如,下面的两个字符串,
   s1=""
   s2="   "

s1 中没有字符,是一个空串;而 s2 中有两个空格字符,它的长度等于 2,它是由空格字符组成的串,一般称此为空格串。串中任意连续的字符组成的子序列被称为该串的子串。包含子串的串又被称为该子串的主串。

4.5.2 串的顺序存储结构

类似于线性表的顺序存储结构,可用一组地址连续的存储单元存储串值的字符序列。例如 C 和 C++语言中串不是预定义的数据类型,而是以字符数组来表示串。如声明

char str[10];

表明 str 是一个串变量。C 语言中还规定了一个"串的结束标志'\0'"(字符'\0'称为空终结符),即数组中在该结束标志之前的字符是串变量的有效字符,但结束标志本身要占一个字符的空间,因此串变量 str 的值(字符序列)的实际长度可在这个定义范围内随意,但最大不能超过 9。

在这种表示方法下,实现串操作的基本操作是"字符序列的复制"。具体实现过程留给大家思考。

4.5.3 串的模式匹配算法

设有两个串 t 和 p,t=t0t1…tn−1,p=p0p1…pm−1,其中 1<m<=n(通常 m<<n),模式匹配的目的是在 t 中找出和 p 相同的子串。此时,t 称为"目标串",而 p 称为"模式串"。模式匹配的结果有两种:若 t 中存在等于 p 的子串,则匹配成功,返回子串在 t 中的位置。否则,匹配失败,返回一个特定的标志(如−1)。

模式匹配是一个比较复杂的字符串操作,下面的讨论是基于字符串的顺序存储结构进行。分为朴素的模式匹配方法和无回溯的模式匹配方法。从匹配思想,匹配示例,匹配算法和算法时间效率分析等几个方面进行讨论。

首先来看一下朴素的模式匹配方法,其匹配思想如下:

p 中字符依次与 t 中字符一一比较:

t0 t1 … tj tj+1 … tj+m−1 … tn
p0 p1 … pm−1

如果对于所有的 i(0<=i<=m−1),皆有 tj+i=pi,则匹配成功,返回位置 j;否则,此趟匹配失败,这时将 t 右移一个字符,进行下一趟匹配:

t0 t1 … tj tj+1 tj+2… tj+m … tn
p0 p1 … pm−1

直到匹配成功或 p 移动到无法与 t 继续比较为止(匹配失败),接下来我们给出朴素模式匹配算法的 C 语言描述:

```c
int Index_BF ( char t[ ], char    p[ ], int pos )
{
/* 若串t中从第pos(t的下标pos〉=0)个字符起存在和串p相同的子串, 则称匹配成功, 返回
第一个这样的子串在串t中的下标, 否则返回 -1    */
    int i = pos, j = 0;
    while ( t[i+j] != '\0'&& p[j] != '\0')
    {
```

```
        if ( t[i+j] == p[j] )
                j ++; // 继续比较后一字符
        else
        {
                i ++; j = 0; // 重新开始新的一轮匹配
        }
    }
    if ( p[j] == '\0')
            return i; // 匹配成功    返回下标
    else
            return -1; // 串S中(第pos个字符起)不存在和串T相同的子串
} // Index_BF
```

上述算法的思想比较简单,将主串 t 中某个位置 i 起始的子串和模式串 p 相比较。即从 j＝0 起比较 t[i+j] 与 s[j],若相等,则在主串 t 中存在以 i 为起始位置匹配成功的可能性,继续往后比较(j 逐步增 1),直至与 p 串中最后一个字符相等为止,否则改从 t 串的下一个字符起重新开始进行下一轮的"匹配",即将串 p 向后滑动一位,即 i 增 1,而 j 退回至 0,重新开始新一轮的匹配。例如:在串 t＝"abcabcabdabba"中查找 p＝"abcabd"(我们可以假设从下标 0 开始):先是比较 t[0] 和 p[0] 是否相等,然后比较 t[1] 和 p[1] 是否相等,一直比较到 t[5] 和 p[5] 才不等。

如图 4-16 所示:

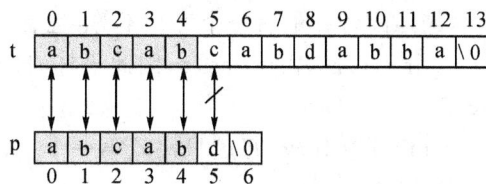

图 4-16　第一次匹配失效

当这样一个失配发生时,p 下标必须回溯到开始,t 下标回溯的长度与 p 相同,然后 t 下标增 1,然后再次比较。如图 4-17 所示,这次立刻发生了失配,p 下标又回溯到开始,t 下标增 1,然后再次比较。

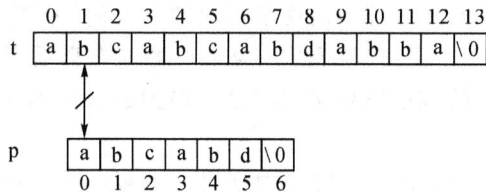

图 4-17　第一次回溯

89

接下来还是立刻发生了失配，p 下标又回溯到开始，t 下标增 1，然后再次比较。如图 4-18所示。

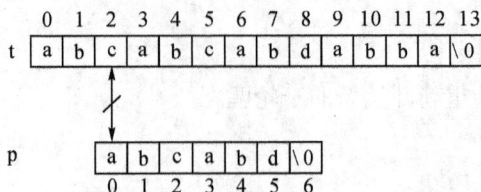

图 4-18　第二次回溯

又一次发生了失配，所以 p 下标又回溯到开始，t 下标增 1，然后再次比较。这次 p 中的所有字符都和 t 中相应的字符匹配了。函数返回 p 在 t 中的起始下标 3。如图 4-19 所示：

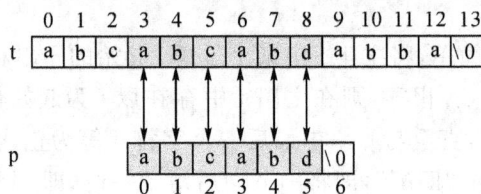

图 4-19　匹配成功

朴素模式匹配算法一旦比较不等，p 右移一个字符并且下次从 p0 开始重新进行比较，对于目标 t，存在回溯现象。

匹配失败的最坏情况：每趟匹配皆在最后一个字符不等，且有 n－m＋1 趟匹配（每趟比较 m 个字符），共比较 m＊(n－m＋1) 次，由于 m≪n，因此最坏时间复杂度 O(n＊m)。其中 m 和 n 分别为串 t 和 s 的长度。

匹配失败的最好情况：n－m＋1 次比较[每趟只比较第一个字符]。

匹配成功的最好情况：m 次比较。

匹配成功的最坏情况：与匹配失败的最坏情况相同。

综上所述，朴素模式匹配算法的时间复杂度为 O(m＊n)。

接来下，我们介绍使用 KMP 算法来改进定位子串的过程。这种改进算法是 D. E. Knuth 与 V. R. Pratt 和 J. H. Morris 同时发现的，因此人们称它为克努特—莫里斯—普拉特算法（简称为 KMP 算法）。该算法可以在 O(n＋m) 的时间数量级上完成串的模式匹配操作。其改进在于：每当一趟匹配过程中出现字符比较不等时，不需回溯主串的指针，而是利用已经得到的"部分匹配"的结果，仅将模式串从头开始向右滑动到尽可能远的一段距离后，继续进行比较。KMP 算法的核心思想是利用已经得到的部分匹配信息来进行后面的匹配过程。

举相同的例子，在 t＝"abcabcabdabba"中查找 p＝"abcabd"，如果使用 KMP 匹配算法，当第一次搜索到 t[5]和 p[5]不等后，t 下标不是回溯到 1，p 下标也不是回溯到开始，而是直接比较 t[5]和 p[2]是否相等，因为相等，t 和 p 的下标同时增加，因为又相等，t 和 p 的下标又同时增加……最终在 t 中找到了 p。如图 4-20 所示：

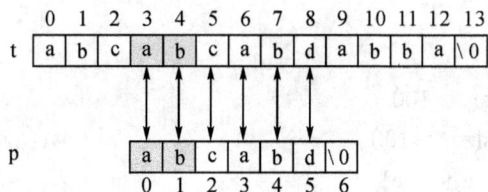

图 4-20　KMP 匹配过程

为什么 t 可以不需要回溯，p 只需回溯到 2 位置呢？从图中我们可以看出，在第一次搜索发现 t[5]和 p[5]不相等之前，我们发现

t[0]t[1]t[2]t[3]t[4]＝p[0]p[1]p[2]p[3]p[4]；而在模式串中我们发现

p[0]p[1]＝p[3]p[4]；

由以上这两个等式，我们可以得知

t[3]t[4]＝p[3]p[4]＝p[0]p[1]，因此，可以直接从 p[2]和 t[5]开始进行新的匹配过程。为什么可以这样，在一般情况下，子串的回溯位置应该在哪里？怎么确定呢？这是由模式串 p 本身的特性和之前的匹配过程决定的。

一般情况下，若"$p_0 p_1. \cdots p_k$"＝"$p_{j-k} p_{j-k+1}. \cdots p_j$"，其中 k＞0，并且不可能存在 k'＞k 满足此式，称"k"为模式串中字符 p_j 的 fail 函数值。我们给出如下的定义：

$$fail[j]=\begin{cases} -1 & \text{其他情况} \\ Max\{k|0<=k<j \text{ 且 "}p_0 p_1. \cdots p_k\text{"}="p_{j-k} p_{j-k+1}. \cdots p_j\text{"} & \text{当 } j>0 \text{ 且存在这样的 k 时} \end{cases}$$

例如，下面所示为模式串的 fail 函数值的两个例子。

j	0	1	2	3	4
模式串	a	a	c	a	a
fail[j]	-1	0	-1	0	1

j	0	1	2	3	4	5	6	7	8
模式串	a	b	a	b	c	a	a	b	c
fail[j]	-1	-1	0	1	-1	0	0	1	-1

接下来，我们给出求串的模式值 fail 的算法描述，求 fail 函数的过程是一个递推的过程：

（1）首先由定义得 fail[0]＝−1；

（2）假设已知 fail[j−1]＝k−1，又 p[j]＝p[k]，则显然有 fail[j]＝k；

（3）如果 p[j]≠p[k]，则令 k＝fail[k]，重复（2）得步骤直至 p[j]等于 p[k]为止，或 k＜0 为止。

给出其 C 语言的描述：

```
#include <stdio.h>
#include <string.h>
#define max_sring_size     100
#define max_pattern_size     100
int    failure [ max_pattern_size];
void fail (char    *pat )
{   /*   compute the pattern's   failure function */
    int    n = strlen (pat );
    int    i, j;
    failure [ 0 ] = -1;
    for ( j = 1;   j < n;   j ++)   {
        i   =   failure [ j -1 ];
        while ( ( pat [ j ] != pat [ i +1 ]) && ( i   >= 0))
            i = failure [ i ];
        if ( pat [ j ] == pat [ i + 1 ])
            failure [ j ] == i + 1;
        else   failure [ j ] =   -1;
    }
}
```

有了 failure 的值，我们可以很方便地给出 KMP 算法的描述：

```
int pmatch ( char *string,    char *pat)
{   /* Knuth,    Morris, Pratt    string matching algorithm ,    O(strlen(string))    */
    int i = 0, j = 0;
    int    lens = strlen ( string );
    int    lenp = strlen ( pat);
    while    ( i <   lens  &&   j   < lenp ) {
        if   (string [ i ] ==   pat [ j ] )   {
            i ++;   j ++;
        }
        else   if   ( j == 0 )    i ++;
        else   j =   failure [ j - 1 ] + 1;
    }
    return   (( j ==   lenp )   ?   ( i - lenp )   :   -1 );
}
```

　　KMP匹配算法和简单匹配算法效率比较,一个极端的例子是:在 t＝"AAAAAA…
AAB"(100个A)中查找 p＝"AAAAAAAAB",简单匹配算法每次都是比较到 T 的结尾,
发现字符不同,然后 p 的下标回溯到开始,t 的下标也要回溯相同长度后增1,继续比较。如
果使用 KMP 匹配算法,就不必回溯。对于一般文稿中串的匹配,简单匹配算法的时间复杂
度可降为 O(m＋n),因此在多数的实际应用场合下被应用。

习　　题

　　1. 设一个系统中二维数组采用以行序为主的存储方式存储,已知二维数组 a[n][m]中
每个数据元素占 k 个存储单元,且第一个数据元素的存储地址是 Loc(a[0][0]),求数据元
素 a[i][j]($0 \leqslant i \leqslant n-1, 0 \leqslant j \leqslant m-1$)的存储地址。如果采用列优先顺序存放呢?

　　2. 试设计一个算法,将数组 An 中的元素 A[0]至 A[n-1]循环右移 k 位,并要求只用
一个元素大小的附加存储,元素移动或交换次数为 O(n)

　　3. 针对稀疏矩阵的三元组表示方法,写出两个矩阵的求和算法。即若 A,B,C 为三个
矩阵,求 C＝A＋B,(C 仍为三元组),并将 C 以矩阵形式输出。

　　4. 在稀疏矩阵的三元组表示下,设计两个矩阵的相乘的算法。即若 A,B,C 为三个矩
阵,求 C＝A * B。(C 仍为三元组)

　　5. 如果字符串一的所有字符按其在字符串中的顺序出现在另外一个字符串二中,则字
符串一称之为字符串二的子串。注意,并不要求子串(字符串一)的字符必须连续出现在字
符串二中。请编写一个函数,输入两个字符串,求它们的最长公共子串,并打印出最长公共
子串。例如:输入两个字符串 BDCABA 和 ABCBDAB,字符串 BCBA 和 BDAB 都是它们的
最长公共子串,则输出它们的长度4,并打印任意一个子串。

　　6. 编程实现广义表的长度求解程序。

第五章　树和二叉树

5.1　树

在前几章中,本书系统地介绍和分析了线性表这种类型的数据结构,以及建立在线性表基础之上堆栈和队列等基本应用。在线性表的存储结构上,数组和链表定义的是顺序访问结点对象的集合,它是线性表的存储基础。在操作上,线性表结构除了头尾元素外,每个结点都只有唯一的前驱和后继。这个特点使得线性表的遍历等操作变得简单,因为从一个结点到它的后继结点只有唯一的一条路径。但是,在许多实际应用中,对象呈现出一种非线性的次序,其主要表现在结点可能有多个后继。如图 5-1 所示。

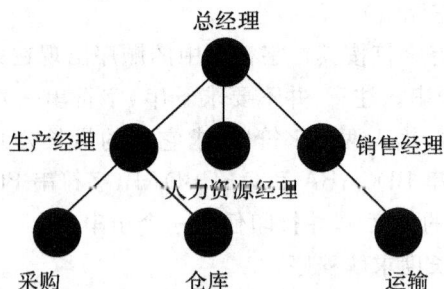

图 5-1　树状结构

图 5-1 描述了一个公司内部领导职位关系。这个关系图有一个特点,图中的每个结点都只有一个前驱,但是有的结点存在多个后继。也就是说,这些结点到它的后继结点,存在多个选择分支。直观地看这个关系图,它是数据结点按分支关系组织起来,并具有层次关系的结构,很像自然界中一棵倒长着的树那样。因此,我们把类似于图 5-1 所示的数据结构称为树状层次结构。

与线性表这种数据结构一样,这种树状结构类型的数据结构在客观世界中的应用是广泛存在的。从这里也可以很容易看出,线性表这种顺序结构是树状结构的一个特例。

5.1.1　树的定义和基本术语

树是由 n(n≥0)个结点构成的一个有限集合以及在该集合上定义的一种结点关系,集合中的元素称为树的结点。n=0 的树称为空树;当 n≠0 时,树中的结点应该满足以下两个条件:

(1)必有一个特定的称为根(root)的结点,这个根结点没有前驱。

（2）剩下的结点可以被分成 n 个（n≥0）互不相交的子集 T_1、T_2、……T_n，而且，每一个子集又都是树。把由子集 T_1、T_2、……T_n 构成的树称作根的子树（Subtree）。

从树的定义可以看出，树的定义是一个递归定义。由于一棵树和它的子树具有相同的结构定义，因此，树的很多性质可以用递归进行描述。

图 5-2 是一棵树的例子。图 5-2(a)是一棵只有根结点的树，图 5-2(b)是一棵具有 9 个结点的树。对于图 5-2(b)所示的树，a 是根结点，剩下的结点可以分为两个子集 A＝{b,d,e,f,g,h}和 B＝{c,m}，子集 A 的结点所形成的结构 T_A 和子集 B 的结点所形成的结构 T_B 称为根结点 a 的两棵子树。同理，对于子树 T_A，结点 b 是它的根结点，T_A 同样具有 3 棵子树。

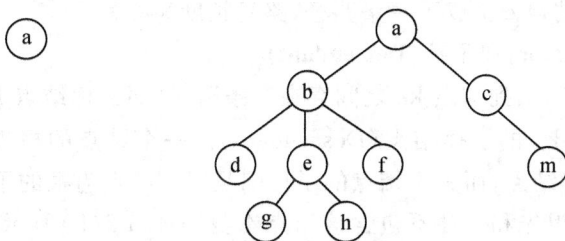

(a) 只有一个根结点的树　　　　　　(b) 一般的树

图 5-2　树的示例

为了更好的描述树状层次结构，下面介绍一些树的常用术语：

1. 结点（Node）和边（Edge）

树的每个数据元素称为一个结点。两个结点之间如果具有一条边连接，那么称这两个结点之间存在一条边。对于树的每个结点，除了要关心结点本身包含的信息外，还要关心不同结点之间的连接状态。对于一棵具有 n 个结点的树，它有 n−1 条边。

如图 5-2(b)所示，结点 b 和结点 d 构成了一个直接连接的关系，它们之间存在一条边，结点 b 和结点 g 没有直接连接的关系，但是，结点 b 和结点 g 通过结点 e 构成了一个间接连接。图 5-2(b)所示的树有 9 个结点，树有 8 条边。

2. 结点的度（Degree）

树的一个结点拥有的子树的个数称为该结点的度（Degree），最大的结点的度称为树的度。如 5-2(b)所示，结点 a 的度为 2，结点 b 的度为 3，树的度为 3。结点的度和树的度共同体现了树的宽度，也就是体现结点的分支数和树的发散程度。从度的定义很容易得到，线性表是一种特殊的树状结构，它的度为 1。

3. 根结点（Root）和叶子（Leaf）

树中没有前驱的结点称为根结点，它又称为开始结点。树中度为零的结点称为叶子结点，它又称为终端结点。树中度不为零的结点称为分枝结点或者称为非终端结点。除根结点外的分枝结点统称为内部结点。如 5-2(b)所示，结点 a 是根结点，结点 d、结点 g、结点 h 和结点 m 是叶子结点。

4. 孩子结点（Child）和双亲结点（Parents）

树中某个结点的子树的根称为该结点的孩子结点（Child）。相应地，该结点称为孩子的双亲结点(Parents)。具有同一个双亲结点的孩子结点相互称为兄弟结点(Sibling)。对于兄弟结点,从左到右,第一结点是大兄弟结点,第二个称为二兄弟结点,其他依次类推。如5-2(b)所示,结点 d、结点 e 和结点 f 都称为结点 b 的孩子结点。反过来,结点 b 称为结点 d、结点 e 和结点 f 的双亲结点。结点 d、结点 e 和结点 f 相互称为兄弟结点。

5. 路径(path)

如果树中存在一个结点序列 $k_1, k_2, \cdots, k_j$,并且 k_i 是 k_{i+1} 的双亲结点($1 \leqslant i < j$),那么称该结点序列是从 k_1 到 k_j 的一条路径(path)或道路。

路径的长度指路径所经过的边(即连接两个结点的线段)的数目,它等于路径所包含的结点数减 1。从树的根结点到树中其余任何结点均存在一条唯一的路径。如 5-2(b)所示,结点 a、结点 b 和结点 e 构成了一条路径,路径长度为 3。

6. 祖先(Ancestor)和子孙(Descendant)

如果树中结点 k_A 到结点 k_D 之间存在一条路径,那么称结点 k_A 是结点 k_D 的祖先结点(Ancestor),k_D 是 k_A 的子孙结点(Descendant)。一个结点的祖先是从根结点到该结点路径上所经过的所有结点,而一个结点的子孙则是以该结点为根的子树中的所有结点。(本书约定:一个结点的祖先和子孙不包含该结点本身。)如 5-2(b)所示,结点 g 的祖先结点有结点 e、结点 b 和结点 a。结点 b 的子孙结点有结点 d、结点 e、结点 f、结点 g 和结点 h。

7. 结点的层数(Level)和树的高度(Height)

结点的层数(Level)从根起算:根的层数为 1,其余结点的层数等于其双亲结点的层数加 1。双亲在同一层的结点互为堂兄弟。树中结点的最大层数称为树的高度(Height)或深度(Depth)。(注意,很多书籍中将树的根所在层数定义为 0)。例如,5-2(b)所示的树的高度为 4。结点 d、结点 e、结点 f 和结点 m 相互称为堂兄弟结点,它们都在第 3 层。

8. 有序树(Ordered Tree)和无序树(Unodered Tree)

若将树中的每个结点的各个子树看成是从左到右有次序的(即不能互换),则称该树为有序树(Ordered Tree);否则称为无序树(Unodered Tree)。(注意:若不特别指明,一般讨论的树都是有序树)。如图 5-3 所示的两棵树,若这两棵树是有序树,那么它们是不等价的;若它们是无序树,那么这两者相等。

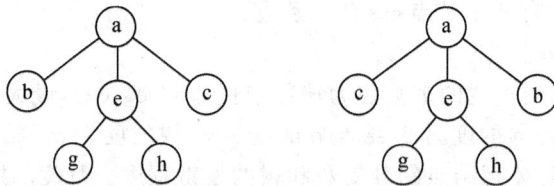

图 5-3　有序树和无序树

9. 森林(Forest)

森林(Forest)是 m(m≥0)棵互不相交的树所构成的集合。树和森林的概念非常相近。删去一棵树的根结点,就得到一个森林;反之,加上一个结点作所有树的根,森林就变为一棵树。如图 5-4 所示的树,把根结点 a 去掉以后,a 结点的两棵子树组成了一个森林。

从树的相关术语可以看出,树的逻辑特征可用树结点之间的父子关系来描述:

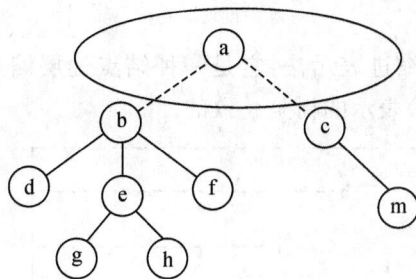

图 5-4　树和森林

树中任一结点都可以有零个或多个直接后继(即孩子)结点,但至多只能有一个直接前趋(即双亲)结点,这个是树与线性表的最大区别之一。

树中只有根结点无前趋,它是开始结点;叶结点无后继,它们是终端结点。一棵树只能有一个根结点,但是可以有多个叶子结点。

树结点的祖先与子孙的关系是对父子关系的延拓,它定义了树结点之间的纵向次序。

有序树中,兄弟结点从左到右有长幼之分。规定若 k1 和 k2 是兄弟,且 k1 在 k2 的左边,则 k1 的任一子孙都在 k2 的任一子孙的左边,那么就定义了树中结点之间的横向次序。

5.1.2　树的表示方法

树的表示方法有许多,常用的方法有直观表示法、嵌套集合表示法、凹入表示法、广义表表示法和形式化表示法。

1. 直观表示法

树的直观表示法就是以倒着的分支树的形式表示,图 5-2(b)所示的就是一棵树的直观表示。树的直观表示法的特点就是对树的逻辑结构的描述非常直观,它是数据结构中最常用的树的描述方法。

2. 嵌套集合表示法

所谓嵌套集合是指用一些集合的集体来表示树。对于其中任何两个集合,或者不相交,或者一个包含另一个。用嵌套集合的形式表示树,就是将根结点视为一个大的集合,其若干棵子树构成这个大集合中若干个互不相交的子集,如此嵌套下去,即构成一棵树的嵌套集合表示。如图 5-5 所示,图 5-5 表示的树与图 5-2(b)所示的树是一致的。

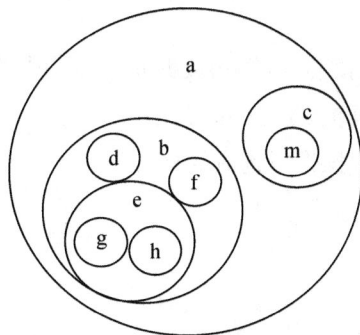

图 5-5　树的嵌套表示方法

3. 凹入表示法

树的凹入表示法又称为缩进表示法,它是一种结点逐层缩进的表示方法。如图 5-6 所示,它所表示的树与图 5-2(b)表示的树是一致的。

图 5-6　树的凹入表示法

树的凹入表示法主要用于树的屏幕显示和打印输出。

4. 公式化表示法

树的公式化表示法主要用于树的理论描述,它包含了两个部分,一个是结点的集合,一个是结点之间父子关系的集合。

树的公式化表示法定义树 T 为 T＝(N,R)。其中,N 为树 T 中结点的集合,R 为树 T 中结点之间的关系的集合。当树 T 为空树时,N 为空集。当树非空时,有 N＝{Root}∪NF,Root 为树的根结点。NF 为根结点 Root 的子树集合,NF 可以由下式表示:

$$NF＝N_1∪N_2∪\cdots∪N_F \quad (N_i∩N_j＝空集)$$

5.1.3　树的抽象数据类型

树的抽象数据类型包含了三个方面,它们分别是数据对象 D、数据关系 R 和基本操作 P。树的抽象数据类型如下所示:

```
ADT Tree
  {
      数据对象 D：D 是具有相同特性的数据元素所构成的结点集合。
      数据关系 R：结点之间的父子关系描述
      基本操作 P：树的基本操作所构成的集合
          构造和插入类：
          删除类：
          查找和修改类：

  }
```

数据对象 D：数据对象 D，它包含了具有相同特性的数据元素所构成的结点集合。每个结点的信息包括两个领域，一个是描述数据元素信息域，另外一个指示结点之间关系的指向域。根据结点的存储方式是数组还是链式，指向域可以包含记录下标的整型变量或者指针变量。

数据关系 R：数据关系 R，它主要描述结点之间的父子关系，通过对结点之间的父子关系描述，可以完整的描述整个树的结构。其具体如下：

若 D＝φ，则 R＝φ，称 Tree 为空树；

若 D≠φ，则：

1）在 D 中存在唯一的称为根的数据元素 root。

2）当树的结点个数 n 大于 1 时，除根结点 root 外的所有其他结点可分为 m(m＞0)个互不相交的有限子集 $T_1, T_2, \cdots, T_m$，其中，每一棵子树本身又是一棵符合本定义的树，称为根 root 的子树。

基本操作 P：基本操作 P，它主要描述了树的基本操作。根据基本操作所涉及到的功能特点，这些基本操作可以分为构造和插入、删除以及查找和修改这三个方面。

构造和插入操作包括树的构造，结点的构造和插入，分支的插入等操作；删除操作包括了结点的删除，分支的删除，树的删除等方面的操作。查询操作包括了树中结点的查找和访问操作。

1. 常见的构造和插入操作：

1）InitiateTree(t)：建立一棵空树。

2）CreateTree(t, definition)：按 definition 的描述生成一棵树。

3）InsertChild(t, x, parent, i)：将数据域信息为 x 的结点插入到树 t 中作为结点 parent 的第 i 个子结点。如果结点 parent 原来有第 i 个子结点，则将结点 parent 原来的第 i 个子结点作为第 i+1 个子结点，依次类推。（本书约定结点的顺序是从左向右）。

4）InsertChildTree(t, parent, i, ct)：将由 ct 作为根结点的树插入到树 t 中，作为结点 parent 的第 i 个子树。

5）Assign(t, x, parent)将树 t 中作为结点 parent 的数据域信息设置为 x。

2. 常见的删除操作：

1）DeleteChild(t, parent, i)：在树 bt 中删除结点 parent 的第 i 个子树。

2）ClearTree(t)：将树的所有结点清空。

3）DestroyTree(t)：销毁树的结构。

3. 常见的查询操作

1）Search(t, x)：在树 t 中查找数据元素为 x 的结点。如果存在数据元素为 x 的结点，那么返回结点指针，否则返回 NULL。

2）Root(t)：求树的根结点。

3）Traverse(t)：按某种方式遍历树 t 的全部结点，并且每个结点只访问一次。树的遍历方法主要由层次遍历法、先根遍历法、后根遍历法等。

4）Visit(t, bt)：对树 t 中的结点 bt 元素值进行操作。

5）Parent(t, bt, cur_e)：在树 t 中求当前结点 bt 的双亲结点。如果结点 bt 的双亲结点存在，那么返回双亲结点的指针，否则返回 NULL。

6）LeftChild(bt，cur_e)：求当前结点的最左孩子，如果结点 bt 的最左孩子结点存在，那么返回最左孩子结点的指针，否则返回 NULL。

7）RightSibling(bt，cur_e)：求当前结点的右兄弟，如果结点 bt 的右兄弟结点存在，那么返回右兄弟结点的指针，否则返回 NULL。

8）TreeEmpty(t)：判定树是否为空树。

9）TreeDepth(t)：求树的深度。

这里需要特别指出的是，上述树的抽象数据类型所包含的操作只是树的一些基本操作。由于树状层次结构是一种使用非常广泛的结构，在不同的应用中，树的形态有很大的区别。因此，在实际中，应根据实际需要构造树的抽象数据类型。

5.1.4 树的存储结构

树的存储结构是树的一个重要内容，与线性表的存储一样，树的存储也可以分为顺序存储和链式存储，也就是利用数组或者链表来存储树的结点。但是由于树的结点的后继结点个数是不定的，也就是树具有分支特性，因此树的计算机存储比线性表要复杂的多。

1．顺序存储

顺序存储是利用数组这种顺序存储的内存空间来存储树中的每一个结点，根据数组的产生方式，可以分为静态数组和动态数组。

对比于线性表，由于线性表的每个元素，其前驱后和后继是唯一的（第一个元素只有后继，最后一个元素只有前驱）。因此，采用顺序存储方式存储线性表时，可以直接利用数组元素的下标的先后关系作为线性表结点的前驱和后继判断。线性表的每个结点只需要保存数据信息，不需要保存结点的位置信息。但是，由丁树的结点的后继个数是不定的。因此，采用顺序存储时，需要存储每个结点的双亲结点或者孩子结点的位置信息。

树的顺序存储一般将树的结点按自上而下，自左至右的顺序一一存放，常用的有双亲表示法。双亲表示法是在数组的元素中同时存放结点数据信息和结点的双亲下标值。

下面是树的双亲表示法的结点的 C 语言一个描述：

```
typedef    int    datatype;
typedef    struct node
{
    datatype    data;    /*结点的数据信息*/
    int    parent;        /*双亲结点的数组下标*/
}Pnode;
```

图 5-7 是一棵树以及它的双亲表示法顺序存储。图 5-7(b)中的 data 是树结点中的数据元素域，parent 是结点指向域，存储的内容是结点的双亲结点所在的存储位置信息。这里需要特别指出的是结点 a 是根结点，它没有双亲结点，其 parent 域的值设置为 -1。

双亲表示法由于存储了每个结点的双亲结点的地址下标，因此，很容易获得每个结点的双亲结点。但是，双亲表示法访问一个结点的孩子结点的操作却比较复杂。如果要获得一个给定结点的孩子结点，则要访问所有结点，通过比较每个结点的双亲存储位置和给定结点

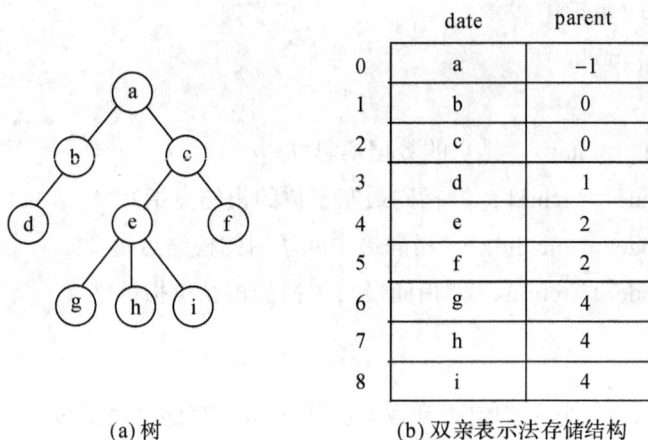

	date	parent
0	a	−1
1	b	0
2	c	0
3	d	1
4	e	2
5	f	2
6	g	4
7	h	4
8	i	4

(a) 树　　　　　　(b) 双亲表示法存储结构

图 5-7　双亲表示法存储结构

的存储位置来判断一个结点是否是给定结点的孩子结点。

2. 链式存储法

链式存储是采用类似链表这种结构来存储树的结点。每个结点中都包含了一个指针域,指针域包含了若干个指针,每个指针指向了该结点的孩子结点或者兄弟结点。链式存储法根据结点的指针指向的信息,可以进一步地分为孩子表示法和孩子—兄弟表示法。

1) 孩子表示法

在树的孩子表示法中,每一个结点都包含了一个指针域,指针域的指针指向该结点的孩子结点。由于树的每个结点的孩子结点的数量是不固定的,因此孩子表示法的每个结点包含的指针个数有两种设计方法,一种是固定指针数量,另外一种是非固定指针数量。固定指针数量法是根据树的度(所有结点中,包含最多分支数量的那个结点的度)来确定每个结点的指针域所包含指针的数量。例如,树的度为 k,那么结点的指针域包含的指针数量为 k。固定指针数量法操作比较简单,但是,由于它采用的是树的度来设计结点指针域的指针数量,因此存在大量空闲指针。

设树 T 的度为 k,树有 n 个结点,那么这个树一共有 n×k 个指针。但是,由于树只有 n−1 条边,因此树 T 中的指针只使用了其中的 n−1 个,还有 k×n−(n−1)=n * ×(k−1)+1 个指针没有被使用。可以看出,树的度越大,空闲指针数量越多。此外,使用固定指针数量表示法之前,需要确定树的度。不过,由于计算机的存储技术发展非常迅速,计算机的存储空间是急遽增加,加上固定指针数量法设计简单,操作便捷,具有较高的时间效率,因此这种方法使用的非常广泛。此外,在具体的问题中,还可以充分利用这些空闲的指针来记录其他的一些信息,例如后面介绍的线索二叉树。

假设一棵树的度为 3,下面是这棵树的固定指针数孩子表示法的结点的一个 C 语言描述:

```
typedef   int   datatype;
typedef   struct   node
{
        datatype     data;   /*结点的数据信息*/
        struct node   * lchild ;   /*指向最左子树的根结点指针*/
        struct node   * mchild;   /*指向最中间子树的根结点指针*/
        struct node   * rchild ;   /*指向最右子树的根结点指针*/
}CFnode;
```

图 5-8 是一棵树以及它的固定指针数量孩子表示法存储。树的度为 3,因此每个结点都包含了 3 个指针。

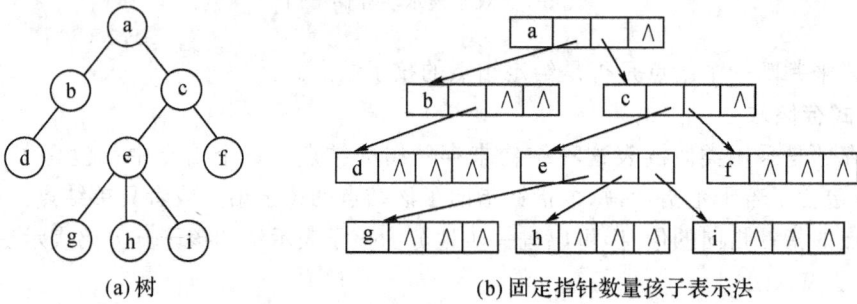

(a) 树   (b) 固定指针数量孩子表示法

图 5-8　固定指针数量孩子表示法

非固定指针数量法是树中每个结点包含的指针数量是根据本结点的度来设置,树的结点中增设一个度数域 degree 指出该结点包含的指针数。在这种存储方式下,每个结点长度可能不相等。

图 5-9 是一棵树以及它的非固定指针数量孩子表示法存储。每个结点根据自己的孩子结点数量来确定指针数量,指针数量最多的是 e 结点,有 3 个指针,指针数量最少的是结点 d、结点 f、结点 g、结点 h 和结点 i,由于它们没有孩子结点,因此指针域不需要指针。

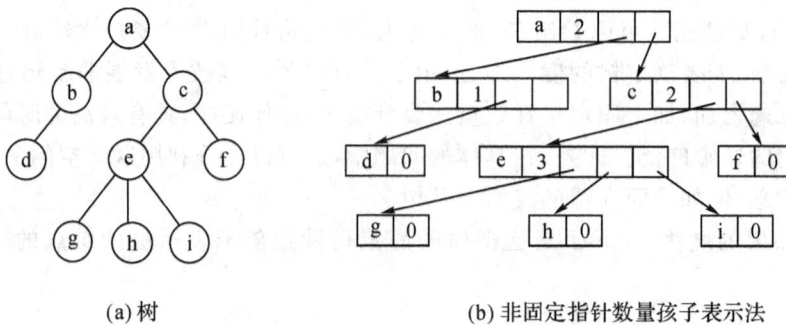

(a) 树   (b) 非固定指针数量孩子表示法

图 5-9　非固定指针数量孩子表示法

下面是树的非固定指针数孩子表示法的结点的一个 C 语言描述：

```
typedef   int   datatype;
typedef   struct   node
{
        datatype          data;        /*结点的数据信息*/
        int               degree;      /*结点的度*/
        struct   node  ** child;   /*动态设置孩子结点指针的数组*/
} CUFnode ;
```

对于非固定指针数量孩子表示法，结点所包含指针的数量是根据 degree 大小来确定。因此，采用动态分配的方式，具体代码类似如下：

child＝(CUFnode ＊ ＊) malloc(degree ＊ sizeof(CUFnode ＊))

固定指针数量孩子表示法和非固定指针数量孩子表示法的区别在于指针域的指针数量，一个是根据树的度来确定每个结点的指针数量，另外一个是根据每个结点的度来确定指针的数量。虽然非固定数量的孩子表示法可以节省空间，但是其节省的空间与现代计算机的内存容量相比，其节省内存空间容量非常有限。此外，由于非固定数量的孩子表示法的实现比较复杂，并且其时间复杂度要比固定指针数量的孩子表示法的时间复杂度要高，因此非固定指针数量的孩子表示法的使用不如固定指针数量的孩子表示法使用广泛。

孩子表示法存储的是结点孩子的地址，这种方法容易获得每个结点的孩子结点。但是，如果要访问一个结点的双亲结点，它的操作实现则比较复杂。需要访问整个存储空间的所有结点，通过比较指针和给定结点的存储位置来判断一个结点是否是给定结点的双亲结点。

2）孩子—兄弟表示法

树常用另外一种存储方法还有孩子—兄弟链表表示法，这种方法表示比较规范，不仅适用于多叉树的存储，也适用于森林的存储。构成孩子—兄弟表示法的结点结构是：一个数据域和两个指针，一个指针指向它的最左边的孩子结点，另一指针指向它右边的第一个兄弟结点。下面是树的孩子兄弟表示法的结点的一个 C 语言描述：

```
typedef   int   datatype;
typedef   struct node
{
        datatype    data;   /*结点的数据信息*/
        struct node  * lchild;   /*指向最左子树的根结点指针*/
        struct node  * Sibling ;   /*指向右边第一个兄弟结点的指针*/
                                }CSnode;
```

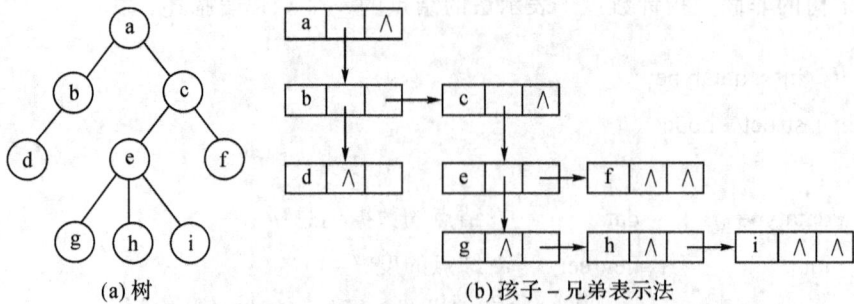

图 5-10　孩子—兄弟表示法

孩子—兄弟表示法这种存储结构的另外一个优点是它和二叉树的孩子表示法完全一样，因此可利用二叉树的算法来实现对树的操作。由于树的操作比较复杂，因此，通常可以先把树转换为二叉树，然后采用二叉树的算法来对树进行操作。孩子—兄弟表示法很容易获得一个结点的孩子结点，并且也很容易获得一个结点的兄弟结点。

3. 数组链式存储法

如上所述，双亲结点法容易获得一个结点的双亲结点，但是要获得一个结点的孩子结点则比较烦琐。孩子表示法以及孩子—兄弟表示法容易获得一个结点的孩子结点，但是要获得结点的双亲结点则比较烦琐。为了能方便地同时获得一个结点的孩子结点和双亲结点，可以采用双亲孩子表示法。

双亲孩子表示法是在双亲表示法的基础上，通过保存每个结点的所有孩子结点的地址信息来实现。具体实现可以把每一个结点的所有孩子的地址信息保存在一个单链表中，然后在每个存储结点中，增加一个单链表的头结点指针。

下面是树的双亲孩子表示法的结点的一个 C 语言描述：

```
typedef   int   datatype;
typedef   struct Snode   /*兄弟结点单链表的结点描述*/
{
      datatype   data;       /*结点的数据信息*/
      struct Snode   * next;  /*指向兄弟结点的指针*/
}Siblingnode;
typedef   struct     node
{
      datatype   data;       /*结点的数据信息*/
      int   parent;           /*双亲结点的数组下标*/
      Siblingnode * head ;   /*指向孩子结点单链表的头结点*/
}PCnode;
```

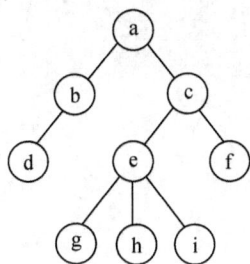

	date	parent	head	child
0	a	−1		b → c ∧
1	b	0		d
2	c	0		e → f ∧
3	d	1	∧	
4	e	2		g → h → i ∧
5	f	2	∧	
6	g	4	∧	
7	h	4	∧	
8	i	4	∧	

(a) 树　　　　　　　　(b) 双亲孩子表示法

图 5-11　双亲孩子表示法

如图 5-11,双亲—孩子表示法可以在双亲表示法的基础上实现,每一个结点的指针域中,除了一个指向双亲结点位置的变量外,都还有一个孩子结点单链表的头指针,用于指向孩子结点的单链表。

date 域存储了结点的数据信息,parent 域存储了每个结点的双亲结点的位置信息,−1表示无双亲结点,head 域存储了孩子链表的头指针。child 存储了孩子结点。

双亲孩子表示法可以方便地获得每个结点的双亲结点和孩子结点,不过其实现比孩子表示法和双亲表示法要复杂些。

5.2　二叉树

树的形态有很多种,在实际的使用过程中,需要对树的形态进一步地进行约束和简化,以便于设计和操作。二叉树是树形结构的一个重要类型,许多实际问题抽象出来的数据结构往往是二叉树的形式。特别是根据树的孩子—兄弟表示法,即使是一般的树也能简单地转换为二叉树,而且二叉树的存储结构及其算法都较为简单,因此二叉树显得特别重要。

5.2.1　二叉树(Binary Tree)的定义

二叉树是一个具有 n(n≥0)个结点的有限集合。它或者是空集(n=0),这时称二叉树是一棵空树;或者由一棵根结点及两棵互不相交的、分别称作这个根的左子树和右子树的二叉树组成。二叉树的定义和树的定义一样是递归的。由于左、右子树也是二叉树,因此子树也可以是空树。图 5-12 展现了一棵二叉树,从图 5-12 可以看到,二叉树具有一个很重要的性质,就是二叉树所有结点的度都小于或者等于 2。这给二叉树的操作带来了很大的方便性。

综合来看,二叉树的形态一共有 5 种,分别是空树、仅有一个结点的二叉树、仅有左子树而右子树为空的二叉树、仅有右子树而左子树为空的二叉树以及左子树和右子树均为非空的二叉树。如图 5-13 所示,5-13(a)为空树,5-13(b)为仅有一个结点的二叉树,5-13(c)为仅

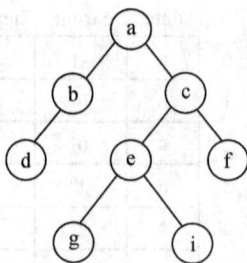

图 5-12　一棵二叉树

有左子树而右子树为空的二叉树,5-13(d)为仅有右子树而左子树为空的二叉树,5-13(e)为左子树和右子树均为非空的二叉树。图 5-13(c)与图 5-13(d)是两棵不同的二叉树。

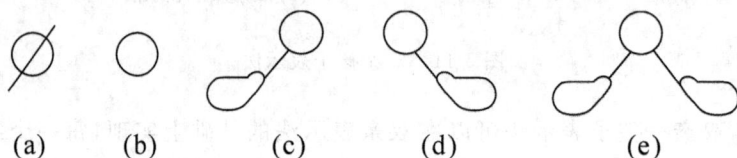

(a)　　　(b)　　　(c)　　　(d)　　　(e)

图 5-13　五种不同形态的二叉树

　　这里应特别注意的是,二叉树与无序树不同。二叉树中,每个结点最多只能有两棵子树,并且有左右之分,但是,二叉树与度数为 2 的有序树不同。在有序树中,结点的孩子结点之间是有左右次序之分的,但是,如果结点只有一个孩子结点,那么该结点的孩子结点就没有左右次序区分。在二叉树中,即使结点只有一个孩子结点,那么这个结点的孩子结点也要有左右之分,要不是左子树结点,要不就是右子树结点。

　　如图 5-14 所示,5-14(a)和 5-14(b)是两棵不同的二叉树,但是若将这两棵树均看做普通的有序树,则这两棵有序树就是相同的了。

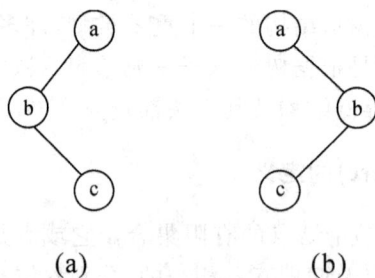

(a)　　　　　　　　(b)

图 5-14　两棵不同的二叉树

5.2.2　二叉树的两种特殊形态

1. 满二叉树(Full Binary Tree)

　　如果一棵二叉树的所有叶子结点都在同一层上,并且所有的非叶子结点的度都为 2,那么称这棵二叉树为满二叉树。图 5-15 是一棵满二叉树,从图 5-15 可以直观地看到,满二叉树据有如下一些特点：

1）每一层上的结点数都达到最大值。即对给定的高度，它是具有最多结点数的二叉树。

2）满二叉树中不存在度数为1的结点，每个分支结点均有两棵高度相同的子树，且树叶都在最下一层上。

3）一棵深度为 k 的满二叉树具有 2^k-1 个结点。

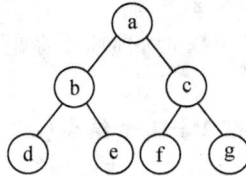

图 5-15　满二叉树

2. 完全二叉树(Complete Binary Tree)

一棵具有 n 个结点的二叉树，如果它的结构与一棵满二叉树的前 n 个结点的结构相同，那么称这棵二叉树为完全二叉树。图 5-16(a)是一棵完全二叉树，从图 5-16 可以直观地看到，完全二叉树具有如下一些特点：

1）一棵完全二叉树至多只有最下面的两层上结点的度数可以小于 2，并且最下一层上的结点都集中在该层最左边的若干位置上。

2）满二叉树是完全二叉树，完全二叉树不一定是满二叉树。

3）在完全二叉树的最下一层上，从最右边开始连续删去若干结点后得到的二叉树仍然是一棵完全二叉树。

4）在完全二叉树中，如果一个结点没有左孩子，则这个结点一定没有右孩子，即该结点必是叶结点。

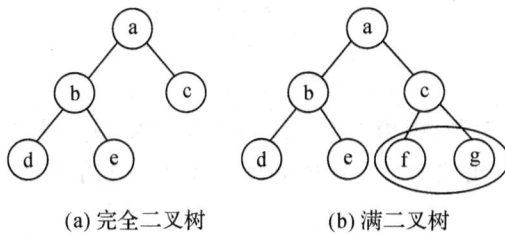

(a) 完全二叉树　　　　(b) 满二叉树

图 5-16　两棵不同的二叉树

5.2.3　二叉树的性质

由于二叉树的度不超过 2，因此二叉树具有很多很重要的性质。假设二叉树的第一层计数为 1，空树的层数计为 0，二叉树的性质有：

性质 1：二叉树第 i 层上的结点数目最多为 2^{i-1}($i \geqslant 1$)

证明：用数学归纳法证明：

初始验证：当层数 i=1 时，有 $2^{i-1}=2^0=1$。由于二叉树的第 1 层上最多只有一个根结点,所以性质1命题成立。

归纳假设:假设当 $i=k$ 时性质1命题成立,即二叉树的第 k 层上至多有 2^{k-1} 个结点,这时有:

根据归纳假设,由于第 k 层有 2^{k-1} 个结点,并且又由于二叉树的每个结点度要小于或者等于2,因此,第 $k+1$ 层上至多为第 k 层结点数的两倍,也就是第 $k+1$ 层上最多有 2^k 个结点。2^k 可以变换为:

$$2^k = 2^{(k-1)+1}$$

从上面的等式可以看出:如果当 $i=k$ 时,性质1命题成立,那么当 $i=k+1$ 时,性质1命题也将成立。

性质2:深度为 k 的二叉树至多有 2^k-1 个结点($k \geqslant 1$)

证明:因为根据性质(1)有:二叉树的各层结点最多数目为 2^{k-1}。因此,二叉树的所有层的结点之和 $n \leqslant 2^0 + 2^1 + 2^2 + \cdots + 2^{k-1}$。由等比数列求和可知:

$$2^0 + 2^1 + 2^2 + \cdots + 2^{k-1} = 2^k - 1$$

因此,一棵二叉树的最大结点数目为 2^k-1。性质2证明完毕。

性质3:设满二叉树的深度为 k,那么满二叉树的结点数量为 2^k-1

证明:根据满二叉树的性质,除了叶子结点外,所有结点的度都为2,因此,满二叉树的结点数量 n 为:

$$n = 2^0 + 2^1 + 2^2 + \cdots + 2^{k-1} = 2^k - 1$$

从性质3可以看出,在所有高度为 k 二叉树中,满二叉树的结点数是最大的。从性质3同时还可以看出,具有 n 个结点的满二叉树的深度为 $\log_2(n+1)$。

性质4:具有 n 个结点的完全二叉树的深度 k 为 $\lceil \log_2(n+1) \rceil + 1$([ ] 为取整符号)

证明:由完全二叉树的定义和性质2可以知道,一棵深度为 k 的完全二叉树的,其结点数量 n 大于等于深度为 $k-1$ 的满二叉树的结点数,小于等于深度为 k 的满二叉树的结点数,因此有:

$$2^{k-1} - 1 \leqslant n \leqslant 2^k - 1$$

进行移项后有:

$$2^{k-1} \leqslant n+1 \leqslant 2^k$$

对不等式取2为底的对数,因为 $\log_2(n+1)$ 为介于 $k-1$ 和 k 之间,因此,对 $\log_2(n+1)$ 进行取整后,$[\log_2(n+1)]$ 比完全二叉树的高度 k 少1。故结点数量为 n 的完全二叉树,其高度为 $[\log_2(n+1)]+1$。

性质5:在任意一棵二叉树中,若叶子结点的个数为 n_0,度为1的结点数为 n_1,度为2的结点数为 n_2,则 $n_0 = n_2 + 1$。

证明:因为二叉树中所有结点的度数均不大于2,因此,二叉树的结点总数 n 应等于0度结点数、1度结点数和2度结点数之和:

$$n = n_0 + n_1 + n_2$$

由于二叉树的所有结点中,除了根结点没有前驱外,每个结点均有且只有一个前驱,因此有 n 个结点的二叉树的总边数为 $n-1$ 条。此外,根据度的定义,二叉树的总边数与度之间的关系有:

$$n - 1 = 0 * n_0 + 1 * n_1 + 2 * n_2$$

上述两个等式进行相减后得：$n_0 = n_2 + 1$。性质 5 证明完毕

性质 6：对具有 n 个结点的完全二叉树，以深度方向为序对所有结点进行编号（$1 \leqslant i \leqslant n$），也就是结点的编号顺序为：深度方向是从上到下，每一层的结点是从左到右。那么：

对于编号为 i（$i \geqslant 1$）结点：

（1）当 $i = 1$ 时，该结点为根，它无双亲结点；

（2）当 $i > 1$ 时，该结点的双亲结点编号为：$i/2$（/为整除）。

（3）若 $2i \leqslant n$，它有编号为 $2i$ 的左孩子结点，否则没有左孩子；

（4）若 $2i + 1 \leqslant n$，则它有编号为 $2i + 1$ 的右孩子结点，否则没有右孩子。

5.2.4 二叉树的抽象数据类型

与树的抽象数据类型类似，二叉树的抽象数据类型包含了三个方面，它们分别是数据对象 D、数据关系 R 和基本操作 P。树的抽象数据类型如下所示：

ADT Tree
{
    数据对象 D：D 是具有相同特性的数据元素所构成的结点集合。

    数据关系 R：结点之间的父子关系描述

    基本操作 P：树的基本操作所构成的集合

    构造和插入类：

    删除类：

    查找和修改类：

}

数据对象 D：数据对象 D，它包含了具有相同特性的数据元素所构成的结点集合。每个结点的信息包括两个领域，一个是描述数据元素信息域，另外一个指示结点之间关系的指向域。根据结点的存储方式是数组还是链式，指向域可以是记录下标的整型变量或者一个或者多个指针变量。

数据关系 R：数据关系 R，它主要描述结点之间的父子关系，通过对结点之间的父子关系描述，可以完整的描述整个树的结构。其主要关系如下：

若 $D = \phi$，则 $R = \phi$，称 BinaryTree 为空二叉树。

若 $D \neq \phi$，则 $R = \{H\}$，H 是如下关系：

在 D 中存在唯一的称为根的数据元素 root，她在关系 H 下无前驱；

1）若 $D - \{root\} \neq \phi$，则存在 $D - \{root\} = \{Dl, Dr\}$，且 $Dl \bigcap Dr = \phi$；

2）若 $Dl \neq \phi$，则 Dl 中存在唯一的元素 xl，$<root, xl> \in H$，存在 Dl 上的关系 $Hl \in H$。

3）若 $Dr \neq \phi$，则 Dr 中存在唯一的元素 xr，$<root, xr> \in H$，存在 Dr 上的关系 $Hr \in H$。

4）$H = \{<root, xl>, <root, xr>, Hl, Hr\}$；

（Dl，{Hl}）是一棵符合本定义的二叉树，称为根的左子树；（Dr，{Hr}）是一棵符合本定义的二叉树，称为根的右子树。

基本操作 P：基本操作 P，它主要描述了树的基本操作。根据基本操作所涉及的功能特

点,这些基本操作可以分为构造和插入操作、删除操作以及查找和修改操作这三个方面。

1. 构造和插入操作

1）Initiate(bt) 建立一棵空二叉树。

2）Create(x，lbt，rbt)生成一棵以 x 为根结点的数据域信息,以二叉树 lbt 和 rbt 为左子树和右子树的二叉树。

3）InsertL(bt，x，parent)将数据域信息为 x 的结点插入到二叉树 bt 中作为结点 parent 的左孩子结点。如果结点 parent 原来有左孩子结点,则将结点 parent 原来的左孩子结点作为结点 x 的左孩子结点。

4）InsertR(bt，x，parent)将数据域信息为 x 的结点插入到二叉树 bt 中作为结点 parent 的右孩子结点。如果结点 parent 原来有右孩子结点,则将结点 parent 原来的右孩子结点作为结点 x 的右孩子结点。

5）Assign(bt，x，parent)将二叉树 bt 中结点 parent 的数据域信息设置为 x。

2. 删除操作

1）DeleteL(bt，parent)在二叉树 bt 中删除结点 parent 的左子树。

2）DeleteR(bt，parent)在二叉树 bt 中删除结点 parent 的右子树。

3）ClearTree(bt) 将树清空

4）DestroyTree(bt)销毁树的结构

3. 查询操作

1）Search(bt，x)在二叉树 bt 中查找数据元素 x。

2）Traverse(bt)按某种方式遍历二叉树 bt 的全部结点。

3）Root(bt)求树的根结点。

4）Value(bt，cur_e)求当前结点的元素值。

5）Parent(bt，cur_e)求当前结点的双亲结点。

6）LeftChild(bt，cur_e)求当前结点的最左孩子。

7）RightSibling(bt，cur_e)求当前结点的右兄弟。

8）TreeEmpty(bt)判定树是否为空树。

9）TreeDepth(bt)求树的深度。

二叉树的抽象数据类型包含的操作只是二叉树的一些基本操作。由于二叉树是一种使用非常广泛的时间结构,在不同的应用中,其需要的具体操作有很大的区别。因此,在实际中,应根据实际需要构造二叉树树的抽象数据类型。

5.2.5　二叉树的存储结构

如树的存储一节所述,树的存储基础有两种方式,一种是以数组这种顺序存储空间为基础的存储方式,另外一种是以链式存储为基础的存储方式。同样,根据二叉树的存储基础,也可以分为顺序存储和链式存储。

1. 顺序存储

二叉树的顺序存储是利用数组这种顺序存储结构来存储二叉树中的每个结点,根据数组的产生方式,可以分为静态数组和动态数组。由于二叉树是树的一种形态,因此树的双亲表示法,孩子表示法,孩子—兄弟表示法等这几种表示方法均能适合于二叉树的存储。但是,如上所述,由于二叉树具有自身的很多重要特点,因此可以根据这些特点设计二叉树的存储。

对于满二叉树,如果对满二叉树的结点根据性质 6 所述的从上到下,从左到右的顺序进行标号,那么如性质 3 和性质 6 所述,可以根据一个结点的标号,计算出这个结点的双亲结点的标号,孩子结点的标号以及兄弟结点的标号。如果把满二叉树的结点根据其序号大小依次存放进一维数组的第 1 个元素位置,第 2 个元素位置……那么,就可以根据每个结点的数组下标计算出该结点的双亲结点,孩子结点以及兄弟结点的数组下标。

同样,对于满二叉树,利用结点的序号大小来计算顺序存储每个结点的存储位置,所有的结点的数组下标均可以通过结点的序号进行计算,不需要分配记录结点所在数组位置的变量。同时,利用满二叉树父子结点之间的计算公式可以直接获得双亲结点,孩子结点以及兄弟结点的数组下标。这里要注意的是,本书中,结点的序号是从 1 开始,而数组的下标是从 0 开始。

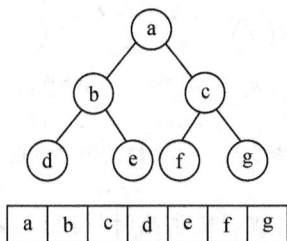

图 5-17　满二叉树的顺序存储

图 5-17 是一棵满二叉树以及它的顺序存储。对于一棵具有 n 个结点的完全二叉树,由于它的结构与一棵满二叉树的前 n 个结点的结构完全相同,并且符合性质 6。因此,对它的结点同样可以以深度为序进行编号,然后根据结点的编号大小依次存放进一维数组的第一个元素位置,第二个元素位置……这时,利用结点的数组下标就可以计算出该结点的双亲结点,孩子结点以及兄弟结点所在的数组下标位置。

对于一棵普通的二叉树,如果仍按从上至下和从左到右的顺序对树中的结点进行编号,然后按序号的大小依次按顺序存储在一维数组中。由于结点的序号不符合性质 6 所述的几种计算公式,因此结点的数组下标之间并不能够反映二叉树中结点之间的父子,兄弟的逻辑关系。对于普通的二叉树,不能采用上述满二叉树所采用的顺序存储方式进行存储。

为了在顺序存储中保存二叉树结点的位置关系,可以在二叉树中添加若干个虚结点,使得添加虚结点后的二叉树变为一棵满二叉树,或者完全二叉树。那么,对二叉树进行以深度为序的方式进行编号后,就可以利用上述的顺序存储方式对二叉树进行存储。如图 5-18 所示,图 5-18(a)是一棵二叉树,5-18(b)是一棵添加了虚结点的满二叉树。

从上述可以看到,对满二叉树或者完全二叉树而言,上述顺序存储结构既简单又节省存储空间。对一般的二叉树采用顺序存储结构时,结构虽然简单,但是却易造成存储空间的浪费。此外,在对顺序存储的二叉树做插入和删除结点操作时,要大量移动结点。如图 5-19 所示,最坏的情况下,一个深度为 k 且只有 k 个结点的树需要 $2^k - 1$ 个结点的存储空间。

2. 链式存储法

二叉树的链式存储结构常见的有二叉链结构和三叉链结构。

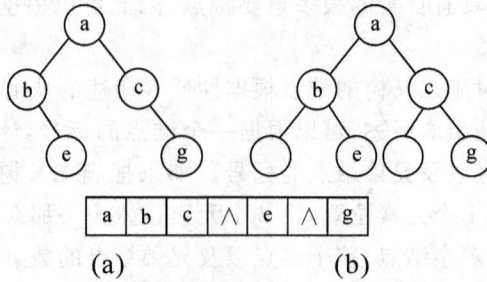

图 5-18　二叉树的顺序存储

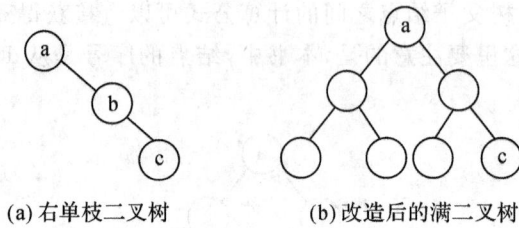

(a) 右单枝二叉树　　　(b) 改造后的满二叉树

图 5-19　二叉树的顺序存储

　　二叉链存储结构的每个结点由数据域和指针域组成,数据域用于保存结点的数据信息,指针域包含了两个结点指针。其中,一个指针指向左孩子所在结点的存储地址,这种指针称为左指针;另一个指针指向右孩子所在结点的存储地址,这个指针称为右指针,结点的存储的结构如下:

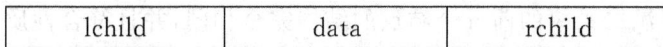

lchild	data	rchild

　　data 域存放结点的数据信息,指针 lchild 与 rchild 分别存放指向左孩子结点和右孩子结点的指针。当左孩子结点或右孩子结点不存在时,相应指针域值为空(用符号 ∧ 或 NULL 表示)。5-20 是一棵二叉树和它的二叉链表结构图,5-20(a)是一棵不带头结点的二叉链表,5-20(b)是一棵带头结点的二叉链表。

　　下面是二叉链结构的结点的一个 C 语言描述:

```
typedef int    datatype;
typedef struct node
{
    int data;   /* 数据域 */
    struct node *lchild ;   /* lchild 是左子树根结点指针*/、
    struct node *rchild ;    /*rchild 是右子树根结点指针 */
}Bnode;
```

　　二叉链存储结构是一种最常用的二叉树存储结构,优点是存储结构比较简单,可以方便的构造任意需要的二叉树,并且可以方便地获得一个结点的孩子结点。但是,要获得一个结点的双亲结点,兄弟结点则比较烦琐。

112

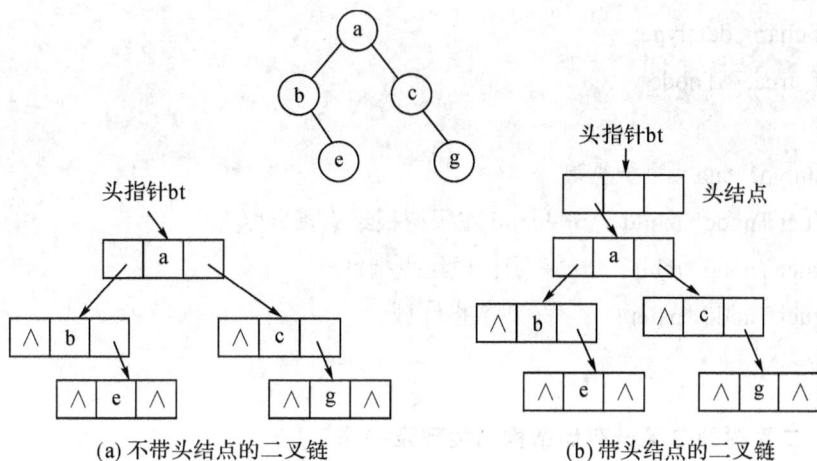

图 5-20　二叉树的二叉链存储

三叉链存储结构是二叉树的另外一种链式存储方式,三叉链的结点和二叉链的结点相比,多了一个指向双亲结点的指针。结点的结构如下所示。

lchild	data	rchild	parent

data 域用于存放结点的数据信息,指针 lchild 与 rchild 分别用于存放指向左孩子结点和右孩子结点的指针。parent 存放双亲结点的指针,对于二叉树的根结点,指针为空值。5-21是一棵二叉树和它的三叉链表结构图,5-21(a)是一个不带头结点的三叉链存储,5-21(b)是一个带头结点的三叉链存储。

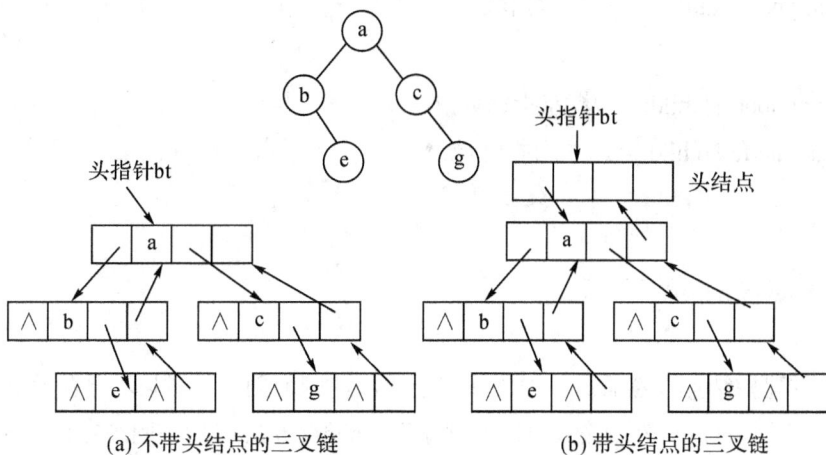

图 5-21　二叉树的三叉链式存储

三叉链表的结点结构 C 语言描述可以为:

三叉链存储结构不但可以方便地获得一个结点的孩子结点,并且也能方便地获得一个结点的双亲结点,兄弟结点。不过,采用三叉链构造一棵二叉树以及对二叉树的相应操作比较烦琐。

```
typedef char    datatype;
typedef struct   Tnode
{
    datatype data ; /* 数据域 */
    struct Tnode *lchild ;   /* lchild 左子树根结点指针*/
    struct Tnode *rchild    /*右子树根结点指针*/
    struct Tnode *parent    /*是双亲指针域 */
} Bnode;
```

5.2.6　二叉树的二叉链存储结构的实现及操作

在二叉链存储结构下,下面给出了二叉树的结点定义,树的创建操作,左结点插入操作,右结点的插入操作,左子树的删除操作,右子树的删除操作以及二叉树是否等价和二叉树拷贝等操作的 C 语言函数。

```
#include <malloc.h>
#include <stdio.h>
typedef char    datatype;
typedef struct node
{
    datatype    data;         /* 数据域 */

    struct node *lchild;     /* 左指针域 */
    struct node *rchild ;     /* 右指针域 */
}Bnode;

Bnode* CreateBiTree()
{
  /* 先创建根结点, 然后递归地创建左子树, 递归地创建右子树, '#'表示空树,
例如下图所示的二叉树, 输入数据的顺序为：abd#g###ce##f##[回车键]      */
    datatype ch;
    Bnode *T;
    ch = getchar();
    if (ch ==   '#' )
```

114

```
            T = NULL;
        else {
            if (!(T = (Bnode *)malloc (sizeof(Bnode) ) ) ) return NULL;
            T->data = ch;                    // 生成根结点
            T->lchild = CreateBiTree();     // 构造左子树
            T->rchild = CreateBiTree();     // 构造右子树
        }
        return T;
}
```

/* 将信息 x 写入一个新结点 p 中，将 p 结点作为结点 curr 的左孩子结点。
    将 curr 的原左子树作为 p 的左子树。*/

```
Bnode* InsertLeftNode (Bnode * curr, datatype x)
{
        Bnode * p, *q;
        if ( curr==NULL) {
            return NULL;
        }
        p=curr->lchild;
        q=(Bnode*)malloc(sizeof(Bnode));
        if ( q==NULL ) {
            return NULL;
        }
        q->data=x;
        q->lchild=p;
        q->rchild=NULL;
        curr->lchild=q;
        return curr->lchild;
}
```

/* 将信息 x 写入一个新结点 p 中，将 p 结点作为结点 curr 的右孩子结点。
    将 curr 的原右子树作为 p 的右子树。*/

```
Bnode* InsertRightNode(Bnode * curr, datatype x)
```

```
{
        Bnode * p, *q;

        if (curr==NULL) {
            return NULL;
        }

        p=curr->rchild;
        q=(Bnode*) malloc(sizeof(Bnode));

        if   (   q==NULL    ) {
            return NULL;
        }
        q->data=x;
        q->lchild= NULL;
        q->rchild= p;
        curr->rchild=q;
        return curr->rchild;
}
/* 将根结点为 root 的子树销毁，函数采用了递归算法。*/
void Destory (Bnode ** root)
{
        if     ((*root) !=NULL&& (*root)->lchild!=NULL) {
            Destory(&(*root)->lchild);
        }
        if     ((*root) !=NULL&& (*root)->rchild!=NULL) {
            Destory(&(*root)->rchild);
        }
        free(*root);
}

}
/* 将 curr 结点的左子树销毁。*/
Bnode* DeleteLeftTree (Bnode * curr)
{
    if   (curr==NULL||curr->lchild==NULL ) {
        return NULL;
```

```
        }
        Destory (&curr->lchild);
        curr->lchild=NULL;
        return curr;
}

/* 将 curr 结点的右子树销毁。*/
Bnode* DeleteRightTree (Bnode * curr)
{
        if   (curr==NULL||curr->rchild==NULL)   {
            return NULL;
        }
        Destory (&curr->rchild);
        curr->rchild=NULL;
        return curr;
}
/*函数Copy 先拷贝根结点,然后递归地拷贝左子树,递归地拷贝右子树,直到根为NULL*
Bnode  *Copy(Bnode *original)
{
    Bnode   * temp;

    if (original) {
        temp=(Bnode    *) malloc(sizeof(Bnode));
        if(temp == NULL) {
            printf("the memory is full\n");
            return NULL;
        }
        temp->lchild=Copy(original->lchild);
        temp->rchild=Copy(original->rchild);
        temp->data=original->data;
        return temp;
    }
    return NULL;
}
```

```
/*    函数 Equal 判断两棵树是否等价    */
int Equal(Bnode *first,Bnode *second)
{
    return ((!first && !second) || (first && second &&
        (first->data == second->data) &&
        Equal(first->lchild, second->lchild) &&
        Equal(first->rchild, second->rchild)));
}

/*可以编写 main，调用以上函数实现各种功能*/
main()
{
    Bnode *root1, *root2;
    root1 = CreateBiTree();

    root2 = Copy(root1);
    InsertLeftNode (root2, 'p');
    printf("%d\n",Equal(root1,root2));

    /*  。。。。  */
}
```

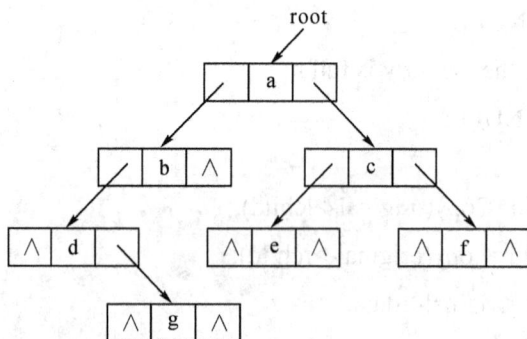

图 5-22   二叉链存储的一棵二叉树

5.3 二叉树的遍历

5.3.1 二叉树的基本遍历方法

二叉树的遍历是指按照某种顺序访问二叉树中的每个结点,并且每个结点仅被访问一次。这里需要指出的是所谓访问结点是指对结点进行各种具体操作的简称。

遍历是二叉树中经常要用到的一种操作。因为在实际应用问题中,常常需要按一定顺序对二叉树中的每个结点逐个进行访问,查找具有某一特点的结点。通过一次完整的二叉树遍历,可使二叉树中结点信息由非线性排列变为某种意义上的线性序列。也就是说,遍历操作使非线性结构线性化。

由二叉树的定义可知,它是由根结点、根结点的左子树和根结点的右子树这三部分组成,并且这三个部分形成一个递归定义。因此,对于二叉树,只要依次递归遍历根结点,左子树,右子树这三部分,就可以遍历整个二叉树。

若以 D、L、R 分别表示访问根结点、遍历根结点的左子树、遍历根结点的右子树,则二叉树的遍历方式一共有六种:DLR、LDR、LRD、DRL、RDL 和 RLD。因为日常生活的习惯是从左到右,因此左子树,右子树遍历的顺序通常是先左后右。这时,常用的二叉树遍历只有DLR(先根遍历)、LDR(中根遍历)和 LRD(后根遍历)。也称为先序,中序和后续。由于上述三种二叉树遍历操作都是递归定义的,因此用递归算法实现很容易。

1. 先根遍历

先根遍历的遍历顺序为:

如果根结点不为空:

1)访问根结点;

2)按先根次序遍历左子树;

3)按先根次序遍历右子树;

否则返回。

二叉树的先根遍历的 C 语言描述为:

```
preorder(Bnode *root)
{
    if   (root)      /*递归调用的结束条件*/
    {
        printf("%6c", root->data);
        preorder(root->lchild); /*先根递归遍历 root 的左子树*/
        preorder(root->rchild); /*先根递归遍历 root 的右子树*/
    }
}
```

例 5-1：对于图 5-22 所示的二叉树,写出它的先根遍历的结果。

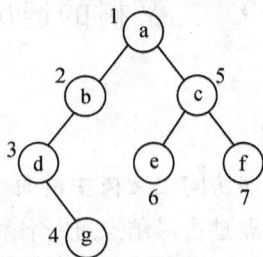

图 5-23　二叉树的先根遍历

如图 5-23 所示,图 5-22 的二叉树的先根遍历的结点访问顺序为:a,b,d,g,c,e,f。

2. 中根遍历

中根遍历的遍历顺序为:

如果根结点不为空:

1）按中根次序遍历左子树;

2）访问根结点;

3）按中根次序遍历右子树;

否则返回。

二叉树的中根遍历的 C 语言描述为:

```
inorder(Bnode *root)
{
    if  (root)     /*递归调用的结束条件*/
    {
        inorder(root->lchild); /中根递归遍历 root 的左子树*/
        printf("%6c", root->data);
        inorder(root->rchild); /*中根递归遍历 root 的右子树*/
    }
}
```

例 5-2：对于图 5-22 所示的二叉树,写出它的中根遍历的结果。

图 5-24 所示的二叉树的中根遍历的结点访问顺序为：d，g，b，a，e，c，f。

3. 后根遍历

后根遍历的结点遍历顺序为:

如果根结点不为空:

1）按后根次序遍历左子树;

2）按后根次序遍历右子树;

3）访问根结点;

否则返回。

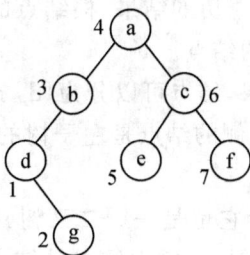

图 5-24　二叉树的中根遍历

二叉树的后根遍历的 C 语言描述为：

```
postorder(Bnode *root)
{
    if  (root)      /*递归调用的结束条件*/
    {
        postorder(root->lchild); /*后根递归遍历 root 的左子树*/
        postorder(root->rchild); /*后根递归遍历 root 的右子树*/
         printf("%6c", root->data);

    }
}
```

例 5-3：对于图 5-22 所示的二叉树，写出它的后根遍历的结果。

如图 5-25 所示，二叉树的后根遍历的结点访问顺序为：g，d，b，e，f，c，a 。

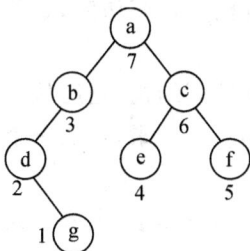

图 5-25　二叉树的后根遍历

例 5-4：已知一颗二叉树的先根遍历的结果为 a，b，d，g，c，e，f，中根遍历的结果为 d，g，b，a，e，c，f。试构造这颗二叉树。

由二叉树先根遍历的定义可知：先根遍历是首先访问二叉树的根结点，然后访问左子树，最后访问右子树。由此可知，先根遍历访问的第一结点一定是二叉树的根结点。从先根遍历的结果可以知道，二叉树的根结点是 a。

由二叉树的中根遍历定义可知：中根遍历是首先访问左子树的结点，然后根结点，最后访问右子树的结点。由此可知中根遍历的结果,根结点的左侧结点一定是属于左子树的结点,右侧的结点一定是属于右子树的结点。

如上所述,根据中根遍历的结果,结点可以分为{d, g, b} a {e, c, f}这三个部分。结点 a 是二叉树的根结点,那么结点 a 左侧的结点是左子树的结点,结点 a 右侧的结点则是右子树的结点。

同理,对于子树{d, g, b},由于它也是一颗二叉树,因此,它的先根遍历结果一定是它的根结点。根据二叉树先根遍历结果,它的根结点是结点 b。所以子树{d, g, b}可以继续分为{{d, g} b}这几个部分。同理{e, c, f}可以分为{{e} c {f}}这几个部分。继续把细分的子树结点集合分解下去,就可以构造出整个二叉树了。最后的二叉树构造结果是如图 5-25 所示的二叉树。

从例 5-4 可以看出,已知二叉树的先根遍历和中根遍历结果,就可以构造出这颗二叉树。实际上,给出二叉树的先根遍历和中根遍历的结果,一定可以构造出唯一的二叉树(证明略)。同样,给出二叉树的后根遍历和中根遍历的结果,也一定可以构造出唯一的二叉树(证明略)。但是,给出二叉树的先根遍历结果,后根遍历结果,则不能保证所构造的二叉树是唯一的。

此外,通过对二叉树的先根遍历,中根遍历,后根遍历的例子进行总结,可以看出在二叉树的搜索过程中,若访问结点均是第一次经过结点时进行的,则是前序遍历;若访问结点均是在第二次(或第三次)经过结点时进行的,则是中序遍历(或后序遍历)。

5.3.2 二叉树的层次遍历方法

所谓二叉树的层次遍历,是指从二叉树的第一层(根结点)开始,从上至下逐层遍历,在同一层中,则按从左到右的顺序对结点逐个访问。图 5-22 所示的二叉树,按层次遍历所得到的结果序列为:a, b, c, d, e, f, g。

由层次遍历的定义可以推知,在进行层次遍历时,对一层结点访问完后,再按照它们的访问次序对各个结点的左孩子和右孩子顺序访问,这样一层一层进行,先遇到的结点先访问,这与队列的操作原则比较吻合。

在进行层次遍历时,可设置一个队列结构,遍历从二叉树的根结点开始。首先将根结点指针入队列,然后从队列的头部取出一个元素,每取一个元素,执行下面两个操作:

访问该元素所指结点;

若该元素所指结点的左、右孩子结点非空,则将该元素所指结点的左孩子指针和右孩子指针顺序入队。

此过程不断进行,当队列为空时,二叉树的层次遍历结束。

下面是二叉树层次遍历的一个 C 语言描述。在下面的层次遍历算法中,二叉树以二叉链表的方式存储,一维数组 Queue[MAXNODE]用以实现队列,变量 front 和 rear 分别表示当前对列的首元素和队尾元素在数组中的位置。

```
#include <malloc.h>
#include <stdio.h>
#define MAXNODE 100
typedef   char   datatype;

typedef struct node
{
    datatype   data;        /* 数据域 */
    struct node *lchild;    /* 左指针域 */
    struct node *rchild ;    /* 右指针域 */
}Bnode;

void LevelOrder(Bnode * root)
{
    Bnode * queue[MAXNODE];   /*结点数组*/
    int front, rear ;        /*对列的首元素和队尾元素*/

    if (root ==NULL) return;
    front=-1;   rear=0;
    queue[rear]=root;
    while(front!=rear)
{

    front++;
    printf("%6c",queue[front]->data);      /*访问队首结点的数据域*/
    if (queue[front]->lchild !=NULL )
    {   /*将队首结点的左孩子结点入队列*/
        rear++;
        queue[rear]=queue[front]->lchild;
    }
    if (queue[front]->rchild!=NULL)
    { /*将队首结点的右孩子结点入队列*/
        rear++;
        queue[rear]=queue[front]->rchild;
    }
  }
}
```

5.4 线索二叉树

按前序遍历、中序遍历或者后序遍历方式遍历一颗二叉树可得到该二叉树结点的一个线性遍历序列,在这个线性序列中,很容易求得某个结点的直接前驱和后继。这时,二叉树结点之间的遍历序列关系体现了结点被访问的先后关系。但是,由于在二叉树上只能找到结点的左孩子结点、右孩子结点,因此结点之间不存在前驱和后继关系。为了加强二叉树结点之间的联系,可以在二叉树的存储结构中,保存结点之间的遍历序列关系。

如上所述,在树的孩子表示法这一节中,指出了固定指针数的孩子表示法有大量的空闲指针。如果树的度为 k,树有 n 个结点,那么这棵树将一共有 n*(k−1)+1 个空闲指针。二叉树的度等于 2,如果二叉树有 n 个结点,那么这棵二叉树的二叉链表中将含有 n+1 个空闲指针。由于二叉树中存在大量的空闲指针,因此我们可以把二叉树的空闲指针用来保存二叉树结点的某种遍历序列关系,这个就是我们下面要讨论的线索二叉树。

线索二叉树是将二叉树的结点的空闲指针指向该结点在某种遍历次序下的前趋结点或者后继结点(这种附加的指针称为"线索")所形成的树的结构。这种加上了线索的二叉链表称为线索链表,相应的二叉树称为线索二叉树(Threaded Binary Tree)。根据线索性质的不同,线索二叉树可分为前序线索二叉树、中序线索二叉树和后序线索二叉树三种。

前序线索二叉树是指二叉树结点的空闲指针指向该结点在前序遍历次序下的前驱结点或者后继结点。中序线索二叉树是指二叉树结点的空闲指针指向该结点在中序遍历次序下的前驱结点或者后继结点。后序线索二叉树是指二叉树结点的空闲指针指向该结点在后序遍历次序下的前驱结点或者后续结点。

在实际使用中,线索链表的结点与二叉链表的结点有所不同,线索链表中的结点结构为:

lThread	lChild	data	rchild	rThread

lThread 和 rThread 是为了区分结点的孩子指针究竟指向孩子结点还是指向某种遍历次序下的前趋或后继点而设置的两个标志变量。在本书中,lThread 和 rThread 变量具体定义为:

1) 左标志 lThread:当 lThread=0 时,lChild 指针是指向该结点的左孩子。当 lThread =1 时,lChild 指向该结点的遍历顺序的前驱结点。称 lChild 为左线索。

2) 右标志 rThread:当 rThread=0 时,rChild 指针指向该结点的右孩子结点。当 rThread=1 时,rChild 指向该结点的遍历顺序的后继结点。称 rChild 为右线索。

图 5-26 中的实线表示二叉树原来指针指向的结点,虚线表示二叉树所添加的遍历顺序线索。需要指出的是:中序,前序和后序线索二叉树中所有的实线均相同,表示结点指针所指向的结点。所有结点的线索标志位取值也完全相同,只是当线索位标志为 1 时,不同的线索二叉树,虚线指向的结点不同。

如图 5-26(a)所示的二叉树,其中序遍历的顺序为 dgbaecf,对于 d 结点来说,它没有前继,对于 f 结点而言,它没有后继,因此,当我们中序线索化这颗二叉树时,d 结点的 lchild 指针和 f 结点的 rchild 指针就会悬挂在那里。为了解决这个问题,通常在线索化二叉树的过程中,增加一个头结点指针。我们约定,初始时,头结点的左指针指向原来的 root 结点,头

(a) 二叉树　　　　　　　　　　　　(b) 中序线索二叉树

(c) 前序线索二叉树　　　　　　　　(d) 后序线索二叉树

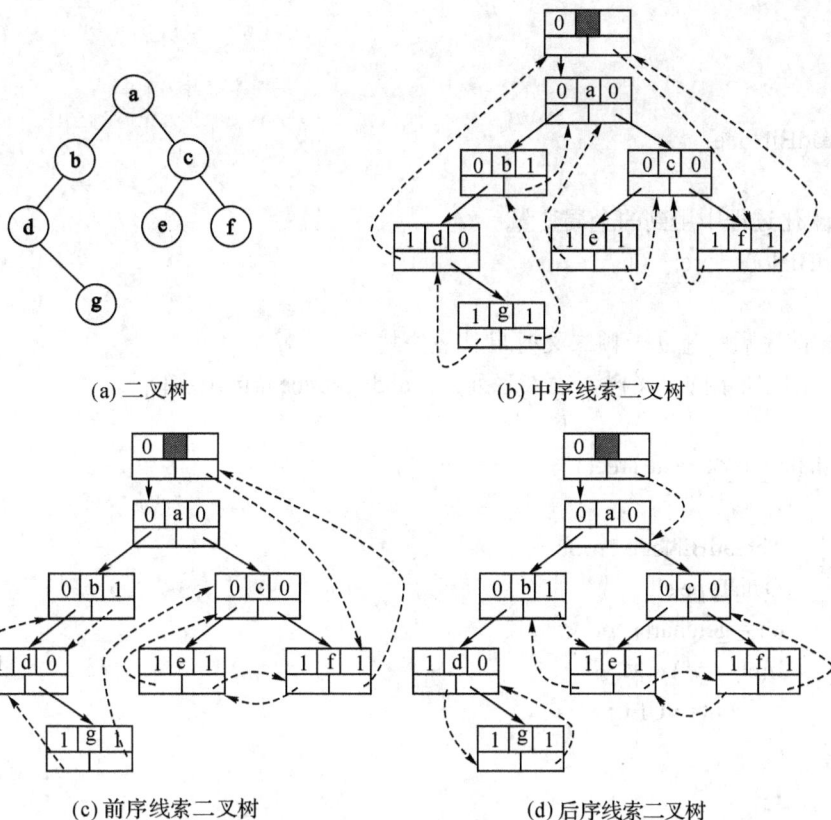

图 5-26　线索二叉树

结点的右指针指向头结点本身,这样,在中序线索化的过程中,d 结点的 lchild 指针将指向头结点。当整个中序线索化过程结束后,为方便中序遍历线索化后的二叉树遍历,我们将头结点的右指针指向遍历的最后一个结点 f,f 结点的 rchild 指针指向头结点。对于后序和前序的线索化的过程我们也同样增加头结点进行处理,如图 5-26(c) 和 5-26(d) 所示。这样,中序线索化二叉树的 C 语言程序可以描述为(增加了一个头结点):

```
#include <stdio.h >
#include <malloc.h >

typedef   char   DataType;
typedef struct Node {
    DataType data;                /*数据元素*/
    int lThread;           /*左线索*/
    struct Node * lChild;          /*左指针*/
    struct Node * rChild;          /*右指针*/
    int rThread;           /*右线索*/
```

```
} ThreadBiNode;

/* 线索化过程中用到的全局变量   */
ThreadBiNode *pre;

/*   按前序顺序建立一颗二叉树,'#'代表空树        */
/*   如上图所示的二叉树，输入序列为：abd#g###ce##f##[回车]
*/
ThreadBiNode *CreateTree()
{
        ThreadBiNode *root;
        DataType ch;
        ch = getchar();
        if(ch=='#')
            root=NULL;
        else
          {
            root=(ThreadBiNode *)malloc(sizeof(ThreadBiNode));
            root->lThread=0;
            root->rThread=0;
            root->data=ch;
            root->lChild=CreateTree();
            root->rChild=CreateTree();

          }
        return root;
}

/*  递归实现线索化的过程   */
void InThread(ThreadBiNode *root)
{
    ThreadBiNode *p;
    p=root;
    if(p)
    {
```

```
            InThread(p->lChild);
            if(!p->lChild)
            {
                p->lThread=1;
                p->lChild=pre;
            }
            if(!pre->rChild)
            {
                pre->rThread=1;
                pre->rChild=p;
            }
            pre=p;
            InThread(p->rChild);
        }
}

/* 中序线索化二叉树      */
ThreadBiNode *InOrderThrTree(ThreadBiNode *root)
{
        ThreadBiNode *headthr;
        /* headthr 为增加的头结点的指针，初始时，它的左子树指向树根，
            右子树指向自己  */
        headthr=(ThreadBiNode *)malloc(sizeof(ThreadBiNode));
        headthr->lChild=root;
        headthr->rChild=headthr;
        pre=headthr;
        InThread(root);
        pre->rThread=1;
        pre->rChild=headthr;
        headthr->rChild=pre;
        return headthr;
}

/*从头结点开始中序遍历线索二叉树 */
void InThrTravel(ThreadBiNode *headthr)
{
        ThreadBiNode *p;
        p=headthr->lChild;
        while(p!=headthr)
```

```
        {
            while(p->lThread==0)
                p=p->lChild;
            printf("%4c",p->data);
            while(p->rThread==1&&p->rChild!=headthr)
                {p=p->rChild;
                 printf("%4c",p->data);
                }
            p=p->rChild;
        }
}

int main()
{
    ThreadBiNode *root,*headthr;
    root=CreateTree();
    headthr=InOrderThrTree(root);
    InThrTravel(headthr);
}
```

5.5　二叉树、树和森林

　　树、森林到二叉树的转换是一个常见问题。对于一般树,树中孩子的次序并不重要,只要保证双亲与孩子的关系正确即可。但在二叉树中,左、右孩子的次序是严格区分的。树或森林与二叉树之间有一个自然的一一对应关系,这里研究二叉树与一般树之间的转换,可以了解两者之间的内在本质联系,同时在研究解决一般树的问题时,有时可以将其转换为二叉树问题来解决。任何一个森林或一棵树可唯一地对应到一棵二叉树;反之,任何一棵二叉树也能唯一地对应到一个森林或一棵树。

5.5.1　树和二叉树的转换

　　树转换为二叉树的思路为:树中每个结点最多只有一个最左边的孩子(长子)和一个右邻的兄弟。按照这种关系很自然地就能将树转换成相应的二叉树。将一般树转化为二叉树主要是根据树的孩子—兄弟存储方式而来,具体步骤是:

　　加线:在各兄弟结点之间用虚线相连。可理解为每个结点的兄弟指针指向它的一个兄弟。

　　抹线:对每个结点仅保留它与其最左一个孩子的连线,抹去该结点与其他孩子之间的连线。可理解为每个结点仅有一个孩子指针,让它指向自己的长子。

　　旋转:把虚线改为实线,并且从水平方向向下旋转 45℃,成右斜下方向。原树中实线成左斜下方向。这样树的形状呈现出一棵二叉树。

例 5-6：下面(a)图所示的树可转换为二叉树。

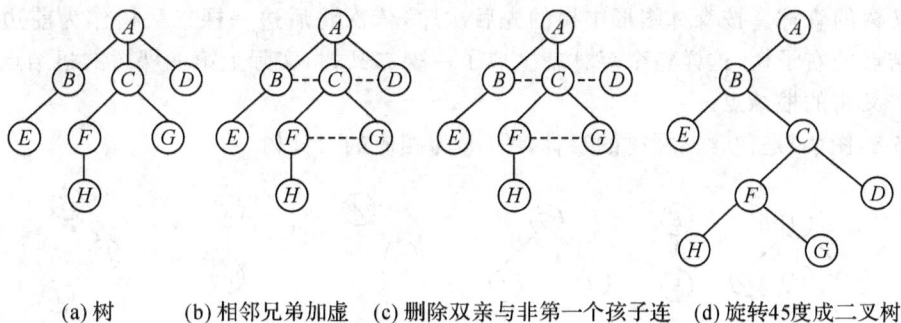

(a) 树　　　(b) 相邻兄弟加虚　(c) 删除双亲与非第一个孩子连　(d) 旋转45度成二叉树

图 5-27　树和二叉树的转换

注意：由于树的根结点没有兄弟结点，故将树转化为二叉树后，二叉树的根结点的右子树必为空。

将一颗二叉树转换为树的过程和树转换为二叉树的过程则刚好相反。其具体转换过程为：

若某结点是其双亲结点的左孩子结点，则把该结点的右孩子结点，右孩子的右孩子结点，……都与该结点的双亲结点用虚线连接。

删除原二叉树中所有双亲结点与右孩子结点的连线。

整理所有保留的和添加的连线，使得每个结点的孩子结点位于相同的层次高度。

例 5-7：下面(a)图所示的二叉树可转换为树。

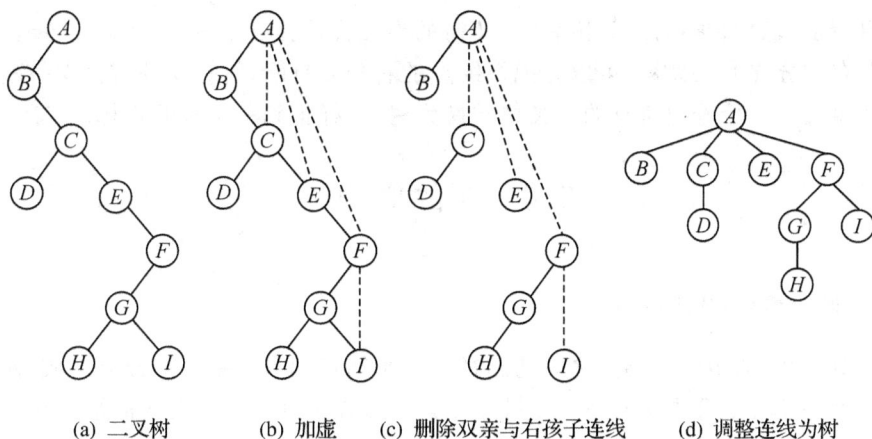

(a) 二叉树　　　(b) 加虚　　(c) 删除双亲与右孩子连线　　(d) 调整连线为树

图 5-28　二叉树和树的转换

5.5.2　森林和二叉树的转换

森林是树的有限集合，如上可知，一棵树可以转换为二叉树，一个森林就可以转换为二叉树的森林。

将森林转换为二叉树的一般步骤为:将森林中每棵子树转换成相应的二叉树。形成有若干二叉树的森林。按森林图形中树的先后次序,依次将后边一棵二叉树作为前边一棵二叉树根结点的右子树,这样整个森林就生成了一棵二叉树,实际上第一棵树的根结点便是生成后的二叉树的根结点。

例 5-8:图(a)是包含三棵树的森林,图(d)为相应的二叉树。

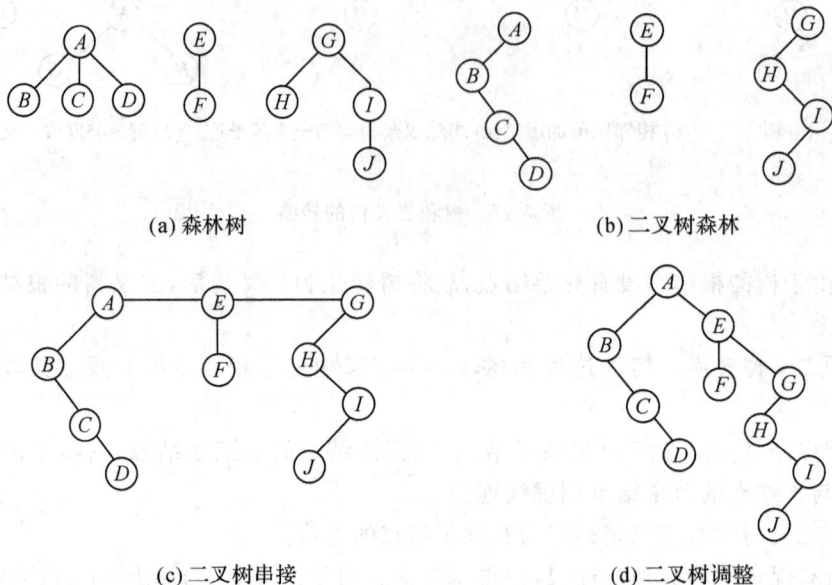

图 5-29　森林转换为二叉树

如上图所示,森林转换为二叉树后,二叉树的根结点肯定包含了右分支。同理,对于一颗根结点带有右分支的二叉树,可以先把根结点的右分支打断,右分支的右分支打断……得到一个二叉树森林。接着把所有的二叉树转换为树,这样得到一个树的森林。

5.6　树的应用

5.6.1　哈夫曼树(Huffman)

由上几节所知,树中两个结点之间的路径由一个结点到另一结点的分支构成,两结点之间的路径长度是路径上分支的数目。设叶子结点 i 具有权值 Wi,那么从根结点到叶子结点 i 的带权路径长度定义为:路径长度 Li 和权值 Wi 的乘积。

设一棵二叉树一共有 n 个叶子结点,每个叶子结点拥有一个给定的权值 $W_1, W_2, \cdots W_n$,从根结点到每个叶子结点的路径长度分别记为 $L_1, L_2, \cdots L_n$,那么二叉树树的带权路径长度定义为:每个叶子的路径长度与该叶子权值乘积之和。记作 WPL:

$$WPL = \sum_{i=1}^{n} L_i \times W_i$$

如图 5-30 所示的三颗二叉树,为了便于查看,叶子结点用方框表示。图中的三颗二叉树的叶子结点的权值都分别为 2,4,5,8。三颗二叉树的 WPL 分别为:

(a) $WPL=2*2+4*2+5*2+8*2=38$

(b) $WPL=4*2+5*3+8*3+2*1=49$

(c) $WPL=2*3+4*3+5*2+8*1=36$

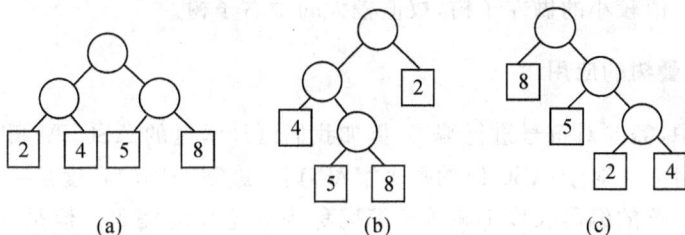

图 5-30　具有不同带权路径长度的二叉树

从图中可以看到,虽然这三棵二叉树叶子结点数相同,并且它们的权值也相同,但是它们的带权路径长度 WPL 各不相同,图 5-30(c)的 WPL 最小。

在生活中,经常要求解这样一类问题,给定一组结点和结点的权值,以这些结点为叶子结点,如何构造一颗二叉树,使其 WPL 最小? 当给定一组结点和结点的权值,以这些结点为叶子结点构造二叉树,常称 WPL 最小的二叉树为最优二叉树,或者为哈夫曼树。

5.6.2　哈夫曼树的构造

给定一组结点,以及结点的权值,如何构造以给定结点为叶子结点的哈夫曼树? 设已知的一组叶子的权值分别为 $W_1,W_2,\cdots,W_n$。

1) 首先把 n 个叶子结点看做 n 棵树(仅有一个结点的二叉树),把它们看做一个森林。

2) 在森林中把权值最小和次小的两棵树合并成一棵树,该树根结点的权值是两棵子树权值之和。这时,森林中还有 $n-1$ 棵树。

3) 重复第 2)步骤直到森林中只有一棵为止。此时,最后剩下的这棵树就是哈夫曼树。

例 5-9:给定一组($n=4$)结点,以及叶子结点的权值分别为 2,4,5,8,下边是根据这些给定结点的哈夫曼树的构造过程:

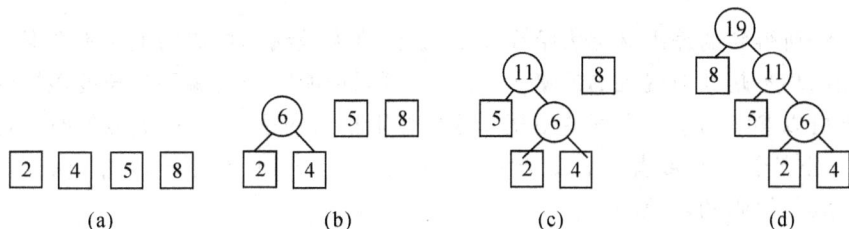

图 5-31　哈夫曼树的构造过程

图 5-30(a)是一个拥有 4 棵树的森林,图 5-31(b)的森林中还有 3 棵树,图　5-31(c)的森林中剩下 2 棵树,图 5-31(d)的森林只有一棵树,这棵树就是哈夫曼树。不过,这里特别提

出的是:n 个叶子构成的哈夫曼树,其带权路径长度唯一吗? 答案是肯定的,带权路径长度,也就是 WPL 是唯一的。但是,哈夫曼树的形态也是唯一的吗? 答案则是否定的,哈夫曼树的形态可以不唯一。因为将森林中两棵权值最小和次小的子棵合并时,哪棵做左子树,哪棵做右子树并没有严格限制。图 5-31 中的做法是把权值较小的当做左子树,把权值较大的当做右子树。如果反过来也可以,画出的树形有所不同,但它们的 WPL 值相同。为了便于讨论交流在此提倡权值较小的做左子树,权值较大的做右子树。

5.6.3 哈夫曼树的应用

在通讯过程中,需要对符号进行编码,例如我们已经学过的 ASC 码,每个字符都有一个二进制数字和它对应。对于 ASC 码的每个字符,其二进制编码的长度是一致的,都是 8 位,我们把这种所有字符的编码长度都相等的编码称为固定长度编码。但是,在通信及数据传输中,固定长度编码未必是最优的。

采用二进制编码,为了使电文尽可能缩短,可以对电文中每个字符出现的次数进行统计,设法让出现次数多的字符的二进制码短些,而让那些很少出现的字符的二进制码长一些。这样可以节约电文编码的长度。

例 5-10:假设有一段电文,其中用到 4 个不同字符 A,B,C,D,而它们在电文中出现的次数分别为 7,2,4,5。把 7,2,4,5 当做 4 个叶子的权值构造哈夫曼树如图 5-32(a)所示。在树中令所有左分支取编码为 0,令所有右分支取编码为 1。将从根结点起到某个叶子结点路径上的各左、右分支的编码顺序排列,就得这个叶子结点所代表的字符的二进制编码,如图 5-32(b)所示。

字符	编码
A	0
B	110
C	111
D	10

(b)编码

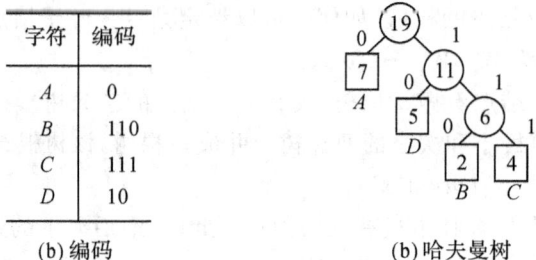

(b)哈夫曼树

图 5-32 哈夫曼编码

上述方法所得到的编码又称为哈夫曼编码,由哈夫曼编码拼成的电文不会混淆,因为每个字符的编码均不是其他编码的前缀。实际上,可以证明哈夫曼编码是长度最短的编码,有兴趣的同学可以参考信息论方面的书籍。这里特别指出的是:哈夫曼编码的时候,要么左分支全为 0,右分支全为 1;或者左分支全为 1,右分支全为 0。只有这样,才能保证每个字符的编码均不是其他编码的前缀。

5.6.4　哈夫曼树的编码问题设计与实现

1. 哈夫曼编码问题的数据结构设计

对于哈夫曼编码问题,在构造哈夫曼树的时候,要求能方便地实现从双亲结点到左右孩子结点的操作,在进行哈夫曼编码时又要求能实现从孩子结点到双亲结点的操作。因此,设计哈夫曼树的结点存储结构为双亲孩子存储结构。

如二叉树的存储这一小节所述,二叉树结点的双亲孩子存储既可以用常规指针实现,也可以用数组下标实现,这里采用数组下标实现。这种方法又称为仿真指针。哈夫曼树结点的数据结构设计为:

weight	flag	parent	lChild	rChild

其中,weight 用于记录结点代表的权值。flag＝1 表示结点已经加入到哈夫曼树中,flag＝0 表示结点还未加入到哈夫曼树中。parent 表示双亲结点的下标。lChild 表示左孩子的存储下标。rChild 表示右孩子的存储下标。

由哈夫曼树的构造过程可以看出,从哈夫曼树求叶子结点的哈夫曼编码实际上是从哈夫曼的叶子结点到根结点路径分支的逐个遍历,每经过一个分支就得到一位哈夫曼编码。因此,哈夫曼算法需要一个数组 Bit[Maxbit]保存每个叶子结点到根结点路径所对应的哈夫曼编码。由于哈夫曼编码不是等长编码,因此需要一个数据域 start 表示每个哈夫曼编码在数组中的起始位置。这样,每个叶子结点的哈夫曼编码是从数组 Bit 的其起始置 start 开始到数组结束位置中存放的 0 和 1 的序列。存放哈夫曼编码的数据元素结构为:

start	Bit[0]	Bit[1]	⋯⋯	Bit[Maxbit−1]

2. 哈夫曼编码问题的算法实现

基于上述结点的双亲孩子存储结构和哈夫曼编码的结构,哈夫曼编码问题的算法和哈夫曼树的构造实现如下给出:

```
#include <stdio.h>
#include <malloc.h>
#include<stdlib.h>

#define MaxN     100      /*设定的最大结点个数*/
#define Maxbit 255        /*设定最大编码值*/
#define MaxValue 9999     /*设定权值最大值*/

typedef struct
{
    int weight;                    /*权值*/
```

```
    int flag;                      /*标记*/
    int parent;                    /*双亲结点下标*/
    int leftChild;                 /*左孩子结点下标*/
    int rightChild;                /*右孩子结点下标*/
}HaffNode;

typedef struct
{
    int bit[MaxN];                 /*数组*/
    int start;                     /*编码的起始下标*/
    int weight;                    /*字符的权值*/
}Code;                             /*哈夫曼编码的结构*/

void Haffman(int weight[],int n,HaffNode haffTree[])
/*建立叶结点个数为n、权值数组为weight的哈夫曼树haffTree*/
{
    int i,j,m1,m2,x1,x2;

    /*哈夫曼树haffTree初始化。n个叶结点的二叉树共有2n-1个结点*/
    for(i=0;i<2*n-1;i++)
    {
        if(i<n) haffTree[i].weight=weight[i];
        else    haffTree[i].weight=0;
        haffTree[i].parent=0;
        haffTree[i].flag=0;
        haffTree[i].leftChild=-1;
        haffTree[i].rightChild=-1;
    }

    /*构造哈夫曼树haffTree的n-1个非叶结点*/
    for(i=0;i<n-1;i++)
    {
        m1=m2=MaxValue;
        x1=x2=0;
        for(j=0;j<n+i;j++)
        {
            if(haffTree[j].weight<m1&&haffTree[j].flag==0)
            {
```

```
                    m2=m1;
                    x2=x1;
                    m1=haffTree[j].weight;
                    x1=j;
                }
                else if(haffTree[j].weight<m2&&haffTree[j].flag==0)

                {
                    m2=haffTree[j].weight;
                    x2=j;
                }
            }

        /*将找出的两棵权值最小的子树合并为一棵子树*/
        haffTree[x1].parent=n+i;
        haffTree[x2].parent=n+i;
        haffTree[x1].flag=1;
        haffTree[x2].flag=1;
        haffTree[n+i].weight=haffTree[x1].weight+haffTree[x2].weight;
        haffTree[n+i].leftChild=x1;
        haffTree[n+i].rightChild=x2;
    }
}

void HaffmanCode(HaffNode haffTree[],int n,Code haffCode[])
/*由 n 个结点的哈夫曼树 haffTree 构造哈夫曼编码 haffCode*/
{
    Code * cd=(Code *)malloc(sizeof(Code));
    int i,j,child,parent;

    /*求 n 个叶结点的哈夫曼编码*/
    for(i=0;i<n;i++)
    {
        cd->start=n-1;                  /*不等长编码的最后一位为 n-1*/
        cd->weight=haffTree[i].weight;   /*取得编码对应的权值*/
        child=i;
        parent=haffTree[child].parent;
```

```
                /*由叶结点向上直到根结点*/
                while(parent!=0)
                {
                    if(haffTree[parent].leftChild==child)
                        cd->bit[cd->start]=0;      /*左孩子分支编码 0*/
                    else
                        cd->bit[cd->start]=1;      /*右孩子分支编码 1*/
                    cd->start--;
                    child=parent;
                    parent=haffTree[child].parent;
                }

                for(j=cd->start+1;j<n;j++)

                    haffCode[i].bit[j]=cd->bit[j];/*保存每个叶结点的编码*/
                haffCode[i].start=cd->start;           /*保存不等长编码的起始位*/
                haffCode[i].weight=cd->weight;          /*保存相应字符的权值*/
            }
        }
```

上面的两个函数的功能是给定一个字符集,以及各个字符出现的次数(概率),求各个字符的哈夫曼编码。

例 5-11:设字符集{A,B,C,D},各个字符在电文中出现的次数分别为 1,3,5,7,设计各个字符的哈夫曼编码。结果为:

```
void main(void)
{
    int i,j,n=4;
    int weight[]={1,3,5,7};

    HaffNode * myHaffTree= (HaffNode*)malloc(sizeof(HaffNode)*(2*n+1));
    Code * myHaffCode= (Code*)malloc(sizeof(Code)*n);
    if (n>MaxN) {
        printf("结点个数 n 超过范围");
        exit(0);
    }
    Haffman(weight,n,myHaffTree);
    HaffmanCode(myHaffTree,n,myHaffCode);
```

```
    /* 输出每个叶子结点的哈夫曼编码 */
for(i=0;i<n;i++){
    printf("weight=%d   Code=", myHaffCode[i].weight);
    for(j=myHaffCode[i].start+1;j<n;j++)
        printf("%6d",myHaffCode[i].bit[j]);
    printf("\n");
}
}
```

结果为：

```
weight=1   Code=      1      0      0
weight=3   Code=      1      0      1
weight=5   Code=      1      1
weight=7   Code=      0
Press any key to continue
```

习   题

1. 什么叫满二叉树？什么叫完全二叉树？分别举出一个实例。

2. 度为 k 的树中有 n_1 个度为 1 的结点，n_2 个度为 2 的结点，$\cdots$，n_k 个度为 k 的结点，问该树中有多少个叶子结点。

3. 如图 5-33 所示的二叉树，写出二叉树的前序遍历，中序遍历以及后序遍历结果。

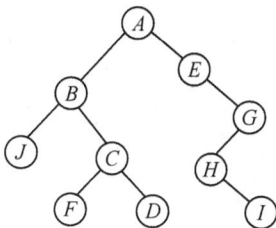

图 5-33   二叉树

4. 现已知一棵二叉树的层次序列为 ABCDEFGHIJ，中序序列为 DBGEHJACIF，请画出此二叉树。

5. 一森林 F 转换成的二叉树的先序序列为 ABCDEFGHIJKL，中序序列为 CBE-FDGAJIKLH。画出森林 F。

6. 将图 5-32 所示的二叉树进行前序线索化，中序线索化，后序线索化。

7. 以二叉链为存储结构，编写求二叉树的叶子数的递归算法。

8. 以二叉链为存储结构，写出将二叉树中所有结点的左、右孩子相互交换的算法。

9. 编写判断一个二叉树是否为完全二叉树的程序。

10. 以二叉链表为存储结构,分别写出在二叉树中查找值为 x 的结点及求 x 所在结点在树中层数的算法。

11. 以二叉链表为存储结构,分别写出求二叉树高度及宽度的算法,所谓宽度是指二叉树的各层上,具有结点数最多的那一层上的结点总数。

12. 以数据集{4,5,6,7,10,12,18}为结点权值,构造出哈夫曼树。

第六章 图

图(graph)状结构是一种比线性结构和树形结构更复杂的非线性结构。在线性结构中，数据元素之间具有线性关系，即每个数据元素只有一个直接前驱和一个直接后继；在树形结构中，结点间具有分支层次关系，每一层上的结点只能和上一层中的至多一个结点相关，但可能和下一层的多个结点相关。而在图状结构中，任意两个结点之间都可能相关，即结点之间的邻接关系可以是任意的，通俗地讲图更像一张"网"。因此，图状结构被用于描述各种复杂的数据对象，在自然科学、社会科学和人文科学等许多领域有着非常广泛的应用。

6.1 图

6.1.1 图的基本术语

图(Graph)是由非空的顶点集合和描述顶点之间关系——边(或者弧)的集合组成，其形式化定义为：

$$G = (V, E)$$
$$V = \{v_i \mid v_i \in \text{dataobject}\}$$
$$E = \{(v_i, v_j) \mid v_i, v_j \in V\}$$

其中，G 表示一个图，V 是图 G 中顶点的有穷非空集合，E 是图 G 中边的集合，其中 (v_i, v_j) 表示一条边。下面，我们将简单介绍一下图中相关术语的定义。

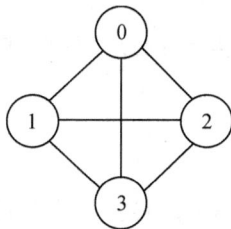

图 6-1 无向图 G_1 图 6-2 有向图 G_2

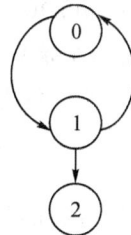

(1)无向图。在一个图中，如果任意两个顶点构成的 $(v_i, v_j) \in E$ 是无序对，即顶点之间的连线是没有方向的，则称该图为无向图。如图 6-1 所示，G_1 是一个无向图。

$$G1 = (V1, E1)$$
$$V1 = \{v_0, v_1, v_2, v_3\}$$
$$E1 = \{(v_0, v_1), (v_0, v_2), (v_0, v_3), (v_1, v_2), (v_1, v_3), (v_2, v_3)\}$$

(2)有向图。在一个图中,如果任意两个顶点构成的$<v_i,v_j>\in E$是有序对,即顶点之间的连线是有方向的,则称该图为有向图。如图 6-2 所示,G_2 是一个有向图。

$$G2=(V2,E2)$$
$$V2=\{v_0,v_1,v_2\}$$
$$E2=\{<v_0,v_1>,<v_1,v_0>,<v_1,v_2>\}$$

(3)顶点、边、弧、弧头、弧尾。图中数据元素 v_i 称为顶点(vertex);如果顶点 v_i 和顶点 v_j 之间有一条直接连线,则称他们之间有一条边。在无向图中,边用顶点的无序对(v_i,v_j)来表示,顶点 v_i 和顶点 v_j 互为邻接点,而边(v_i,v_j)则依附于顶点 vi 与顶点 vj;如果是在有向图中,边又称为弧,弧用顶点的有序对$<v_i,v_j>$来表示,其中 v_i 称为弧尾,在图中就是不带箭头的一端;v_j 称为弧头,在图中就是带箭头的一端。

(4)无向完全图。在一个无向图中,如果任意两顶点都有一条直接边相连接,则称该图为无向完全图。可以证明,在一个含有 n 个顶点的无向完全图中,有 n(n-1)/2 条边。

(5)有向完全图。在一个有向图中,如果任意两顶点之间都有方向互为相反的两条弧相连接,则称该图为有向完全图。在一个含有 n 个顶点的有向完全图中,有 n(n-1)条边。

(6)稠密图、稀疏图。若一个图接近完全图,称为稠密图;称边数或弧数很少的(如 e<nlogn)图为稀疏图。

(7)顶点的度、入度、出度。顶点的度(degree)是指依附于某顶点 v 的边数,通常记为 TD(v)。在有向图中,顶点的度分为入度与出度。顶点 v 的入度是指以顶点 v 为头的弧的数目,记为 ID(v);顶点 v 出度是指以顶点 v 为尾的弧的数目,记为 OD(v)。有 TD(v)=ID(v)+OD(v)。

例如,在 G_1 中有:

$$TD(v_0)=3 \quad TD(v_1)=3 \quad TD(v_2)=3 \quad TD(v_3)=3$$

在 G_2 中有:

$$ID(v_0)=1 \quad OD(v_0)=1 \quad TD(v_0)=2$$
$$ID(v_1)=1 \quad OD(v_1)=2 \quad TD(v_1)=3$$
$$ID(v_2)=1 \quad OD(v_2)=0 \quad TD(v_2)=1$$

可以证明,对于具有 n 个顶点、e 条边的图,顶点 v_i 的度 TD(v_i)与顶点的个数以及边的数目满足关系:

$$e=\frac{1}{2}\sum_{i=1}^{n}TD(v_i)$$

(8)边的权,网。与边有关的数据信息称为权(weight)。在实际应用中,权值可以表示具体的某种含义。比如,在一个反映城市交通线路的图中,边上的权值可以表示该条线路的长度或者运费等;对于反映工程进度的图而言,边上的权值可以表示从前一个工程到后一个工程所需要的时间等等。带权的图称为网或网络(network)。如图 6-3 所示,G_1 就是一个无向网。如果边是有方向的带权图,则就是一个有向网。

(9)路径、路径长度。顶点 v_p 到顶点 v_q 之间的路径(path)是指顶点序列 $v_p,v_{i1},v_{i2},\cdots v_{im},v_q$。其中,$(v_p,v_{i1}),(v_{i1},v_{i2}),\cdots(v_{im},v_q)$分别为图中的边。路径上边的数目称为路径长度。图 6-1 所示的无向图 G1 中,$v_0\rightarrow v_1\rightarrow v_2\rightarrow v_3$ 与 $v_0\rightarrow v_2\rightarrow v_3$ 是从顶点 v_0 到顶点 v_3 的两条路径,路径长度分别为 3 和 2。

（10）简单路径、回路、简单回路。序列中顶点不重复出现的路径称为简单路径。若路径上第一个顶点和最后一个顶点重合，则称这样的路径为回路或者环（cycle）。在图 6-1 中，v_0 到 v_3 的两条路径都为简单路径。除第一个顶点与最后一个顶点之外，其他顶点不重复出现的回路称为简单回路，或者简单环。如图 6-2 中的 $v_0 \rightarrow v_1 \rightarrow v_0$。

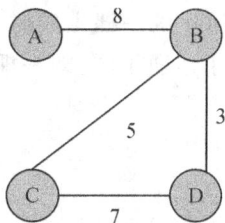

(a) 图 G_1 的一些子图

图 6-3　无向网 G_3

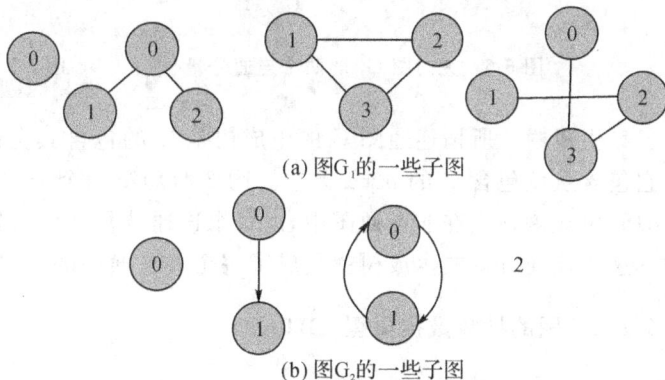

(b) 图 G_2 的一些子图

图 6-4　图 G_2 和 G_1 的子图

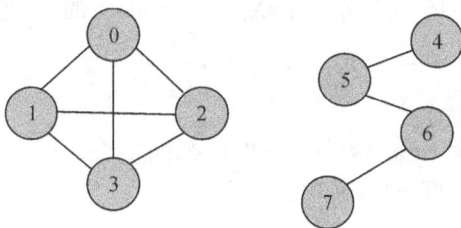

图 6-5　无向图 G_4

（11）子图。对于图 $G=(V,E)$，$G'=(V',E')$，若存在 V' 是 V 的子集，E' 是 E 的子集，则称图 G' 是 G 的一个子图。图 6-4(a) 给出了图 6-1 中图 G_1 的子图，图 6-4(b) 给出了图6-2中图 G_2 的一些子图。

（12）连通图、连通分量。在无向图中，如果从一个顶点 v_i 到另一个顶点 $v_j(i \neq j)$ 有路径，则称顶点 v_i 和 v_j 是连通的。如果图中任意两顶点都是连通的，则称该图是连通图。无向图的极大连通子图称为连通分量。图 6-6 给出了图 6-5 中图 G_4 的两个连通分量，图 6-7 给出了图 6-2 中有向图 G_2 对应的连通分量。

（13）强连通图、强连通分量。对于有向图来说，若图中对于任意一对顶点 v_i 和 $v_j(i \neq j)$，从顶点 v_i 到顶点 v_j 存在路径，从顶点 v_j 到顶点 v_i 也存在路径，则称该有向图是强连通图。有向图的极大强连通子图称为强连通分量。图 6-7 显示了图 G_2 的两个强连通分量，分别是 $\{v_0,v_1\}$ 和 $\{v_2\}$。

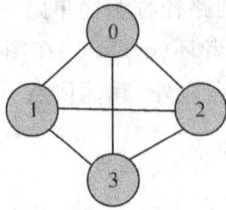

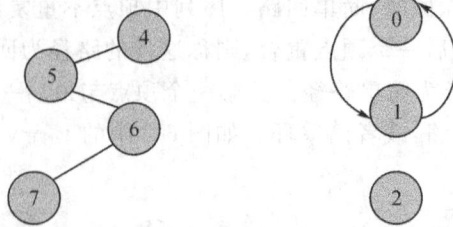

图 6-6　无向图 G_4 的两个连通分量　　　　　图 6-7　G_2 的两个强连通分量

(14)生成树。所谓连通图 G 的生成树是 G 的包含其全部 n 个顶点的一个极小连通子图。它包含且仅包含 G 的 n−1 条边。图 6-4(a)第四个子图显示了图 G_1 的一棵生成树。

(15)生成森林。在非连通图中,由每个连通分量都可得到一个极小连通子图,即一棵生成树。这些连通分量的生成树就组成了一个非连通图的生成森林。

6.1.2　图的抽象数据类型 ADT

```
ADT 图 Graph{
    数据对象 V ： 非空的顶点集合
    数据关系 R:
        R={VR}
        VR={<v,w> v,w∈V 且 P(v,w),<v,w>表示从 v 到 w 的弧,谓词 P(v,w)定义了弧<v,w>
            的意义或信息}
    基本操作 P:
      CreateGraph(&G,V,VR);
        初始条件：V 是图的顶点集，VR 是图中弧的集合。
        操作结果：按 V 和 VR 的定义构造图 G
      DestroyGraph(&G);
        初始条件：图 G 存在
        操作结果：销毁图 G
      LocateVex(G,u);

        初始条件：图 G 存在，u 和 G 中顶点有相同特征
        操作结果：若 G 中存在顶点 u, 则返回该顶点在图中位置；否则返回其它信息。
      GetVex(G,v);
        初始条件：图 G 存在，v 是 G 中某个顶点
        操作结果：返回 v 的值。
      PutVex(&G,v,value);
        初始条件：图 G 存在，v 是 G 中某个顶点
        操作结果：对 v 赋值 value
      FirstAdjVex(G,v);
        初始条件：图 G 存在，v 是 G 中某个顶点
        操作结果：返回 v 的第一个邻接顶点。若顶点在 G 中没有邻接顶点，则返回"空"
      NextAdjVex(G,v,w);
```

初始条件：图 G 存在,v 是 G 中某个顶点,w 是 v 的邻接顶点。

操作结果：返回 v 的（相对于 w 的）下一个邻接顶点。若 w 是 v 的最后一个邻接点,
则返回"空"

InsertVex(&G, v);

初始条件：图 G 存在，v 和图中顶点有相同特征

操作结果：在图 G 中增添新顶点 v

DeleteVex(&G, v);

初始条件：图 G 存在，v 是 G 中某个顶点

操作结果：删除 G 中顶点 v 及其相关的弧

InsertAcr(&G, v, w);

初始条件：图 G 存在，v 和 w 是 G 中两个顶点

操作结果：在 G 中增添弧<v, w>,若 G 是无向的，则还增添对称弧<w, v>

DeleteArc(&G, v, w);

初始条件：图 G 存在，v 和 w 是 G 中两个顶点

操作结果：在 G 中删除弧<v, w>,若 G 是无向的，则还删除对称弧<w, v>

DFSTraverser(G, v, Visit());

初始条件：图 G 存在，v 是 G 中某个顶点，Visit 是顶点的应用函数

操作结果：从顶点 v 起深度优先遍历图 G,并对每个顶点调用函数 Visit 一次。一
旦 Visit() 失败，则操作失败。

BFSTRaverse(G, v, Visit());

初始条件：图 G 存在，v 是 G 中某个顶点，Visit 是顶点的应用函数

操作结果：从顶点 v 起广度优先遍历图 G,并对每个顶点调用函数 Visit 一次。一
旦 Visit() 失败，则操作失败。

ADT Graph

6.2 图的存储结构

图是一种结构复杂的数据结构,表现在不仅各个顶点的度可以千差万别,而且顶点之间的逻辑关系也错综复杂。从图的定义可知,一个图的信息包括两部分,即图中顶点的信息以及描述顶点之间的关系——边(或者弧)的信息。因此无论采用什么方法建立图的存储结构,都要完整、准确地反映这两方面的信息。

下面介绍几种常用的图的存储结构。

6.2.1 邻接矩阵存储结构

所谓邻接矩阵(Adjacency Matrix)存储结构,就是用一维数组存储图中顶点的信息,用矩阵表示图中各顶点之间的邻接关系。假设图 $G=(V,E)$ 有 n 个确定的顶点,即 $V=\{v_0, v_1, \cdots, v_{n-1}\}$,则用一个 $n \times n$ 的矩阵 A 表示 G 中各顶点的邻接关系,矩阵的元素为：

$$A[i][j] = \begin{cases} 1 & \text{若}(v_i, v_j)\text{或}<v_i, v_j> \in E \\ 0 & \text{若}(v_i, v_j)\text{或}<v_i, v_j> \notin E \end{cases}$$

若 G 是网图,则邻接矩阵可定义为：

$$A[i][j] = \begin{cases} w_{ij} & \text{若}(v_i,v_j)\text{或}<v_i,v_j> \in E \\ 0\text{或}\infty & \text{若}(v_i,v_j)\text{或}<v_i,v_j> \notin E \end{cases}$$

其中，w_{ij}表示边(v_i,v_j)或$<v_i,v_j>$上的权值；∞表示一个计算机允许的、大于所有边上权值的数。

用邻接矩阵表示法表示图 G1 和 G2，其结果分别如图 6-8(a)和(b)所示。

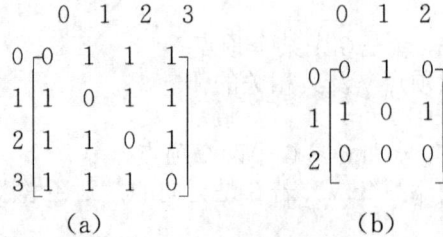

$$\begin{matrix} & 0 & 1 & 2 & 3 \\ 0 & 0 & 1 & 1 & 1 \\ 1 & 1 & 0 & 1 & 1 \\ 2 & 1 & 1 & 0 & 1 \\ 3 & 1 & 1 & 1 & 0 \end{matrix} \qquad \begin{matrix} & 0 & 1 & 2 \\ 0 & 0 & 1 & 0 \\ 1 & 1 & 0 & 1 \\ 2 & 0 & 0 & 0 \end{matrix}$$

(a) (b)

图 6-8 邻接矩阵表示

图 6-9 给出了一个用邻接矩阵表示法表示网图的示例。

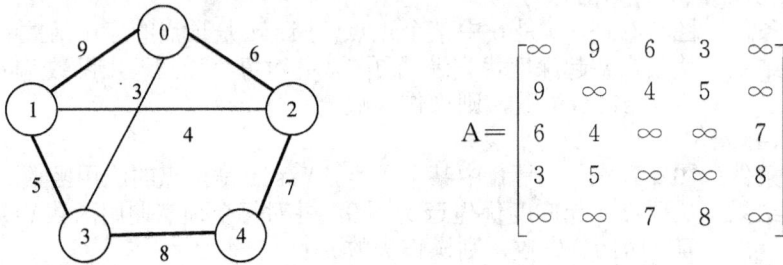

$$A = \begin{bmatrix} \infty & 9 & 6 & 3 & \infty \\ 9 & \infty & 4 & 5 & \infty \\ 6 & 4 & \infty & \infty & 7 \\ 3 & 5 & \infty & \infty & 8 \\ \infty & \infty & 7 & 8 & \infty \end{bmatrix}$$

图 6-9 一个网图的邻接矩阵表示

图的邻接矩阵存储方法具有以下特点：

(1)无向图的邻接矩阵一定是一个对称矩阵。因此，在具体存放邻接矩阵时只需存放上(或下)三角矩阵的元素即可。

(2)对于无向图，邻接矩阵的第 i 行(或第 i 列)非零元素(或非∞元素)的个数正好是第 i 个顶点的度 $TD(v_i)$。

(3)对于有向图，邻接矩阵的第 i 行(或第 i 列)非零元素(或非∞元素)的个数正好是第 i 个顶点的出度 $OD(v_i)$(或入度 $ID(v_i)$)。

(4)用邻接矩阵方法存储图，很容易确定图中任意两个顶点之间是否有边相连；但是，要确定图中有多少条边，则必须按行、按列对每个元素进行检测，所花费的时间代价很大。这是用邻接矩阵存储图的局限性。

6.2.2 邻接表存储结构

邻接表(Adjacency List)是图的一种顺序存储与链式存储结合的存储方法。邻接表表示法类似于树的孩子链表表示法。即对于图 G 中的每个顶点 v_i，将所有邻接于 v_i 的顶点 v_j 链成一个单链表，这个单链表就称为顶点 v_i 的邻接表，再将所有顶点的邻接表表头放在数组中，就构成了图的邻接表。在邻接表表示法中有两种结点结构，如图 6-10 所示。

图 6-10　邻接矩阵表示的结点结构

　　图 6-10 中顶点表的结点结构,由顶点域(vertex)和指向第一条邻接边的指针域(firstedge)构成,边表(即邻接表)结点结构,由邻接点域(adjvex)和指向下一条邻接边的指针域(next)构成。对于网图的边表需再增设一个权值域(info),网图的边表结构如图 6-11 所示。

图 6-11　网图的边表结构

　　图 6-12(a)和(b)分别给出了图 G1 和 G2 对应的邻接表表示。其中,对顶点表的结构进行了简化。

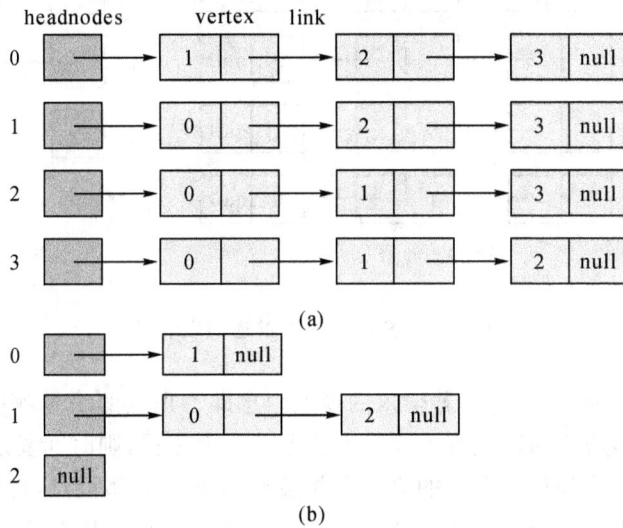

图 6-12　图的邻接表表示

邻接表表示的 C 语言描述如下:

```
#define    MAX_VETICES 50    /*最大顶点数为50*/
typedef    struct node {
           int vertex;
           struct node *link;
           };
typedef    struct node* node_pointer;
node_pointer graph[MAX_VERTICES];
int    n= 0 ;
```

若无向图中有 n 个顶点、e 条边,则它的邻接表需 n 个头结点和 2e 个表结点。显然,在边稀疏($e \ll n(n-1)/2$)的情况下,用邻接表表示图比邻接矩阵节省存储空间,当和边相关的信息较多时更是如此。

在无向图的邻接表中,顶点 vi 的度恰为第 i 个链表中的结点数;而在有向图中,第 i 个链表中的结点个数只是顶点 v_i 的出度,如果要求入度则必须遍历整个邻接表。在所有链表中其邻接点域的值为 i 的结点的个数是顶点 v_i 的入度。有时,为了便于确定顶点的入度或以顶点 v_i 为头的弧,可以建立一个有向图的逆邻接表,即对每个顶点 v_i 建立一个链接以 v_i 为头的弧的链表。例如图 6-13(a)和(b)分别表示了图 G1 和 G2 的逆邻接表表示。

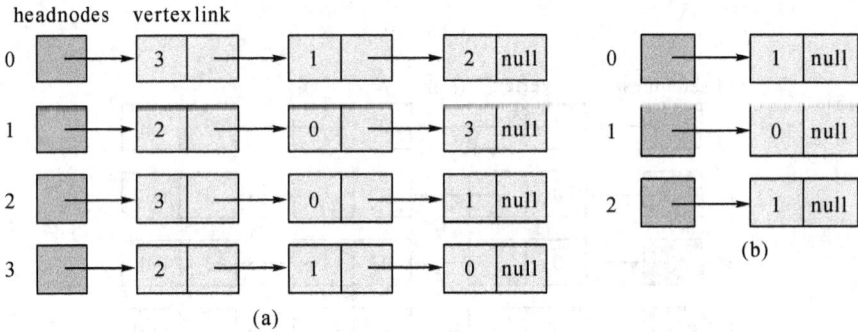

图 6-13   图 G1 和 G2 的逆邻表表示

在建立邻接表或逆邻接表时,若输入的顶点信息即为顶点的编号,则建立邻接表的复杂度为 O(n+e),否则,需要通过查找才能得到顶点在图中位置,则时间复杂度为 O(n·e)。

在邻接表上容易找到任一顶点的第一个邻接点和下一个邻接点,但要判定任意两个顶点(v_i 和 v_j)之间是否有边或弧相连,则需搜索第 i 个或第 j 个链表,因此,不及邻接矩阵表示方便。

6.2.3   十字链表存储结构

十字链表(Orthogonal List)是有向图的一种存储方法,它实际上是邻接表与逆邻接表的结合,即把每一条边的边结点分别组织到以弧尾顶点为头结点的链表和以弧头顶点为头结点的链表中。在十字链表表示中,顶点表和边表的结点结构分别如图 6-14 的(a)和(b)

所示。

顶点值域	指针域	指针域
vertex	firstin	firstout

(a) 十字链表顶点表结点结构

弧尾结点	弧头结点	弧上信息	指针域	指针域
tailvex	headvex	info	hlink	tlink

(b) 十字链表边表的弧结点结构

图 6-14 十字链表顶点表、边表的弧结点结构

在弧结点中有五个域：其中尾域(tailvex)和头(headvex)分别指示弧尾和弧头这两个顶点在图中的位置，链域 hlink 指向弧头相同的下一条弧，链域 tlink 指向弧尾相同的下一条弧，info 域指向该弧的相关信息。弧头相同的弧在同一链表上，弧尾相同的弧也在同一链表上。它们的头结点即为顶点结点，它由三个域组成：其中 vertex 域存储和顶点相关的信息，如顶点的名称等；firstin 和 firstout 为两个链域，分别指向以该顶点为弧头或弧尾的第一个弧结点。例如，图 6-15 显示了图 G2 的十字链表表示。若将有向图的邻接矩阵看成是稀疏矩阵的话，则十字链表也可以看成是邻接矩阵的链表存储结构，在图的十字链表中，弧结点所在的链表非循环链表，结点之间相对位置自然形成，不一定按顶点序号有序，表头结点即顶点结点，它们之间则是顺序存储。

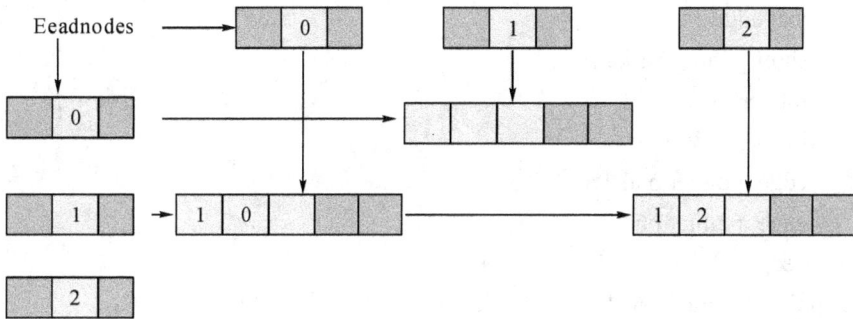

图 6-15 有向图及其十字链表示意图

在十字链表中既容易找到以 v_i 为尾的弧，也容易找到以 v_i 为头的弧，因而容易求得顶点的出度和入度(或需要，可在建立十字链表的同时求出)。此外建立十字链表的时间复杂度和建立邻接表是相同的。在某些有向图的应用中，十字链表是很有用的工具。

6.2.4 邻接多重表存储结构

邻接多重表(Adjacency Multilist)主要用于存储无向图。因为，如果用邻接表存储无向图，每条边的两个边结点分别在以该边所依附的两个顶点为头结点的链表中，这给图的某些操作带来不便。例如,对已访问过的边做标记,或者要删除图中某一条边等,都需要找到表示同一条边的两个结点。因此,在进行这一类操作的无向图的问题中采用邻接多重表作存储结构更为适宜。

邻接多重表的存储结构和十字链表类似,也是由顶点表和边表组成,每一条边用一个结点表示,其顶点表结点结构和边表结点结构如图 6-16 所示。

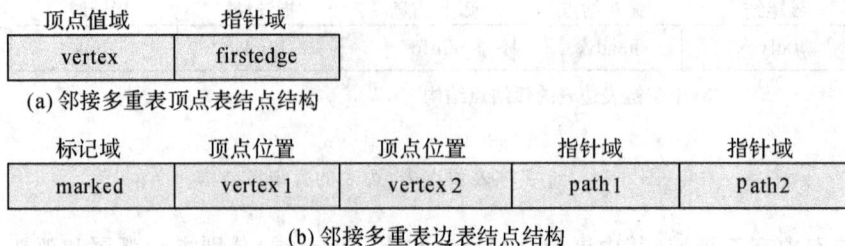

顶点值域	指针域
vertex	firstedge

(a) 邻接多重表顶点表结点结构

标记域	顶点位置	顶点位置	指针域	指针域
marked	vertex 1	vertex 2	path1	Path2

(b) 邻接多重表边表结点结构

图 6-16　邻接多重表顶点表、边表结构示意

其中,顶点表由两个域组成,vertex 域存储和该顶点相关的信息 firstedge 域指示第一条依附于该顶点的边;边表结点由五个域组成,marked 为标记域;vertex1 和 vertex2 为该边依附的两个顶点在图中的位置;path1 指向下一条依附于顶点 vertex1 的边;path2 指向下一条依附于顶点 vertex2 的。

邻接多重表表示的形式描述如下:

```
typedef  struct edge *edge_pointer;
typedef struct edge {
       short   int   marked;
       int vertex1;
       int vertex2;
       edge_pointer path1;
       edge_pointer path2;
       }edge;
edge_pointer   graph [MAX_VERTICES];
```

图 6-17 所示为图 G1 的邻接多重表。在邻接多重表中,所有依附于同一顶点的边串联在同一链表中,由于每条边依附两个顶点,则每个边结点同时链接在两个链表中。可见,对无向图而言,其邻接多重表和邻接表的差别,仅仅在于同一条边在邻接表中用两个结点表示,而在邻接多重表中只有一个结点。因此,除了在边结点中增加一个标志域外,邻接多重表所需的存储量和邻接表相同。在邻接多重表上,各种基本操作的实现亦和邻接表相似。

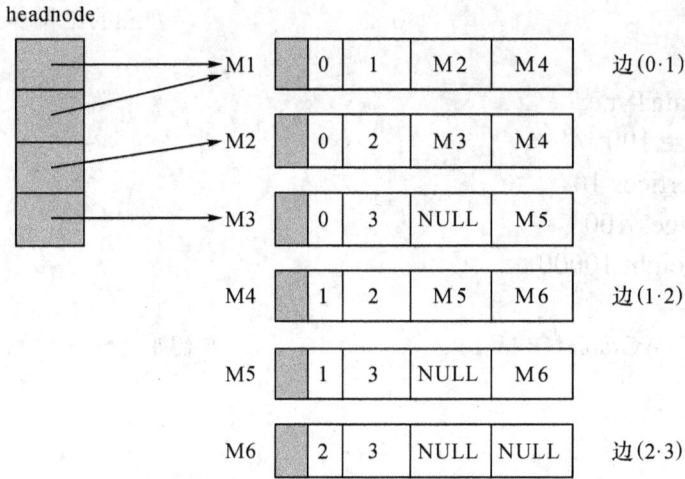

列表为：   顶点 0：   M1 → M2 → M3

顶点 1：   M1 → M4 → M5

顶点 2：   M2 → M4 → M6

顶点 3：   M3 → M5 → M6

图 6-17 无向图 G1 的邻接多重表

6.3 图的实现

图的实现跟图所采用的存储结构密切相关,图的存储结构给定才能对其进行实现。下面我们分两种存储结构:邻接矩阵和邻接表来实现 6.1.2 所定义的一些图的基本操作。

6.3.1 基于邻接矩阵的图基本操作实现

基于邻接矩阵的图基本操作实现,其结点信息存储在一个顺序表中,至于顺序表的概念和相关实现各位读者可以参照第二章相应章节,本实现中通过包含"SeqList. h"来包含相应顺序表的操作。

```
/*文件AdjMGraphic.h*/
#include "SeqList.h"                                    /*包含顺序表头文件*/

typedef struct
{
    SeqList Vertices;                                   /*存放顶点的顺序表*/
    int edge[MaxVertices][MaxVertices];                 /*存放边的邻接矩阵*/
```

```
    int numOfEdges;                                  /*边的条数*/
}AdjMWGraph;                                          /*图的结构体定义*/

typedef char DataType;
#define MaxSize 100
#define MaxVertices 10
#define MaxEdges 100
#define MaxWeight 10000

void Initiate(AdjMWGraph *G, int n)                  /*初始化*/
{
    int i, j;

    for(i = 0; i < n; i++)
        for(j = 0; j < n; j++)
        {
            if(i == j) G->edge[i][j] = 0;
            else G->edge[i][j] = MaxWeight;
        }

    G->numOfEdges = 0;                               /*边的条数置为0*/
    ListInitiate(&G->Vertices);                      /*顺序表初始化*/
}

void InsertVex(AdjMWGraph *G, DataType vertex)
/*在图G中插入顶点vertex*/

{
    ListInsert(&G->Vertices, G->Vertices.size, vertex);   /*顺序表表尾插入*/
}

void InsertArc(AdjMWGraph *G, int v1, int v2, int weight)
/*在图G中插入边<v1, v2>，边<v1, v2>的权为weight*/
{
    if(v1 < 0 || v1 > G->Vertices.size || v2 < 0 || v2 > G->Vertices.size)
    {
        printf("参数v1或v2越界出错!\n");
        exit(1);
    }
```

```
        G->edge[v1][v2] = weight;
        G->numOfEdges++;
}


void DeleteArc(AdjMWGraph *G, int v1, int v2)
/*在图G中删除边<v1, v2>*/
{
        if(v1 < 0 || v1 > G->Vertices.size || v2 < 0 || v2 > G->Vertices.size || v1 == v2)
        {
                printf("参数v1或v2越界出错!\n");
                exit(1);
        }


        G->edge[v1][v2] = MaxWeight;
        G->numOfEdges--;
}

void DeleteVex(AdjMWGraph *G, int v)
//删除结点v
{
        int n = ListLength(G->Vertices), i, j;
        DataType x;

        for(i = 0; i < n; i++)
                for(j = 0; j < n; j++)
                        if((i == v || j == v) && G->edge[i][j] > 0 && G->edge[i][j] < MaxWeight)
                                G->numOfEdges--;                      //被删除边计数

        for(i = v; i < n; i++)
                for(j = 0; j < n; j++)
                        G->edge[i][j] = G->edge[i+1][j];          //删除第v行


        for(i = 0; i < n; i++)
                for(j = v; j < n; j++)
                        G->edge[i][j] = G->edge[i][j+1];          //删除第v列

        ListDelete(&G->Vertices, v, &x);                          //删除结点v
}
```

```
int FirstAdjVex(AdjMWGraph G, int v)
/*在图G中寻找序号为v的顶点的第一个邻接顶点*/
/*如果这样的邻接顶点存在则返回该邻接顶点的序号，否则返回-1*/
{
    int col;

    if(v < 0 || v > G.Vertices.size)
    {
        printf("参数v1越界出错!\n");
        exit(1);
    }

    for(col = 0; col <= G.Vertices.size; col++)
        if(G.edge[v][col] > 0 && G.edge[v][col] < MaxWeight) return col;
    return -1;
}

int NextAdjVex(AdjMWGraph G, int v1, int v2)
/*在图G中寻找v1顶点的邻接顶点v2的下一个邻接顶点*/
/*如果这样的邻接顶点存在则返回该邻接顶点的序号，否则返回-1*/
/*这里v1和v2都是相应顶点的序号*/
{
    int col;

    if(v1 < 0 || v1 > G.Vertices.size || v2 < 0 || v2 > G.Vertices.size)
    {
        printf("参数v1或v2越界出错!\n");
        exit(1);
    }

    for(col = v2+1; col <= G.Vertices.size; col++)
        if(G.edge[v1][col] > 0 && G.edge[v1][col] < MaxWeight) return col;
    return -1;
}
```

上述代码给出了图主要的基本操作实现方法。为了测试上述操作的正确性,编写测试程序以建立如图 6-18 所示的有向图。测试程序如下所示。

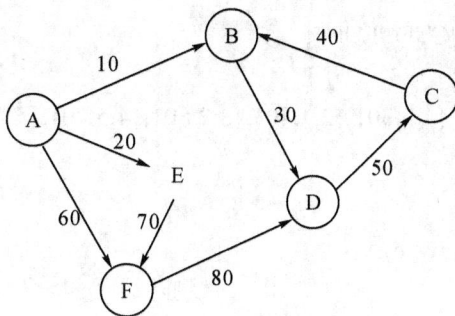

图 6-18 带权图 G_5

```
#include <stdio.h>
#include <stdlib.h>
#include "AdjMGraph.h"

typedef struct
{
    int row;                              /*行下标*/
    int col;                              /*列下标*/
    int weight;                           /*权值*/
}RowColWeight;                            /*边信息三元组结构体定义*/

void CreatGraph(AdjMWGraph *G, DataType V[], int n, RowColWeight E[], int e)
/*在图G中插入n个顶点信息V和e条边信息E*/
{
    int i, k;

    Initiate(G, n);                       /*顶点顺序表初始化*/

    for(i = 0; i < n; i++)
        InsertVex(G, V[i]);               /*顶点插入*/

    for(k = 0; k < e; k++)
        InsertArc(G, E[k].row, E[k].col, E[k].weight);         /*边插入*/
}

void main(void)
{
```

```
        AdjMWGraph g1;
        DataType a[] = {'A','B','C','D','E','F'};
        RowColWeight rcw[] =
{{0,1,10},{0,4,20},{0,5,60},{1,3,30},{2,1,40},{3,2,50},{4,5,70},{5,3,80}};
        int n = 6, e = 8;
        int i, j;

        CreatGraph(&g1, a, n, rcw, e);
        DeleteArc(&g1, 0, 4);                   /*删除边<0, 4>*/
        DeleteVex(&g1, 2);                      /*删除顶点3*/

        printf("顶点集合为: ");
        for(i = 0; i < g1.Vertices.size; i++)
            printf("%c     ", g1.Vertices.list[i]);
        printf("\n");

        printf("权值集合为: \n");
        for(i = 0; i < g1.Vertices.size; i++)
        {
            for(j = 0; j < g1.Vertices.size; j++)
                printf("%5d    ", g1.edge[i][j]);
            printf("\n");
        }
}
```

程序运行结果如图 6-19 所示。

```
顶点集合为: A   B   D   E   F
权值集合为:
     0      10   10000   10000      60
 10000       0      30   10000   10000
 10000   10000       0   10000   10000
 10000   10000   10000       0      70
 10000   10000      80   10000       0
Press any key to continue_
```

图 6-19　程序运行结果

6.3.2　基于邻接表的图基本操作实现

基于邻接表实现图的基本操作时,图的结点信息存储在一个数组中,图的边信息存储在该数组指针域所指示的单链表中。

```
/*文件AdjLGraph.h*/
typedef char DataType;
#define MaxVertices 100

typedef struct Node
{
    int dest;
    struct Node *next;
} Edge;

typedef struct
{
    DataType data;

    int sorce;
    Edge *adj;
} AdjLHeight;

typedef struct
{
    AdjLHeight a[MaxVertices];
    int numOfVerts;
    int numOfEdges;
} AdjLGraph;


AdjInitiate(AdjLGraph *G)
{
    int i;

    G->numOfVerts = 0;
    G->numOfEdges = 0;
    for(i = 0; i < MaxVertices; i++)
    {
        G->a[i].sorce = i;
        G->a[i].adj = NULL;
    }
```

```
}

AdjDestroy(AdjLGraph *G)
{
    int i;
    Edge *p, *q;

    for(i = 0; i < G->numOfVerts; i++)
    {
        p = G->a[i].adj;
        while(p != NULL)
        {
            q = p->next;
            free(p);
            p = q;
        }
    }
}

void InsertVex(AdjLGraph *G, int i, DataType vertex)
{
    if(i >= 0 && i < MaxVertices)
    {
        G->a[i].data = vertex;
        G->numOfVerts++;
    }
    else printf("顶点越界");
}

void InsertArc(AdjLGraph *G, int v1, int v2)
{
    Edge *p;

    if(v1 < 0 || v1 >= G->numOfVerts || v2 < 0 || v2 >= G->numOfVerts)
    {
        printf("参数v1或v2越界出错!");
        exit(0);
    }
```

```
        p = (Edge *)malloc(sizeof(Edge));
        p->dest = v2;

        p->next = G->a[v1].adj;
        G->a[v1].adj = p;

        G->numOfEdges++;
}

void DeleteArc(AdjLGraph *G, int v1, int v2)
{
        Edge *curr, *pre;

        if(v1 < 0 || v1 >= G->numOfVerts || v2 < 0 || v2 >= G->numOfVerts)
        {
                printf("参数v1或v2越界出错!");
                exit(0);
        }

        pre = NULL;
        curr = G->a[v1].adj;
        while(curr != NULL && curr->dest != v2)
        {
                pre = curr;
                curr = curr->next;
        }

        if(curr != NULL && curr->dest == v2 && pre == NULL)
        {
                G->a[v1].adj = curr->next;
                free(curr);
                G->numOfEdges--;
        }
        else if(curr != NULL && curr->dest == v2 && pre != NULL)
        {
                pre->next = curr->next;
                free(curr);
                G->numOfEdges--;
```

```
    }
    else
        printf("边<v1, v2>不存在!");
}

int FirstAdjVex(AdjLGraph G, int v)
{
    Edge *p;

    if(v < 0 || v > G.numOfVerts)
    {

        printf("参数v1或v2越界出错!");
        exit(0);
    }

    p = G.a[v].adj;
    if(p != NULL) return p->dest;
    else return -1;
}

int NextAdjVex(AdjLGraph G, int v1, const int v2)
{
    Edge *p;

    if(v1 < 0 || v1 > G.numOfVerts || v2 < 0 || v2 > G.numOfVerts)
    {
        printf("参数v1或v2越界出错!");
        exit(0);
    }

    p = G.a[v1].adj;
    while(p != NULL)

    {
        if(p->dest != v2)
        {
```

```
                p = p->next;
                continue;
            }
        else break;
    }

    p = p->next;
    if(p !=NULL) return   p->dest;
    else return -1;
}
```

同样以图 6-18 所示的图 G5 为例子,创建图的测试代码如下所示:

```c
#include <stdio.h>
#include <stdlib.h>
#include <malloc.h>
#include "AdjLGraph.h"

typedef struct
{
    int row;
    int col;
} RowCol;

void CreatGraph(AdjLGraph *G, DataType v[], int n, RowCol d[], int e)
{
    int i, k;

    AdjInitiate(G);
    for(i = 0; i < n; i++) InsertVex(G, i, v[i]);
    for(k = 0; k < e; k++) InsertArc(G, d[k].row, d[k].col);
}

void main(void)
{
    AdjLGraph g;
```

```
char a[] = {'A','B','C','D','E','F'};
RowCol rc[] = {{0,1},{1,3},{3,2},{2,1},{0,4},{0,5},{4,5},{5,3}};
int i, n = 6, e = 8;

Edge *p;
CreatGraph(&g, a, n, rc, e);

printf("%d     %d\n", g.numOfVerts, g.numOfEdges);
for(i = 0; i < g.numOfVerts; i++)
{
    printf("%c     ", g.a[i].data);
    p = g.a[i].adj;
    while(p != NULL)
    {
        printf("%d     ", p->dest);
        p = p->next;
    }
    printf("\n");
}
DeleteArc(&g, 1, 3);

printf("%d     %d\n", g.numOfVerts, g.numOfEdges);
for(i = 0; i < g.numOfVerts; i++)
{
    printf("%c     ", g.a[i].data);
    p = g.a[i].adj;
    while(p != NULL)
    {
        printf("%d     ", p->dest);
        p = p->next;
    }
    printf("\n");
}

AdjDestroy(&g);
}
```

程序运行结果如图 6-20 所示。

```
6   8
A   5   4   1
B   3
C   1
D   2
E   5
F   3
6   7
A   5   4   1
B
C   1
D   2
E   5
F   3
Press any key to continue
```

图 6-20　程序运行结果

6.4　图的遍历

图的遍历是指从图中的任一顶点出发，对图中的所有顶点访问一次且只访问一次。图的遍历操作和树的遍历操作功能相似。图的遍历是图的一种基本操作，图的许多其他操作都是建立在遍历操作的基础之上。

由于图结构本身的复杂性，所以图的遍历操作也较复杂，主要表现在以下四个方面：

(1)在图结构中，任意一个顶点都可作为第一个被访问的结点。

(2)在非连通图中，从一个顶点出发，只能够访问它所在的连通分量上的所有顶点，因此，还需考虑如何选取下一个出发点以访问图中其余的连通分量。

(3)在图结构中，如果有回路存在，那么一个顶点被访问之后，有可能沿回路又回到该顶点。

(4)在图结构中，一个顶点可以和其他多个顶点相连，当这样的顶点访问过后，存在如何选取下一个要访问的顶点的问题。

图的遍历通常有深度优先搜索和广度优先搜索两种方式。

6.4.1　深度优先搜索

深度优先搜索(Depth_First Search)遍历类似于树的先根遍历，是树的先根遍历的推广。

假设初始状态是图中所有顶点未曾被访问，则深度优先搜索可从图中某个顶点 v 出发，访问此顶点，然后依次从 v 的未被访问的邻接点出发深度优先遍历图，直至图中所有和 v 有路径相通的顶点都被访问到；若此时图中尚有顶点未被访问，则另选图中一个未曾被访问的顶点作起始点，重复上述过程，直至图中所有顶点都被访问到为止。

以图 6-21 的无向图为例,进行图的深度优先搜索。假设从顶点 v0 出发进行搜索,在访问了顶点 v0 之后,从其未被访问的邻接顶点集合:v1 和 v2 中,随机选择一个顶点作为下一个访问顶点。假定选择邻接顶点 v1,因为 v1 未曾访问,则从 v1 出发进行搜索。依次类推,接着从 v3、v7、v4 出发进行搜索。在访问了 v4 之后,由于 v4 的邻接顶点都已被访问,则搜索回到 v7,再从 v7 未曾访问的邻接顶点集合中随机选择一个顶点作为下一个访问的顶点,假定选定 v5,后面继续访问 v2 直至 v6,得到的顶点访问序列为:

$$v0 \rightarrow v1 \rightarrow v3 \rightarrow v7 \rightarrow v4 \rightarrow v5 \rightarrow v2 \rightarrow v6$$

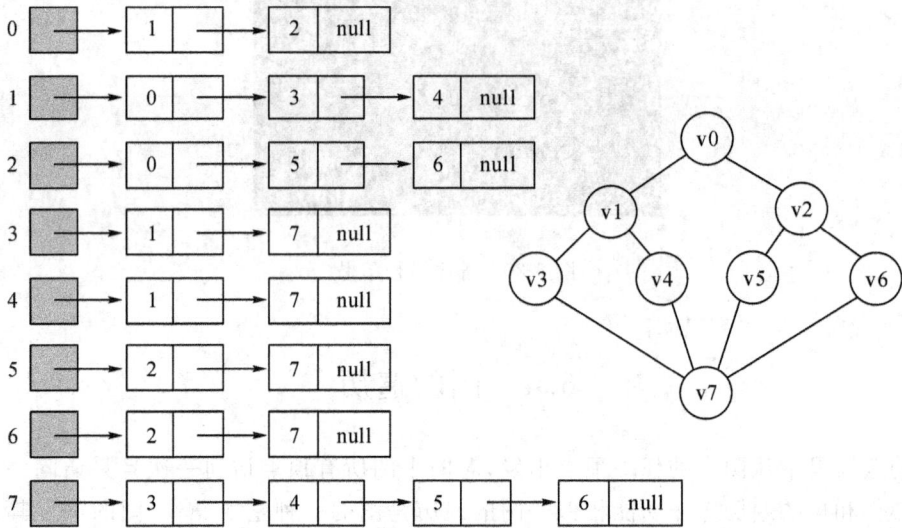

图 6-21 一个无向图 G6

因此,深度优先搜索的搜索方法可总结如下:

1)从图中某顶点 v 出发,访问该顶点;

2)依次从 v 的未被访问的邻接点出发继续对图进行深度优先遍历,直至图中所有和 v 有路径相通的顶点都被访问到;

3)若图中仍有顶点未被访问,则另选一个未曾被访问的顶点作起始点,重复上述过程,直到图中所有顶点都被访问为止。

显然,这是一个递归的过程,同时由于在存在多种选择时,采用了随机选择策略,所以深度遍历的序列不唯一。为了在遍历过程中便于区分顶点是否已被访问,需附设访问标志数组 visited[0:n−1],其初值为 FALSE,一旦某个顶点被访问,则其相应的分量置为 TRUE。

从图的某一点 v 出发,递归地进行深度优先遍历的过程如算法 6.1 所示。

分析上述算法,在遍历时,对图中每个顶点至多调用一次 DFS 函数,因为一旦某个顶点被标志成已被访问,就不再从它出发进行搜索。因此,遍历图的过程实质上是对每个顶点

算法 6.1 深度优先搜索

```
#define FALSE 0
#define TRUE 1
#define MAX_VERTICES 20
short int visited [MAX_VERTICES];

void    DFS(AdjMWGraph G, int v, int visited[])
 {
    int w;

    printf("%c    ", G.Vertices.list[v]);                        /*输出顶点字母*/
    visited[v] = TRUE;


    w = FirstAdjVex(G, v);
    while(w != -1)
    {
        if(!visited[w]) DFS(G, w, visited);
        w = NextAdjVex(G, v, w);
    }
}

void    DFSTraverse (AdjMWGraph G)
{
    int i;

    for(i = 0; i < G.Vertices.size; i++)
        visited[i] = FALSE;
    for(i = 0; i < G.Vertices.size; i++)
        if(!visited[i]) DFS(G, i, visited);

}
```

查找其邻接点的过程。其耗费的时间则取决于所采用的存储结构。当用二维数组表示邻接矩阵图的存储结构时,查找每个顶点的邻接点所需时间为 $O(n^2)$,其中 n 为图中顶点数。而当以邻接表作图的存储结构时,找邻接点所需时间为 $O(e)$,其中 e 为无向图中边的数或有向图中弧的数。由此,当以邻接表作存储结构时,深度优先搜索遍历图的时间复杂度为 $O(n+e)$。

6.4.2 广度优先搜索

广度优先搜索(Breadth_First Search)遍历类似于树的按层次遍历的过程。

假设从图中某顶点 v 出发,在访问了 v 之后依次访问 v 的各个未曾访问过的邻接顶点,然后分别从这些邻接点出发依次访问它们的邻接顶点,并使"先被访问的顶点的邻接顶点"先于"后被访问的顶点的邻接顶点"被访问,直至图中所有已被访问的顶点的邻接顶点都被访问到。若此时图中尚有顶点未被访问,则另选图中一个未曾被访问的顶点作起始点,重复上述过程,直至图中所有顶点都被访问到为止。换句话说,广度优先搜索遍历图的过程中以 v 为起始点,由近至远,依次访问和 v 有路径相通且路径长度为 1,2,…的顶点。

例如,对图 6-21 所示无向图进行广度优先搜索遍历,首先访问 v0 和 v0 的邻接点 v1 和 v2,然后依次访问 v1 的邻接点 v3 和 v4,以及 v2 的邻接点 v5 和 v6,最后访问 v3 的邻接点 v7。由于这些顶点的邻接点均已被访问,并且图中所有顶点都被访问,由些完成了图的遍历。得到的顶点访问序列为:

$$V0 \rightarrow v1 \rightarrow v2 \rightarrow v3 \rightarrow v4 \rightarrow v5 \rightarrow v6 \rightarrow v7$$

和深度优先搜索类似,在遍历的过程中也需要一个访问标志数组。并且,为了顺次访问路径长度为 2、3、…的顶点,需附设队列以存储已被访问的路径长度为 1、2、…的顶点。

综上所述,广度优先搜索的过程可总结为:

1)从图中某顶点记为 V0 出发,访问该顶点;

2)依次访问 V0 的各个未曾访问过的邻接点;

3)然后分别从这些邻接点出发,广度优先遍历图,直至图中所有已被访问的顶点的邻接点都被访问到;

4)若图中仍有顶点未被访问,则另选一个未曾被访问的顶点作起始点,重复上述过程,直到图中所有顶点都被访问为止。

从图的某一点 v 出发,进行广度优先遍历的过程如算法 6.2 所示。

算法 6.2 广度优先搜索

```
#include "SeqCQueue.h"
#define FALSE 0
#define TRUE 1
#define MAX_VERTICES 20
short int visited [MAX_VERTICES];
typedef DataType int;

void BFSSearch(AdjMWGraph G, int v, int visited[])
{
    DataType u, w;
    SeqCQueue queue;
```

```
        printf("%c    ", G.Vertices.list[v]);                    /*输出顶点字母*/
        visited[v] = TRUE;

        QueueInitiate(&queue);
        QueueAppend(&queue, v);
        while(QueueNotEmpty(queue))
        {
            QueueDelete(&queue, &u);
            w = FirstArjVex(G, u);
            while(w != -1)
            {
                if(!visited[w])
                {
                    printf("%c    ", G.Vertices.list[w]);      /*输出顶点字母*/
                    visited[w] = 1;
                    QueueAppend(&queue, w);
                }
                w = NextArjVex(G, u, w);
            }
        }
    }

void BroadFirstSearch(AdjMWGraph G)
/*非连通图G的广度优先遍历*/
{
    int i;

    for(i = 0; i < G.Vertices.size; i++)
        visited[i] = 0;

    for(i = 0; i < G.Vertices.size; i++)
        if(!visited[i]) BFSSearch(G, i, visited);
}
```

分析上述算法,每个顶点至多进一次队列。遍历图的过程实质是通过边或弧找邻接点的过程,因此广度优先搜索遍历图的时间复杂度和深度优先搜索遍历相同,两者不同之处仅仅在于对顶点访问的顺序不同。

6.4.3 连通分量

在对无向图进行遍历时,对于连通图,仅需从图中任一顶点出发,进行深度优先搜索或广度优先搜索,便可访问到图中所有顶点。对非连通图,则需从多个顶点出发进行搜索,而每一次从一个新的起始点出发进行搜索过程中得到的顶点访问序列恰为其各个连通分量中的顶点集。例如,图 6-5 是一个非连通图 G4,按照图 6-22 所示 G4 的邻接表进行深度优先搜索遍历,需调用两次 dfs(即分别从顶点 0 和 4 出发),得到的顶点访问序列分别为:(0,1,3,2)和(4,5,6,7)。这两个顶点集分别加上所有依附于这些顶点的边,便构成了非连通图 G4 的两个连通分量,如图 6-6 所示。

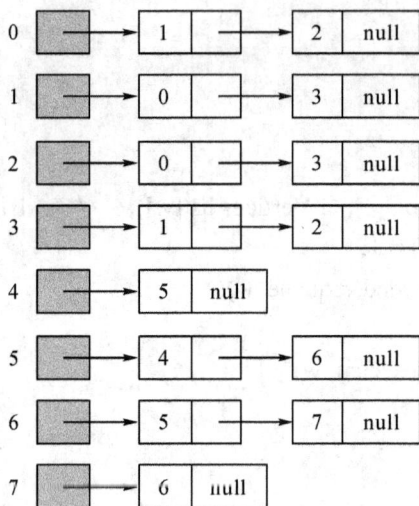

图 6-22　图 G4 的邻接表表示

通过调用 dfs(v)或 bfs(v)进行求解图的连通分量的过程如算法 6.3 所示。

算法 6.3　求解连通分量

```
void connected(void)
{
    int i;
    for ( i=0; i < n; i++)
        if (!visited [i]) {
            dfs (i);
            printf ( "\n" );
        }
}
```

显然,利用遍历求连通分量的时间复杂度亦和遍历相同。

6.5 最小生成树

设 E(G)为连通图 G 中所有边的集合,则从图中任一顶点出发遍历图时,必定将 E(G)分成两个集合 T(G)和 B(G),其中 T(G)是遍历图过程中历经的边的集合;B(G)是剩余的边的集合。显然,T(G)和图 G 中所有顶点一起构成连通图 G 的极小连通子图。按照 6.1.1 节的定义,它是连通图的一棵生成树,并且由深度优先搜索得到的为深度优先生成树;由广度优先搜索得到的为广度优先生成树。例如,图 6-23(a)和(b)所示分别为连通图 G6 的深度优先生成树和广度优先生成树。

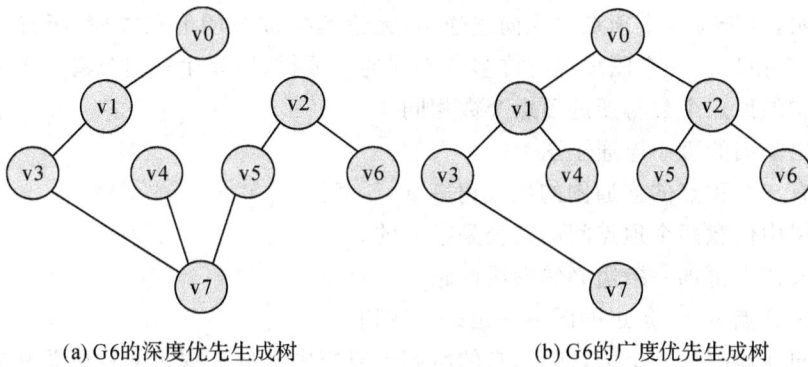

(a) G6的深度优先生成树   (b) G6的广度优先生成树

图 6-23   由图 6-21 G6 得到的生成树

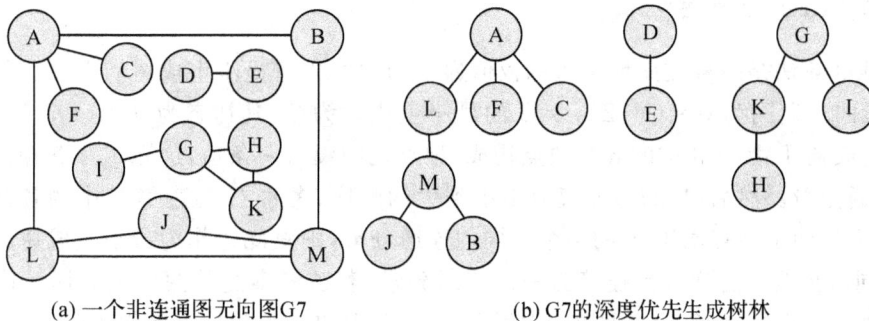

(a) 一个非连通图无向图G7   (b) G7的深度优先生成树林

图 6-24   非连通图 G7 及其生成树林

对于非连通图,通过这样的遍历,将得到的是生成森林。例如,图 6-24(b)所示为图 6-24(a)的深度优先生成森林,它由三棵深度优先生成树组成。

6.5.1   基本概念

由生成树的定义可知,无向连通图的生成树不是唯一的。连通图的一次遍历所经过的边的集合及图中所有顶点的集合就构成了该图的一棵生成树,对连通图的不同遍历,就可能得到不同的生成树。图 6-25(a)、(b)和(c)所示的均为图 6-21 的无向连通图 G6 的生成树。

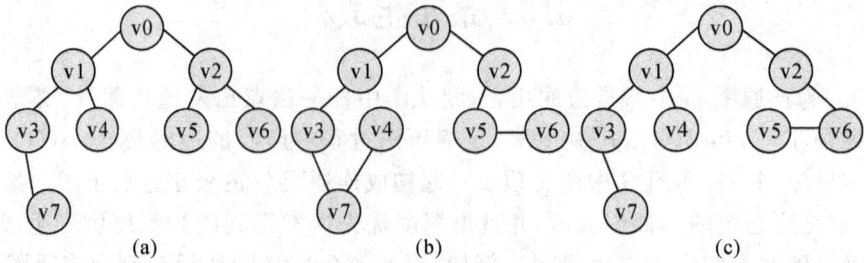

图 6-25　无向连通图 G5 的三棵生成树

可以证明,对于有 n 个顶点的无向连通图,无论其生成树的形态如何,所有生成树中都有且仅有 n－1 条边。一个图可以有许多棵不同的生成树,所有生成树具有以下共同特点:

1)生成树的顶点个数与图的顶点个数相同

2)生成树是图的极小连通子图

3)一个有 n 个顶点的连通图的生成树有 n－1 条边

4)生成树中任意两个顶点间的路径是唯一的

5)在生成树中再加一条边必然形成回路

6)含 n 个顶点 n－1 条边的图不一定是生成树

如果无向连通图是一个网,那么,它的所有生成树中必有一棵边的权值总和最小的生成树,称这棵生成树为最小生成树,简称为最小生成树。下面,介绍两个经典的最小生成树生成算法。

6.5.2　Kruskal 算法

Kruskal 算法是一种按照网中边的权值递增的顺序构造最小生成树的方法。其基本思想是:设无向连通网为 G＝(V,E),令 G 的最小生成树为 T,其初态为 T＝(V,{}),即开始时,最小生成树 T 由图 G 中的 n 个顶点构成,顶点之间没有一条边,这样 T 中各顶点各自构成一个连通分量。然后,按照边的权值由小到大的顺序,考察 G 的边集 E 中的各条边。若被考察的边的两个顶点属于 T 的两个不同的连通分量,则将此边作为最小生成树的边加入到 T 中,同时把两个连通分量连接为一个连通分量;若被考察边的两个顶点属于同一个连通分量,则舍去此边,以免造成回路,如此下去,当 T 中的连通分量个数为 1 时,此连通分量便为 G 的一棵最小生成树。

图 6-26(a)所示的一个网图,按照 Kruskal 方法构造最小生成树的过程如图 6-26(b)、(c)、(d)、(e)、(f)、(g)和(h)所示,相应每步的操作如表 6.1 所示。在构造过程中,按照网中边的权值由小到大的顺序,不断选取当前未被选取的边集中权值最小的边。依据生成树的概念,n 个结点的生成树,有 n－1 条边,故反复上述过程,直到选取了 n－1 条边为止,就构成了一棵最小生成树。

Kruskal 算法可用下述过程描述。

```
T={ };
   while (T contains less than n-1 edges && E is not empty ){
       choose a least cost edge (v,w) from E;
       delete (v,w) from E;
       if ((v,w) does not create a cycle in T)
           add (v,w) into T;
       else
           discard (v,w);
}
   if (T contains fewer than n-1 edges)
       printf ("No spanning tree\n");
```

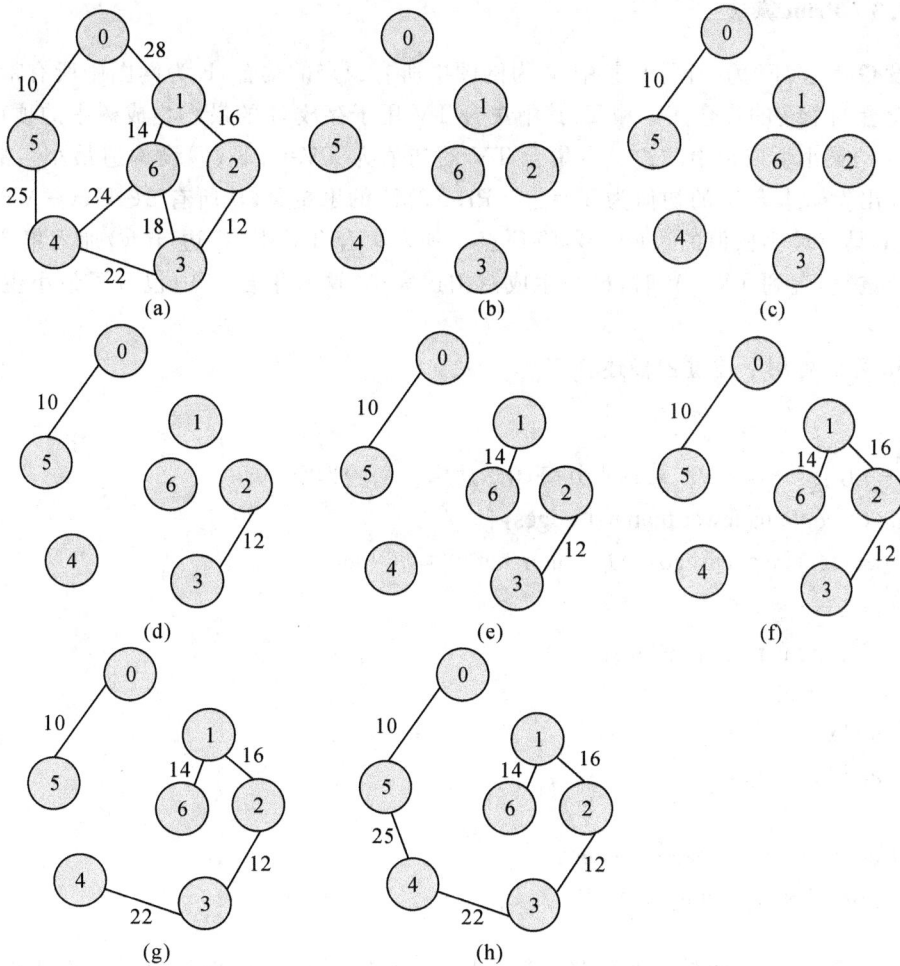

图 6-26   Kruskal 算法构造最小生成树的过程示意

表 6.1 Kruskal 算法构造最小生成树的步骤

边	权重	结果	图
— — — —	— — — —	初始	fig. (b)
(0,5)	10	添加到树	fig. (c)
(2,3)	12	添加	fig. (d)
(1,6)	14	添加	fig. (e)
(1,2)	16	添加	fig. (f)
(3,6)	18	丢弃	
(3,4)	22	添加	fig. (g)
(4,6)	24	丢弃	
(4,5)	25	添加	fig. (h)
(0,1)	28	不考虑	

6.5.3 Prim 算法

假设 $G=(V,E)$ 为一网图,其中 V 为网图中所有顶点的集合,E 为网图中所有带权边的集合。设置两个新的集合 TV 和 T,其中集合 TV 用于存放 G 的最小生成树中的顶点,集合 T 存放 G 的最小生成树中的边。令集合 TV 的初值为 TV={0}(假设构造最小生成树时,从顶点 0 出发),集合 T 的初值为 T={}。Prim 算法的思想是,从所有 $u \in U, v \in V-TV$ 的边中,选取具有最小权值的边 (u,v),将顶点 v 加入集合 TV 中,将边 (u,v) 加入集合 T 中,如此不断重复,直到 TV=V 时,最小生成树构造完毕,这时集合 T 中包含了最小生成树的所有边。

Prim 算法可用下述过程描述。

```
T={ };
TV = { 0 };          /* 从顶点 0 开始，边集合初始为空 */
while (T contains fewer than n-1 edges) {
    let (u,v) be a least cost edge such that u  ∈ TV and
    v ∉ TV;
    if (there is no such edges)
        break;
    add v into TV;
    add (u, v) into T;
}
if (T contains fewer than n-1 edges)
    printf("No spanning tree\n");
```

对于图 6-26(a)所示的一个网图,按照 Prim 方法,该网的最小生成树的构造过程如图 6-27 所示。

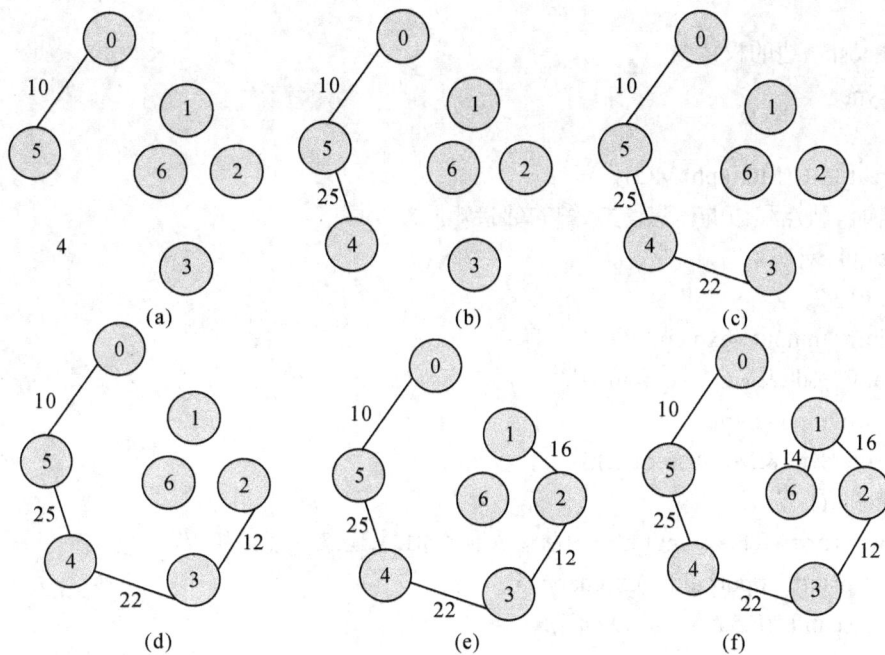

图 6-27 Prim 算法构造最小生成树的过程

6.5.4 最小生成树应用

最小生成树的概念可以应用到许多实际问题中。例如以尽可能低的总造价建造城市间的通讯网络,把十个城市联系在一起。在这十个城市中,任意两个城市之间都可以建造通讯线路,通讯线路的造价根据城市间的距离不同而有不同的造价,可以构造一个通讯线路造价网络,在网络中,每个顶点表示城市,顶点之间的边表示城市之间可构造通讯线路,每条边的权值表示该条通讯线路的造价,要想使总的造价最低,实际上就是寻找该网络的最小生成树。以此为应用背景,下面给出了该应用的实现代码,供读者参考。

```c
#include<stdio.h>
#define MAX_VERTEX_NUM 50          /*最大顶点个数*/
#define MAXEDGE 100/*图中最大边数*/
typedef struct{
    char vexs[MAX_VERTEX_NUM];/*顶点信息用字符表示*/
    int arcs[MAX_VERTEX_NUM][MAX_VERTEX_NUM];/*邻接矩阵*/
    int vexnum,arcnum;/*图的顶点数和边数*/
}MGraph;

typedef struct{
    int v1;/*边的始点*/
    int v2;/*边的终点*/
```

```
    int cost;/*边的权值*/
}EdgeType;

void Creat_MG(MGraph*MG){
    /*输入顶点和边的信息,建立图的邻接矩阵*/
    int i,j,k,w;
    int v1,v2;
    printf("\ninput vexnum:");
    scanf("%d",&MG->vexnum);
    printf("input arcnum:");
    scanf("%d",&MG->arcnum);
    getchar();
    for(i=1;i<=MG->vexnum;++i){/*输入顶点信息,建立顶点数组*/
        printf("input%dth vex(char):",i);
        scanf("%c",&MG->vexs[i]);
        getchar();
    }
    for(i=1;i<=MG->vexnum;++i)/*初始化邻接矩阵*/
        for(j=1;j<=MG->vexnum;++j)
            MG->arcs[i][j]=32767;
    for(k=1;k<=MG->arcnum;k++){/*输入边信息,建立邻接矩阵*/
        printf("input%dth arc v1(int)v2(int):",k);
        scanf("%d%d%d",&v1,&v2,&w);
        MG->arcs[v1][v2]=MG->arcs[v2][v1]=w;
    }
}

void Prim(MGraph G,int u)
{
    int i,j,k,m,v,min,max=10000;
    int d;
    EdgeType edges[MAXEDGE];
    for(j=1;j<=G.vexnum;j++)
    {
        if(j!=u){/*初始化edges数组*/
            edges[j].v1=u;
            edges[j].v2=j;
```

```
                    edges[j].cost=G.arcs[u][j];
            }
    }
    edges[u].cost=0;/*将u加入U*/
    for(i=1;i<G.vexnum;i++)
    {
        min=max;
        for(j=1;j<=G.vexnum;j++)/*在edges中找代价最小的边*/
        {
            if(edges[j].cost!=0&&edges[j].cost<min)
            {
                min=edges[j].cost;k=j;
            }
        }
        v=edges[k].v2;/*标记最短边的终点v*/
        printf("\n(%d->%d,%d)",edges[v].v1,edges[v].v2,edges[v].cost);
        edges[v].cost=0;/*将v加入U*/
        for(j=1;j<=G.vexnum;j++)/*调整edges数组*/
        {
            if(edges[j].cost!=0&&G.arcs[v][j]<edges[j].cost)
            {
                edges[j].v1=v;
                edges[j].cost=G.arcs[v][j];
            }
        }
    }
}

int main()
{
    MGraph MG;
    Creat_MG(&MG);
    Prim(MG,1);
    printf("\n");
}
```

读者看懂程序后,可以自己构造测试例子,并获得程序运行结果。

6.6　最短路径

最短路径问题是图的又一个比较典型的应用问题。例如,某一地区的一个公路网,给定了该网内的 n 个城市以及这些城市之间的相通公路的距离,能否找到城市 A 到城市 B 之间一条距离最近的通路呢? 如果将城市用点表示,城市间的公路用边表示,公路的长度作为边的权值,那么,这个问题就可归结为在网图中,求点 A 到点 B 的所有路径中,边的权值之和最短的那一条路径。这条路径就是两点之间的最短路径,并称路径上的第一个顶点为源点(Sourse),最后一个顶点为终点(Destination)。在非网图中,最短路径是指两点之间经历的边数最少的路径。

6.6.1　从某个源点到其他各顶点的最短路径

给定带权有向图 $G=(V,E)$ 和源点 $v \in V$,求从 v 到 G 中其余各顶点的最短路径。在下面的讨论中假设源点为 v0。

迪杰斯特拉(Dijkstra)提出一个按路径长度递增的次序产生最短路径的算法。该算法的基本思想是:设置两个顶点的集合 S 和 $T=V-S$,集合 S 中存放已找到最短路径的顶点,集合 T 存放当前还未找到最短路径的顶点。初始状态时,集合 S 中只包含源点 v0,然后不断从集合 T 中选取到顶点 v0 路径长度最短的顶点 u 加入到集合 S 中,集合 S 每加入一个新的顶点 u,都要修改顶点 v0 到集合 T 中剩余顶点的最短路径长度值,集合 T 中各顶点新的最短路径长度值为原来的最短路径长度值与顶点 u 的最短路径长度值加上 u 到该顶点的路径长度值中的较小值。此过程不断重复,直到集合 T 的顶点全部加入到 S 中为止。

根据上述分析,迪杰斯特拉(Dijkstra)算法步骤可以描述如下:

(1)假设用带权的邻接矩阵 edges 来表示带权有向图,edges[i][j]表示弧 $\langle vi,vj \rangle$ 上的权值。若 $\langle vi,vj \rangle$ 不存在,则置 edges[i][j]为∞(在计算机上可用允许的最大值代替),数组元素 D[i]表示顶点 vi 到顶点 v0 的最短距离,如果不可达则为∞。S 为已找到从 v0 出发的最短路径的终点的集合,它的初始状态为空集。那么,从 v0 出发到图上其余各顶点(终点)vi 可能达到最短路径长度的初值为:

$$D[i]=edges[LocateVex(G,v)][i] \quad vi \in V$$

(2)选择 vj,使得

$$D[j]=Min\{D[i]|vi \in V-S\}$$

vj 就是当前求得的一条从 v 出发的最短路径的终点。令

$$S=S \cup \{j\}$$

(3)修改从 v 出发到集合 V−S 上任一顶点 vk 可达的最短路径长度。如果

$$D[j]+edges[j][k]<D[k]$$

则修改 D[k]为

$$D[k]=D[j]+edges[j][k]$$

重复操作(2)、(3)共 n−1 次。由此求得从 v 到图上其余各顶点的最短路径是依路径长度递增的序列。

例如,图 6-28 给出了一个有向网图 G8。

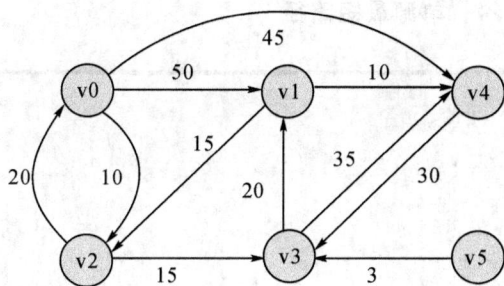

图 6-28　一个有向图 G8

右侧路径表：

路径			长度
1）v0	v2		10
2）v0	v2	v3	25
3）v0	v2	v3 v1	45
4）v0	v4		45

图 G8 邻接矩阵表示描述如下：

```c
#define MAX_VERTICES 6
int cost[ ][MAX_VERTICES} =
    {{   0,  50,  10,1000,  45,1000},
    {1000,   0,  15,1000,  10,1000},
    {  20,1000,   0,  15,1000,1000},
    {1000,  20,1000,   0,  35,1000},
    {1000,1000, 1000,  30,   0,1000},
    {1000,1000,1000,   3,1000,   0}};
int distance[MAX_VERTICES];
short int found[MAX_VERTICES];
int n = MAX_VERTICES;
```

若对 G8 施行 Dijkstra 算法,则所得从 v0 到其余各顶点的最短路径,以及运算过程中 D 向量的变化状况,如表 6.2 所示:

表 6.2　用 Dijkstra 算法构造单源点最短路径过程中各参数的变化示意

终点	从 v0 到各终点的 D 值和最短路径的求解过程				
	i=1	i=2	i=3	i=4	i=5
V1	50 （v0,v1）	50 （v0,v1）	45 （v0,v2,v3,v1）	45 （v0,v2,v3,v1）	
V2	10 （v0,v2）	————			
V3	∞	25 （v0,v2,v3）	————		
V4	45 （v0,v4）	45 （v0,v4）	45 （v0,v4）	————	
V5	∞	∞	∞	∞	∞
Vj	V2	V3	V4	V1	
S	{v0,v2}	{v0,v2,v3}	{v0,v2,v3,v4}	{v0,v2,v3,v4,v1}	

求解单源最短路径的过程如算法 6.4 所示。

175

算法 6.4 单源最短路径

```c
#define TRUE 1
#define FALSE 0
#define MAX_VERTICES 6
#define INT_MAX 1000
int cost[ ][MAX_VERTICES] =
{
    {   0,  50,  10,1000,  45,1000},
    {1000,   0,  15,1000,  10,1000},
    {  20,1000,   0,  15,1000,1000},
    {1000,  20,1000,   0,  35,1000},
    {1000,1000,  1000, 30,   0,1000},
    {1000,1000,1000,   3,1000,   0}
};
int distance[MAX_VERTICES];
short int found[MAX_VERTICES];
int n = MAX_VERTICES;
int choose(int distance[ ], int n, short int found[ ])
{
    int i,min,minpos;
    min = INT_MAX;
    minpos = -1;
    for (i=0; i<n; i++)
        if (distance[i] < min && !found [i]){
            min =distance[i];
            minpos = i;
        }
        return minpos;
}
void shortestpath (int v,int cost[ ][MAX_VERTICES],int distance[ ],int n,short int found[ ])

{
    int i,u,w;
    for (i = 0;   i < n; i++){
        found[ i ] = FALSE;
        distance [ i] = cost [v] [ i ];
```

```
    }
    found [v]= TRUE;
    distance[v] = 0;
    for (i=0; i<n-1; i++){
        u=choose(distance,n,found);
        found[ u ] = TRUE;
        for (w=0; w<n; w++)
            if ( !found[w])
                if (distance[u] +cost[u][w] <distance[w])
                    distance[w] = distance[u]+cost[u][w];
    }
}
```

下面分析一下算法 6.4 的时间复杂度。第一个 for 循环的时间复杂度是 O(n)，第二个 for 循环共进行 n-1 次，每次执行的时间是 O(n)。所以总的时间复杂度是 $O(n^2)$。如果用带权的邻接表作为有向图的存储结构，则虽然修改 distance 的时间可以减少，但由于在 distance 向量中选择最小的分量的时间不变，所以总的时间仍为 $O(n^2)$。

6.6.2 每一对顶点之间的最短路径

每次以一个顶点为源点，重复调用迪杰斯特拉算法 n 次。这样，便可求得每一对顶点的最短路径。总的执行时间为 $O(n^3)$。

这里介绍由弗洛伊德(Floyd)提出的另一个算法。这个算法的时间复杂度也是 $O(n^3)$，但形式上简单些。

弗洛伊德算法仍从图的带权邻接矩阵 cost 出发，其基本思想是：

假设求从顶点 vi 到 vj 的最短路径。如果从 vi 到 vj 有弧，则从 vi 到 vj 存在一条长度为 edges[i][j] 的路径，该路径不一定是最短路径，尚需进行 n 次试探。首先考虑路径(vi,v0,vj)是否存在(即判别弧(vi,v0)和(v0,vj)是否存在)。如果存在，则比较(vi,vj)和(vi,v0,vj)的路径长度，取长度较短者为从 vi 到 vj 的中间顶点的序号不大于 0 的最短路径。假如在路径上再增加一个顶点 v1，也就是说，如果(vi,…,v1)和(v1,…,vj)分别是当前找到的中间顶点的序号不大于 0 的最短路径，那么(vi,…,v1,…,vj)就有可能是从 vi 到 vj 的中间顶点的序号不大于 1 的最短路径。将它和已经得到的从 vi 到 vj 中间顶点序号不大于 0 的最短路径相比较，从中选出中间顶点的序号不大于 1 的最短路径之后，再增加一个顶点 v2，继续进行试探。依次类推。在一般情况下，若(vi,…,vk)和(vk,…,vj)分别是从 vi 到 vk 和从 vk 到 vj 的中间顶点的序号不大于 k-1 的最短路径，则将(vi,…,vk,…, vj)和已经得到的从 vi 到 vj 且中间顶点序号不大于 k-1 的最短路径相比较，其长度较短者便是从 vi 到 vj 的中间顶点的序号不大于 k 的最短路径。这样，在经过 n 次比较后，最后求得的必是从 vi 到 vj 的最短路径。

按此方法，可以同时求得各对顶点间的最短路径。

现定义一个 n 阶方阵序列。

$A^{(-1)}, A^{(0)}, A^{(1)}, \cdots, A^{(k)}, A^{(n-1)}$

其中

$A^{(-1)}[i][j] = edges[i][j]$

$A^{(k)}[i][j] = \text{Min}\{A^{(k-1)}[i][j], A^{(k-1)}[i][k] + A^{(k-1)}[k][j]\} \quad 0 \leqq k \leqq n-1$

从上述计算公式可见，$A^{(1)}[i][j]$是从 vi 到 vj 的中间顶点的序号不大于 1 的最短路径的长度；$A^{(k)}[i][j]$是从 vi 到 vj 的中间顶点的个数不大于 k 的最短路径的长度；$A^{(n-1)}[i][j]$就是从 vi 到 vj 的最短路径的长度。

综上所述，弗洛伊德算法的步骤可简单的总结如下：

1)初始时设置一个 n 阶方阵，令其对角线元素为 0，若存在弧<Vi，Vj>，则对应元素为权值；否则为∞

2)逐步试着在原直接路径中增加中间顶点，若加入中间点后路径变短，则修改之；否则，维持原值

3)所有顶点试探完毕，算法结束

图 6-29 给出了一个简单的有向网及其邻接矩阵。图 6-30 给出了用 Floyd 算法求该有向网中每对顶点之间的最短路径过程中，数组 D 和数组 P 的变化情况。

$$\begin{array}{c} \\ a \\ b \\ c \end{array} \begin{array}{c} \begin{array}{ccc} a & b & c \end{array} \\ \begin{bmatrix} 0 & 4 & 11 \\ 6 & 0 & 2 \\ 3 & \infty & 0 \end{bmatrix} \end{array}$$

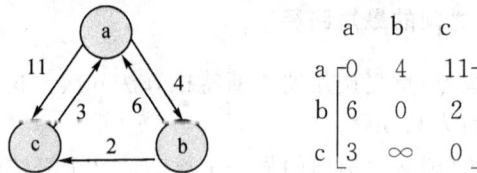

图 6-29　一个有向网图 G9 及其邻接矩阵

$$A^{(-1)} = \begin{bmatrix} 0 & 4 & 11 \\ 6 & 0 & 2 \\ 3 & \infty & 0 \end{bmatrix} \quad A^{(0)} = \begin{bmatrix} 0 & 4 & 11 \\ 6 & 0 & 2 \\ 3 & 7 & 0 \end{bmatrix} \quad A^{(1)} = \begin{bmatrix} 0 & 4 & 6 \\ 6 & 0 & 2 \\ 3 & 7 & 0 \end{bmatrix} \quad A^{(2)} = \begin{bmatrix} 0 & 4 & 6 \\ 5 & 0 & 2 \\ 3 & 7 & 0 \end{bmatrix}$$

$$A^{(-1)} = \begin{bmatrix} & ab & ac \\ ba & & bc \\ ca & & \end{bmatrix} \quad A^{(0)} = \begin{bmatrix} & ab & ac \\ ba & & bc \\ ca & cab & \end{bmatrix} \quad A^{(1)} = \begin{bmatrix} & ab & abc \\ ba & & bc \\ ca & cab & \end{bmatrix} \quad A^{(2)} = \begin{bmatrix} & ab & abc \\ bca & & bc \\ ca & cab & \end{bmatrix}$$

图 6-30　Floyd 算法执行时数组 D 和 P 取值的变化

求解每一对顶点之间的最短路径的过程如算法 6.5 所示。

算法 6.5　每一对顶点之间的最短路径

```
void allcosts (int cost[ ][MAX_VERTICES],int distance[ ]
[MAX_VERTICES],int n)
{
/* determine the distances from each vertex to every other
vertex,cost is the adjacency matrix,distance is the matrix of
distance */
    int i,j,k;
    for (i = 0; i < n; i++)
      for (j =0;  j <n; j++)
        distance[i][j]=cost[i][j];
    for (k = 0;  k < n; k++)
      for( i = 0;  i < n; i++)
        for(j = 0;  j < n; j++)
          if (distance[i][k] +distance[k][j] <distance[i][j])
            distance[i][j] = distance[i][k]+distance[k][j];
}
```

6.7　有向无环图及其应用

6.7.1　基本概念

一个无环的有向图称作有向无环图(directed acycline graph)。简称 DAG 图。DAG 图是一类较有向树更一般的特殊有向图,图 6-31 给出了有向树、DAG 图和有向图的例子。

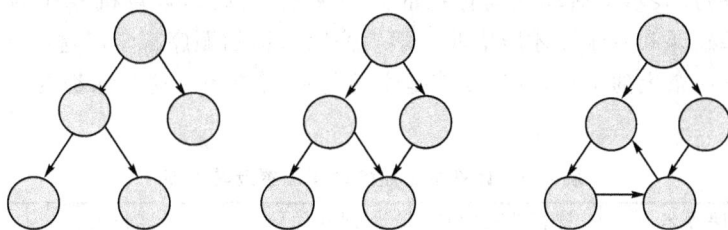

图 6-31　有向树、DAG 图和有向图

有向无环图是描述含有公共子式的表达式的有效工具。例如下述表达式:

$$((a+b)*(b*(c+d)+(c+d)*e)*((c+d)*e)$$

可以用二叉树表示,如图 6-32 所示。仔细观察该表达式,可发现有一些相同的子表达式,如(c+d)和(c+d)*e 等,在二叉树中,它们也重复出现。若利用有向无环图,则可实现对相同子式的共享,从而节省存储空间。例如图 6-33 所示为表示同一表达式的有向无环图。

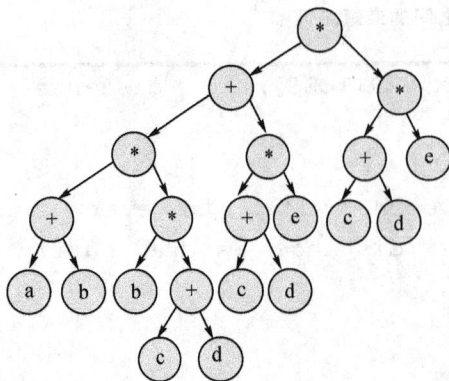

图 6-32　用二叉树描述表达式　　　　图 6-33　描述表达式的有向无环图

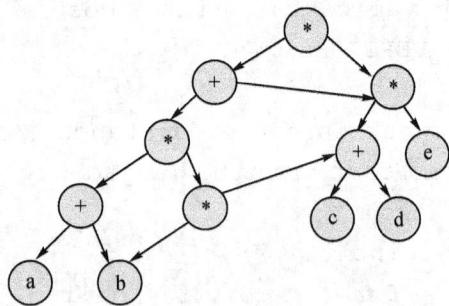

有向无环图是描述一项工程或系统的进行过程的有效工具。除最简单的情况之外，几乎所有的工程（project）都可分为若干个称作活动（activity）的子工程，而这些子工程之间，通常受着一定条件的约束，如其中某些子工程的开始必须在另一些子工程完成之后。对整个工程和系统，人们关心的是两个方面的问题：一是工程能否顺利进行；二是估算整个工程完成所必需的最短时间。以下两小节将详细介绍这样两个问题是如何通过对有向图进行拓扑排序和关键路径操作来解决的。

6.7.2　AOV 网和拓扑排序

所有的工程或者某种流程可以分为若干个小的工程或阶段，这些小的工程或阶段就称为活动。若以图中的顶点来表示活动，有向边表示活动之间的优先关系，则这样活动在顶点上的有向图称为 AOV 网。在 AOV 网中，若从顶点 i 到顶点 j 之间存在一条有向路径，称顶点 i 是顶点 j 的前驱，或者称顶点 j 是顶点 i 的后继。若<i,j>是图中的弧，则称顶点 i 是顶点 j 的直接前驱，顶点 j 是顶点 i 的直接后续。

AOV 网中的弧表示了活动之间存在的制约关系。例如，计算机专业的学生必须完成一系列规定的基础课和专业课才能毕业。学生按照怎样的顺序来学习这些课程呢？这个问题可以被看成是一个大的工程，其活动就是学习每一门课程。这些课程的名称与相应代号如表 6.3 所示。

表 6.3　计算机专业的课程设置及其关系

课程代号	课程名	先行课程代号	课程代号	课程名	先行课程代号
C1	程序设计导论	无	C8	算法分析	C3
C2	数值分析	C1,C13	C9	高级语言	C3,C4
C3	数据结构	C1,C13	C10	编译系统	C9
C4	汇编语言	C1,C12	C11	操作系统	C10
C5	自动机理论	C13	C12	解析几何	无
C6	人工智能	C3	C13	微积分	C12
C7	机器原理	C3,C9,C4			

表中，C1、C12 是独立于其他课程的基础课，而有的课却需要有先行课程，比如，学完程序设计导论和数值分析后才能学数据结构，先行条件规定了课程之间的优先关系。这种优

先关系可以用图 6-34 所示的有向图来表示。其中,顶点表示课程,有向边表示前提条件。若课程 i 为课程 j 的先行课,则必然存在有向边〈i,j〉。在安排学习顺序时,必须保证在学习某门课之前,已经学习了其先行课程。

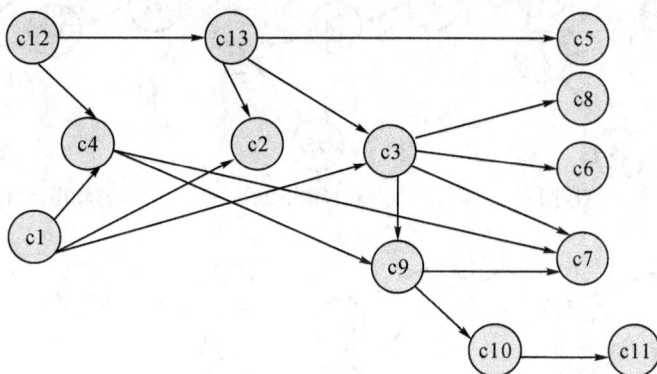

图 6-34　一个 AOV 网实例

AOV 网所代表的一项工程中活动的集合显然是一个偏序集合。为了保证该项工程得以顺利完成,必须保证 AOV 网中不出现回路;否则,意味着某项活动应以自身作为能否开展的先决条件,这是荒谬的。

测试 AOV 网是否具有回路(即是否是一个有向无环图)的方法,就是在 AOV 网的偏序集合下构造一个线性序列,该线性序列具有以下性质:

① 在 AOV 网中,若顶点 i 优先于顶点 j,则在线性序列中顶点 i 仍然优先于顶点 j;

② 对于网中原来没有优先关系的顶点与顶点,如图 6-34 中的 C1 与 C13,在线性序列中也建立一个先后关系,或者顶点 i 优先于顶点 j,或者顶点 j 优先于 i。

满足这样性质的线性序列称为拓扑有序序列。构造拓扑序列的过程称为拓扑排序。也可以说拓扑排序就是由某个集合上的一个偏序得到该集合上的一个全序的操作。

若某个 AOV 网中所有顶点都在它的拓扑序列中,则说明该 AOV 网不会存在回路,这时的拓扑序列集合是 AOV 网中所有活动的一个全序集合。以图 6-34 中的 AOV 网例,可以得到不止一个拓扑序列,C1、C12、C4、C13、C5、C2、C3、C9、C7、C10、C11、C6、C8 就是其中之一。显然,对于任何一项工程中各个活动的安排,必须按拓扑有序序列中的顺序进行才是可行的。

对 AOV 网进行拓扑排序的方法和步骤是:

① 从 AOV 网中选择一个没有前驱的顶点(该顶点的入度为 0)并且输出它;

② 从网中删去该顶点,并且删去从该顶点发出的全部有向边;

③ 重复上述两步,直到剩余的网中不再存在没有前驱的顶点为止。

这样操作的结果有两种:一种是网中全部顶点都被输出,这说明网中不存在有向回路;另一种就是网中顶点未被全部输出,剩余的顶点均有前驱顶点,这说明网中存在有向回路。

图 6-35 给出了在一个 AOV 网上实施上述步骤的例子。

这样得到一个拓扑序列:v2,v5,v1,v4,v3,v7,v6。

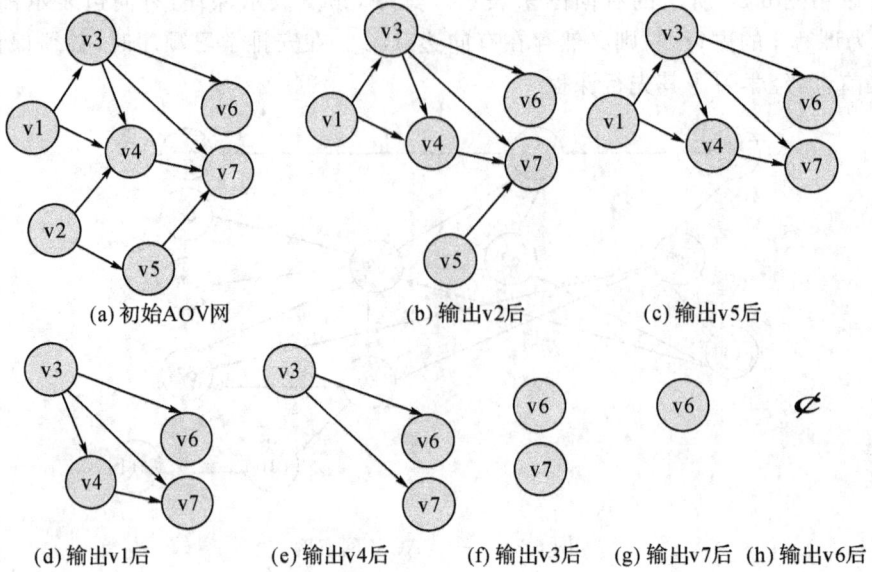

(a) 初始AOV网　　　　　　(b) 输出v2后　　　　　　(c) 输出v5后

(d) 输出v1后　　　　　(e) 输出v4后　　　(f) 输出v3后　　(g) 输出v7后　(h) 输出v6后

图 6-35　拓扑序列求解过程

6.7.3　AOV 网应用及实现

假定表 6.3 表示某高校计算机专业的培养计划,请编程实现判断该计划是否合理、可行。解决该问题的代码如下所示:

```c
#include <stdio.h>
#include <stdlib.h>

#define MAX_VERTEX_NUM 20
typedef struct ArcNode{
int adjvex;
struct ArcNode*nextarc;
}ArcNode,*ArcPtr;

typedef struct vexnode{
char vexdata;
int id;
ArcPtr firstarc;
}vexnode;

typedef struct{
vexnode vertices[MAX_VERTEX_NUM];
int vexnum,arcnum;
```

```
}ALGraph;

int visited[MAX_VERTEX_NUM];

void create_DG(ALGraph*DG)
{
    /*输入顶点的vexdata信息，建立有向图的邻接表DG*/
    ArcPtr p;
    int i,j,k;
    int v1,v2;
    printf("\ninput vexnum:");
    scanf("%d",&DG->vexnum);
    printf("input arcnum:");
    scanf("%d",&DG->arcnum);getchar();
    for(i=1;i<=DG->vexnum;++i){
        printf("input%dth vex(char):",i);
        scanf("%c",&DG->vertices[i].vexdata);
        getchar();
            DG->vertices[i].id=0;
        DG->vertices[i].firstarc=NULL;
    }
    for(k=1;k<=DG->arcnum;k++){
        printf("input%dth arc v1(int)v2(int):",k);
        scanf("%d%d",&i,&j);
        p=(ArcPtr)malloc(sizeof(ArcNode));
        p->adjvex=j;
        p->nextarc=DG->vertices[i].firstarc;
        DG->vertices[i].firstarc=p;
        DG->vertices[j].id++;
    }
}

void sort(ALGraph DG)
{/*有向图的拓扑排序*/
        int s[20];
        int i,j;
        int top=0;
        ArcPtr p;
```

```
    for(i=1;i<=DG.vexnum;i++)
        if(!DG.vertices[i].id)
        {
            top++;
            s[top]=i;
        }

        while(top)
        {
            i=s[top--];
            printf("%3c",DG.vertices[i].vexdata);
            for(p=DG.vertices[i].firstarc;p;p=p->nextarc)
            {
                j=p->adjvex;
                DG.vertices[j].id--;
                if(!DG.vertices[j].id){top++;s[top]=j;}
            }
        }
}

void main()
{
    ALGraph DG;
    int j;
    create_DG(&DG);
    printf("\n");
    for(j=1;j<=DG.vexnum;j++)visited[j]=0;
    sort(DG);
}
```

读者可以在读懂代码后,自己构造测试例子,并检测实验结果。

6.7.4 AOE 网和关键路径

若在带权的有向图中,以顶点表示事件,以有向边表示活动,边上的权表示完成这一活动所需的时间,称这种用边表示活动的有向带权无环图为 AOE 网。

如果用 AOE 网来表示一项工程,那么,仅仅考虑各个子工程之间的优先关系还不够,更多的是关心整个工程完成的最短时间是多少;哪些活动的延期将会影响整个工程的进度,而加速这些活动是否会提高整个工程的效率。因此,通常在 AOE 网中列出完成预定工程计划所需要进行的活动,每个活动计划完成的时间,要发生哪些事件以及这些事件与活动之间的关系,从而可以确定该项工程是否可行,估算工程完成的时间以及确定哪些活动是影响工程进度的关键。通常,AOE 网可以用来估算工程的完成时间。在 AOE 网中,一个弧上的两个顶点分别表示,弧头顶点代表活动均已完成,弧尾顶点代表活动可以开始的状态。

AOE 网具有以下两个性质:

① 只有在某顶点所代表的事件发生后,从该顶点出发的各有向边所代表的活动才能开始。

② 只有在进入一某顶点的各有向边所代表的活动都已经结束,该顶点所代表的事件才能发生。

图 6-36 给出了一个具有 13 个活动、9 个事件的假想工程的 AOE 网。$v_1,v_2,\cdots v_9$ 分别表示一个事件;<1,2>,<1,3>,…,<8,9> 分别表示一个活动;用 $a_1,a_2,\cdots,a_{13}$ 代表这些活动。其中,v_1 称为源点,是整个工程的开始点,其入度为 0;v_9 为终点,是整个工程的结束点,其出度为 0。具体解释如下:

v_1——表示工程开始

v_2——表示活动 a_1 完成

v_3——表示活动 a_2 完成

v_4——表示活动 a_3 和 a_4 完成

v_5——表示活动 a_5 和 a_6 完成

v_6——表示活动 a_7 完成

v_7——表示活动 a_8 和 a_9 完成

v_8——表示活动 a_{10} 完成

v_9——表示 a_{11},a_{12} 和 a_{13} 完成。此时表示整个工程完成。

假设边上的权表示完成该活动所需的时间,所以边 a_1 的权 5,表示活动需要 5 天。

对于 AOE 网,可采用与 AOV 网一样的邻接表存储方式。其中,邻接表中边结点的域为该边的权值,即该有向边代表的活动所持续的时间。

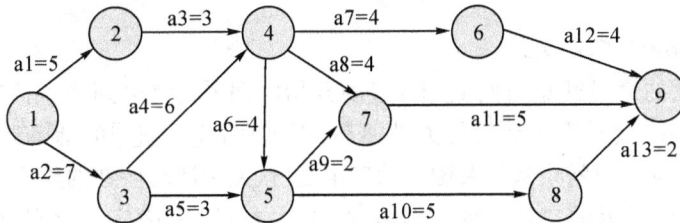

图 6-36 一个 AOE 网实例

由于 AOE 网中的某些活动能够同时进行,故完成整个工程所必须花费的时间应该为源点到终点的最大路径长度(这里的路径长度是指该路径上的各个活动所需时间之和)。具有最大路径长度的路径称为关键路径。关键路径上的活动称为关键活动。关键路径长度是整个工程所需的最短工期。这就是说,要缩短整个工期,必须加快关键活动的进度。

利用 AOE 网进行工程管理时要需解决的主要问题是:

①计算完成整个工程的最短路径。

②确定关键路径,以找出哪些活动是影响工程进度的关键。

为了在 AOE 网中找出关键路径,这里定义了几个参量,并且给出相应的计算方法。

(1)事件的最早发生时间 ve[k]

ve[k]是指从源点到顶点 vk 的最大路径长度代表的时间。这个时间决定了所有从顶点 vk 发出的有向边所代表的活动能够开工的最早时间。根据 AOE 网的性质,只有进入 vk 的所有活动<vj,vk>都结束时,vk 代表的事件才能发生;而活动<vj,vk>的最早结束时间为 ve[j]+dut(<vj,vk>)。所以计算 vk 发生的最早时间的方法如下:

$$\begin{cases} ve[1]=0 \\ ve[k]=\max\{ve[j]+dut(vj,vk)\} \quad <vj,vk>\in p[k] \end{cases}$$

其中,p[k]表示所有到达 vk 的有向边的集合;dut(<vj,vk>)为有向边<vj,vk>上的权值。

(2)事件的最迟发生时间 vl[k]

vl[k]是指在不推迟整个工期的前提下,事件 vk 允许的最晚发生时间。设有向边<vk,vj>代表从 vk 出发的活动,为了不拖延整个工期,vk 发生的最迟时间必须保证不推迟从事件 vk 出发的所有活动<vk,vj>的终点 vj 的最迟时间 vl[j]。vl[k]的计算方法如下:

$$\begin{cases} vl[n]=ve[n] \\ vl[k]=\min\{vl[j]-dut(vk,vj)\} \quad <vk,vj>\in s[k] \end{cases}$$

其中,s[k]为所有从 vk 发出的有向边的集合。

(3)活动 ai 的最早开始时间 e[i]

若活动 ai 是由弧<vk,vj>表示,根据 AOE 网的性质,只有事件 vk 发生了,活动 ai 才能开始。也就是说,活动 ai 的最早开始时间应等于事件 vk 的最早发生时间。因此,有:

e[i]=ve[k]

(4)活动 ai 的最晚开始时间 l[i]

活动 ai 的最晚开始时间指,在不推迟整个工程完成日期的前提下,必须开始的最晚时间。若由弧<vk,vj>表示,则 ai 的最晚开始时间要保证事件 vj 的最迟发生时间不拖后。因此,应该有:

l[i]=vl[j]-dut(<vk,vj>)

根据每个活动的最早开始时间 e[i]和最晚开始时间 l[i]就可判定该活动是否为关键活动,也就是那些 l[i]=e[i]的活动就是关键活动,而那些 l[i]>e[i]的活动则不是关键活动,l[i]-e[i]的值为活动的时间余量。关键活动确定之后,关键活动所在的路径就是关键路径。

下面以图 6-36 所示的 AOE 网为例,求出上述参量,来确定该网的关键活动和关键路径。

首先,按照公式求事件的最早发生时间 ve[k]。

$ve(1)=0$

$ve(2)=5$

$ve(3)=7$

$ve(4)=\max\{ve(2)+3,ve(3)+6\}=13$

$ve(5)=\max\{ve(3)+3,ve(4)+4\}=17$

$ve(6)=ve(4)+4=17$

$ve(7)=\max\{ve(4)+4,ve(5)+2\}=19$

$ve(8)=ve(5)+5=22$

$ve(9)=max\{ve(6)+4,ve(7)+5,ve(8)+2\}=24$

其次,按照公式求事件的最迟发生时间 vl[k]。

$vl(9)=vl(9)=24$

$vl(8)=vl(9)-2=22$

$vl(7)=vl(9)-5=19$

$vl(6)=vl(9)-4=20$

$vl(5)=min(vl(7)-2,vl(8)-5)=17$

$vl(4)=min\{vl(6)-4,vl(7)-4,vl(5)-4\}=13$

$vl(3)=min\{vl(5)-3,vl(4)-6\}=7$

$vl(2)=vl(4)-3=10$

$vl(1)=min\{vl(2)-5,vl(3)-7\}=0$

再按照公式求活动 ai 的最早开始时间 e[i]和最晚开始时间 l[i]。

活动 a1	$e(1)=ve(1)=0$	$l(1)=vl(2)-5=5$
活动 a2	$e(2)=ve(1)=0$	$l(2)=vl(3)-7=0$
活动 a3	$e(3)=ve(2)=5$	$l(3)=vl(4)-3=10$
活动 a4	$e(4)=ve(3)=7$	$l(4)=vl(4)-6=7$
活动 a5	$e(5)=ve(3)=7$	$l(5)=vl(5)-3=14$
活动 a6	$e(6)=ve(4)=13$	$l(6)=vl(5)-4=13$
活动 a7	$e(7)=ve(4)=13$	$l(7)=vl(6)-4=16$
活动 a8	$e(8)=ve(4)=13$	$l(8)=vl(7)-4=15$
活动 a9	$e(9)=ve(5)=17$	$l(9)=vl(7)-2=17$
活动 a10	$e(10)=ve(5)=17$	$l(10)=vl(8)-5=17$
活动 a11	$e(11)=ve(7)=19$	$l(11)=vl(9)-5=19$
活动 a12	$e(12)=ve(6)=17$	$l(12)=vl(9)-4=20$
活动 a13	$e(13)=ve(8)=22$	$l(13)=vl(9)-2=22$

最后,比较 e[i]和 l[i]的值可判断出 a2,a4,a6,a9,a10,a11,a13 是关键活动,两条关键路径(1—>3—>4—>5—>8—>9)和(1—>3—>4—>5—>7—>9)如图 6-37 所示。

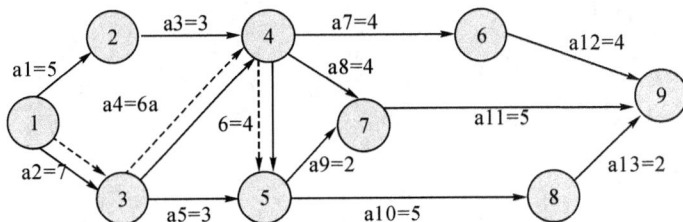

图 6-37   图 6-36AOE 网中的两条关键路径

由上述方法得到求关键路径的算法步骤为:

(1)输入 e 条弧<j,k>,建立 AOE—网的存储结构;

(2)从源点 v₀ 出发,令 ve[0]=0,按拓扑有序求其余各顶点的最早发生时间 ve[i]($1 \leqslant i$

≤n−1)。如果得到的拓扑有序序列中顶点个数小于网中顶点数 n,则说明网中存在环,不能求关键路径,算法终止;否则执行步骤(3)。

(3)从汇点 v_n 出发,令 vl[n−1]=ve[n−1],按逆拓扑有序求其余各顶点的最迟发生时间 vl[i](n−2≥i≥2);

(4)根据各顶点的 ve 和 vl 值,求每条弧 s 的最早开始时间 e(s)和最迟开始时间 1(s)。若某条弧满足条件 e(s)=l(s),则为关键活动。

6.7.5 关键路径应用和实现

关键路径的应用非常广泛,下面给出了一般问题的求解步骤:

1)以某一工程为蓝本,采用图的结构表示实际的工程计划的时间。

2)调查以分析和预测这个工程计划个阶段的时间。

3)用调查的结果建立 AOE 网,并用图的形式表示。

4)用图来存储这些信息。

5)用 CreateGraphic();函数建立 AOE 图。

6)用 SearchMapPath();函数求出最大路径,并打印出关键路径。

7)编写代码

8)测试

下面给出了关键路径求解问题的参考代码。

```c
#include<stdio.h>
#include<stdlib.h>
#include<iomanip.h>
#include <process.h>
typedef struct node
{
    int adjvex;
    int dut;
    struct node *next;
}edgenode;

typedef struct
{
    int   projectname;
    int   id;
    edgenode *link;
}vexnode;

void CreateGraphic(vexnode* Graphicmap,int projectnumber,int activenumber)
{
```

```
        int begin,end,duttem;
        edgenode *p;
        for(int i=0;i<projectnumber;i++)
        {
                Graphicmap[i].projectname=i;
                Graphicmap[i].id =0;
                Graphicmap[i].link =NULL;
        }
        printf("某项目的开始到结束在图中的节点输入<vi,vj,dut>\n");
        printf("如：3,4,9 回车表示第三节点到第四节点之间的活动用了9个单位时间\n");
        for(int k=0;k<activenumber;k++)
        {
            scanf("%d,%d,%d",&begin,&end,&duttem);
            p=(edgenode*)malloc(sizeof(edgenode));
            p->adjvex =end-1;
            p->dut =duttem;
            Graphicmap[end-1].id ++;
            p->next =Graphicmap[begin-1].link ;
            Graphicmap[begin-1].link =p;
        }
}

int SearchMapPath(vexnode* Graphicmap,int projectnumber,int activenumber,int& totaltime)
{
    int i,j,k,m=0;
    int front=-1,rear=-1;
    int* topologystack=(int*)malloc(projectnumber*sizeof(int));//用来保存拓扑排列
    int* vl=(int*)malloc(projectnumber*sizeof(int));//用来表示在不推迟整个工程的前提下，VJ
                                    //允许最迟发生的时间
    int* ve=(int*)malloc(projectnumber*sizeof(int));//用来表示Vj最早发生时间
    int* l=(int*)malloc(activenumber*sizeof(int));//用来表示活动Ai最迟完成开始时间
    int* e=(int*)malloc(activenumber*sizeof(int));//表示活动最早开始时间
    edgenode *p;
    totaltime=0;
    for(i=0;i<projectnumber;i++) ve[i]=0;
    for(i=0;i<projectnumber;i++)
    {
        if(Graphicmap[i].id==0)
        {
```

```
            topologystack[++rear]=i;
            m++;
        }
}

while(front!=rear)
{
    front++;
    j=topologystack[front];
    m++;
    p=Graphicmap[j].link ;
    while(p)
    {
            k=p->adjvex ;
            Graphicmap[k].id --;
             if(ve[j]+p->dut >ve[k])
                        ve[k]=ve[j]+p->dut ;
             if(Graphicmap[k].id ==0)
                        topologystack[++rear]=k;
             p=p->next ;
    }
}
if(m<projectnumber)
{
    printf("\n本程序所建立的图有回路不可计算出关键路径\n");
    printf("将退出本程序\n");
    return 0;
}
totaltime=ve[projectnumber-1];
for(i=0;i<projectnumber;i++)
    vl[i]=totaltime;
for(i=projectnumber-2;i>=0;i--)
{
    j=topologystack[i];

    p=Graphicmap[j].link ;
    while(p)
    {
        k=p->adjvex ;
        if((vl[k]-p->dut )<vl[j])
```

```
                    vl[j]=vl[k]-p->dut ;
             p=p->next ;
          }
      }
   i=0;
   printf("|起点|终点|最早开始时间|最迟完成时间|差值|备注|\n");

   for(j=0;j<projectnumber;j++)
   {
       p=Graphicmap[j].link;
       while(p)
       {
            k=p->adjvex ;
             e[++i]=ve[j];
             l[i]=vl[k]-p->dut;
             printf("| %4d | %4d | %4d | %4d | %4d |", Graphicmap[j].projectname +1,
       Graphicmap[k].projectname +1,e[i],l[i],l[i]-e[i]);
             if(l[i]==e[i])
                      printf("   关键活动    |");
             printf("\n");
             p=p->next ;
       }
   }
   return 1;
}

void seekkeyroot()
{
    int projectnumber,activenumber,totaltime=0;
    system("cls");
    printf("请输入这个工程的化成图形的节点数:");
    scanf("%d",&projectnumber);
    printf("请输入这个工程的活动个数:");
    scanf("%d",&activenumber);
    vexnode* Graphicmap=(vexnode*)malloc(projectnumber*sizeof(vexnode));
    CreateGraphic(Graphicmap,projectnumber,activenumber);
    SearchMapPath(Graphicmap,projectnumber,activenumber,totaltime);
    printf("整个工程所用的最短时间为：%d个单位时间\n",totaltime);
    system("pause");
```

```
}

int main()
{
    char ch;
    for(;;)
    {
        do
        {
            system("cls");
            printf("|                    欢迎进入求关键路径算法程序            |");
             for(int i=0;i<80;i++)printf("*");
            printf("%s","(S)tart开始输入工程的节点数据并求出关键路径\n");
            printf("%s","(E)xit退出\n");
            printf("%s","请输入选择:");
            scanf("%c",&ch);
            ch=toupper(ch);
        }while(ch!='S'&&ch!='E');
        switch(ch)
        {
            case'S':
                seekkeyroot();
                break;
            case'E':
                return 1;
        }
    }
}
```

习　　题

1. 对于如图 1 所示的有向图,试求
(1) 每个顶点的入度和出度;
(2) 邻接矩阵;
(3) 邻接表;
(4) 逆邻接表;
(5) 强连通分量。
2. 设无向图 G 如图 2 所示,试求
(1) 该图的邻接矩阵;

（2）该图的邻接表；

（3）从 V0 出发的"深度优先"遍历序列；

（4）从 V0 出发的"广度优先"遍历序列。

3．设有向图 G 如图 3 所示，请画出图 G 的邻接矩阵，邻接表和逆邻接表，并写出图 G 的两个拓扑序列。

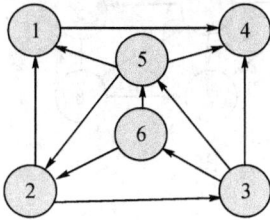

图 1

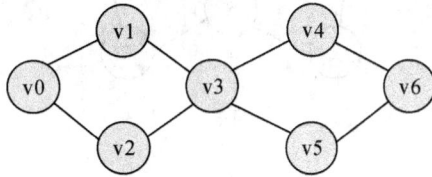

图 2

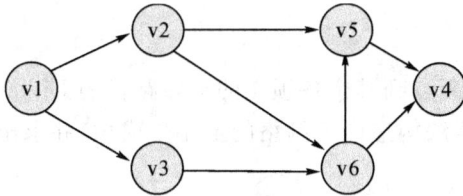

图 3

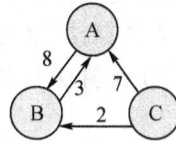

图 4

4．试利用弗洛伊德（R. W. Floyed）算法，求图 4 所示有向图的各对顶点之间的最短路径，并写出在执行算法过程中，所得的最短路径长度矩阵序列和最短路径矩阵序列。

5．下表列出了某工序之间的优先关系和各工序所需时间，求：

工序代号	所需时间	前序工序	工序代号	所需时间	前序工序
A	15	无	H	15	G,I
B	10	无	I	120	E
C	50	A	J	60	I
D	8	B	K	15	F,I
E	15	C,D	L	30	H,J,K
F	40	B	M	20	L
G	300	E			

（1）画出 AOE 网；

（2）列出各事件中的最早、最迟发生时间；

（3）找出该 AOE 网中的关键路径，并回答完成该工程需要的最短时间。

6．对于下图 5 和图 6，按下列条件试分别写出从顶点 v_0 出发按深度优先搜索遍历得到的顶点序列和按广度优先搜索遍历得到的顶点序列。

（1）假定它们均采用邻接矩阵表示；

（2）假定它们均采用邻接表表示，并且假定每个顶点邻接表中的结点是按顶点序号从大到小的次序链接的。

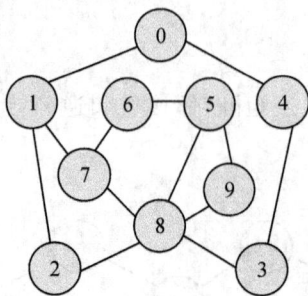

图 5

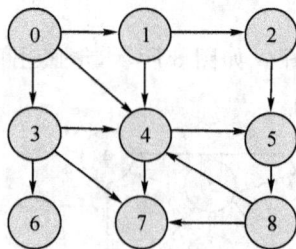

图 6

7. 试写一个算法，判别以邻接表方式存储的有向图中是否存在由顶点 vi 到顶点 vj 的路径(i≠j)。假设分别基于下述策略：

（1）图的深度优先搜索；

（2）图的宽度优先搜索。

8. 以邻接表作存储结构实现求从源点到其余各顶点的最短路径的 Dijkstra 算法。

9. 分别用 Prim 算法和 Kruskal 算法构造图 7 网络的最小生成树，并求出该树的代价。

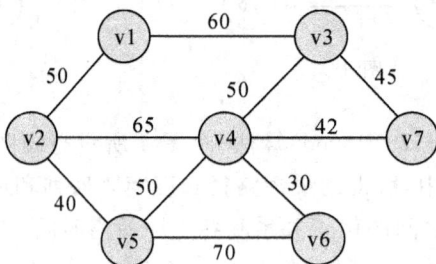

图 7

10. 设计一个算法，求解无向图 G 的连通分量的个数，并判定该图的连通性。

第七章　查　　找

在英汉字典中查找某个英文单词的中文解释；在新华字典中查找某个汉字的读音、含义；在对数表、平方根表中查找某个数的对数、平方根；邮递员送信件要按收件人的地址确定位置等等。可以说查找是对数据进行操作或处理时经常使用的操作。

随着计算机网络的发展，信息查询变得更加快捷、方便和准确。要从计算机、计算机网络中查找特定的信息，需要在计算机中存储包含该特定信息的表。如要从计算机中查找英文单词的中文解释，就需要存储类似英汉字典这样的信息表，以及对该表进行的查找操作。

查找是许多程序中最消耗时间的一部分。因而，查找算法的优劣对计算机应用系统的效率影响很大。

7.1　查找的基本概念

以表 7.1 的学生成绩表为例，来讨论计算机中表的概念。

表 7.1　学生成绩表

学　号	姓　名	英语	数据结构	C 语言	总分
20080983	张三	89	88	86	263
20080984	李四	72	90	86	248
20080985	王五	85	78	82	245

（1）查找表

查找表是由具有同一类型（属性）的数据元素（记录）组成的集合。对查找表经常进行的操作有：①查询某个"特定的"数据元素是否在查找表中；②检索某个"特定的"数据元素的各种属性；③在查找表中插入一个数据元素；④从查找表中删去某个数据元素。根据操作的不同，查找表可分为静态查找表和动态查找表两类。

静态查找表：仅对查找表进行查找操作，而不能改变的表；

动态查找表：对查找表除进行查找操作外，可能还要进行向表中插入数据元素，或删除表中存在的数据元素的表。

（2）数据元素（记录）

数据元素是由若干项、组合项构成的数据单位。数据元素有型和值之分，表中项名的集合，也即表头部分就是数据元素的类型；而一个学生对应的一行数据就是一个数据元素的值，如（20080983，张三，89，88，86，263），也称为一个记录。表中全体学生即为数据元素的集合。

（3）关键字

关键字是数据元素（记录）中某个项或组合项的值，用它可以标识一个数据元素（记录）。

能唯一确定一个数据元素(记录)的关键字,称为主关键字;而不能唯一确定一个数据元素(记录)的关键字,称为次关键字。表中"学号"即可看成主关键字,"姓名"则应视为次关键字,因为可能有同名同姓的学生。

(4)查找

按给定的某个值 searchnum,在查找表中查找关键字为给定值 searchnum 的数据元素(记录)。当关键字是主关键字时,由于主关键字唯一,所以查找结果也是唯一的,一旦找到,查找成功,结束查找过程,并给出找到的数据元素(记录)的信息,或指示该数据元素(记录)的位置。要是整个表检测完,还没有找到,则查找失败,此时,查找结果应给出一个"空"记录或"空"指针。而当关键字是次关键字时,则需要查遍表中所有数据元素(记录),或在可以肯定查找失败时,才能结束查找过程。

例如,某个学期某个班的成绩以表 7.1 所示的结构存储在计算机中,表中每一行为一个记录,学生的学号为记录的主关键字。假设给定学号为 20080985,则通过查找可以得到学生王五的各科成绩和总分,此时查找成功;若给定学号为 20080990,则由于表中没有学号为 20080990 的记录,则查找不成功。至于上述查找过程如何实现,这依赖于数据元素在表结构中所处的地位,同样,在计算机中进行查找的方法也随数据结构不同而不同。

(5)查找效率

分析查找算法的效率,通常用平均查找长度 ASL 来衡量。在查找成功时,平均查找长度 ASL 是指为确定数据元素在表中的位置所进行的关键字比较次数的期望值。

对一个含 n 个数据元素的表,查找成功时 $ASL = \sum_{i=1}^{n} P_i C_i$,其中:$P_i$ 为表中第 i 个数据元素的查找概率,$\sum_{i=1}^{n} P_i = 1$,C_i 为成功定位与给定值 kx 相等的表中第 i 个数据元素的关键字时比较的次数。

7.2 静态查找表

静态查找表是数据元素的线性表,可以是基于数组的顺序存储或以线性链表存储。静态查找表主要有顺序表、有序顺序表和索引顺序表三种。

7.2.1 顺序表的查找

顺序查找又称线性查找,是最基本的查找方法之一。其查找方法为:从表的一端开始,向另一端逐个按给定值 searchnum 与关键字进行比较,若找到,查找成功,并给出数据元素在表中的位置;若整个表检测完,仍未找到与 searchnum 相同的关键字,则查找失败,给出失败信息。顺序表的查找过程如算法 7.1 所示。

分析上述算法,对于 n 个数据元素的表,给定值 searchnum 与表中第 i 个元素关键字相等,即定位第 i 个记录时,需进行 $n-i+1$ 次比较,即 $C_i = n-i+1$。则查找成功时,顺序查找的平均查找长度为:$ASL = \sum_{i=1}^{n} P_i * (n-i+1)$。

算法 7.1 顺序查找

```
#define MAX_SIZE  1000
typedef  struct {
         int key;
         ……………/* 其他项 */
         } element;
element list [MAX_SIZE ];//顺序表定义成一个结构体数组，结构体中成员对应表
中的数据项，一个结构数组元素对应表中一个数据元素
int seqsearch(element list[ ], int searchnum, int n)
{
/* 在有n个数据元素的顺序表list中查找数据元素searchnum,如果查找成功list [ i
] = searchnum, 则返回下标i, 否则返回－1*/
    int i;
    list [n].key = searchnum;//n下标单元作为"哨兵"
    for (i=0; list [i].key != searchnum; i++)
         ;
    return ((i < n) ? i : - 1);
}
```

设每个数据元素的查找概率相等，即 $P_i = \dfrac{1}{n}$，则等概率情况下有

$$ASL = \sum_{i=1}^{n} \frac{1}{n} * (n-i+1) = \frac{n+1}{2}。$$

查找不成功时，关键字的比较次数总是 n+1 次。

算法中的基本工作就是关键字的比较，因此，查找算法的时间复杂度为 O(n)。

顺序查找缺点是当 n 很大时，平均查找长度较大，效率低；优点是对表中数据元素的存储没有要求。另外，对于线性链表，只能进行顺序查找。

7.2.2 有序表的查找

有序表指表中的数据元素按关键字升序或降序排列。

折半查找又称二分查找，它的思想为：在关键字按升序排列的有序表中，取中间元素作为比较对象，若给定值与中间元素的关键字相等，则查找成功；若给定值小于中间元素的关键字，则在中间元素的左半区继续查找；若给定值大于中间元素的关键字，则在中间元素的右半区继续查找。不断重复上述查找过程，直到查找成功，或所查找的区域无数据元素，查找失败。具体步骤为：

（1）low=0；high=length-1；　　　　　　　　　// 设置初始区间
（2）当 low>high 时，返回查找失败信息　　　// 表空，查找失败
（3）low≤high, mid=(low+high)/2；　　　　// 取中点
　　　①若 searchnum<list[mid].key, high=mid-1；转（2）操作　　// 查找在左半区进行
　　　②若 searchnum>list[mid].key, low=mid+1；转（2）操作　　// 查找在右半区进行
　　　③若 searchnum=list[mid].key, 返回数据元素在表中位置　　// 查找成功

例 7-1:有序表按关键字排列如下：

(4,15,17,26,30,46,48,56,58,82,90,95)

在表中查找关键字为 30 和 22 的数据元素。

(1) 查找关键字为 30 的过程

0	1	2	3	4	5	6	7	8	9	10	11
4	15	17	26	30	46	48	56	58	82	90	95

low=0 设置初始区间 high=11

mid=5 low<=high 得到中点，比较测试为①情形

low=0 high=4 high=mid-1，调整到左半区

mid=2 low<=high 得到中点，比较测试为②情形

low=3 high=4 low=mid+1，调整到右半区

mid=3 low<=high 得到中点，比较测试为②情形

low=4 high=4 low=mid+1，调整到右半区

mid=4 low<=high 得到中点，比较测试为③情形
查找成功，返回找到的数据元素位置为 4

(2) 查找关键字为 22 的过程

0	1	2	3	4	5	6	7	8	9	10	11
4	15	17	26	30	46	48	56	58	82	90	95

low=0 设置初始区间 high=11

mid=5 low<=high 得到中点，比较测试为①情形

low=0 high=4 high=mid-1，调整到左半区

mid=2 low<=high 得到中点，比较测试为②情形

low=3 high=4 low=mid+1，调整到右半区

mid=3 low<=high 得到中点，比较测试为①情形

high=2 low=3 high=mid-1，调整到左半区

high<low 查找失败，返回查找失败信息为 0

折半查找的过程非递归实现如算法 7.2 所示。

算法 7.2 折半查找

```
#define COMPARE(x,y) x>y?1:(x==y)?0:-1
int binsearch(element list [ ], int searchnum, int n)
{/*查找list[0],....,list[n-1] */
     int left = 0,right = n-1, middle;
     while (left <= right){
           middle = (left + right)/2;
           switch(COMPARE(list[middle].key, searchnum)){
               case -1:left = middle+1;
                    break;
               case 0: return middle;
               case 1: right = middle-1;
           }
     }
     return -1;
}
```

折半查找的过程递归实现如算法 7.3 所示

算法 7.3 折半查找

```
int binsearch (element list [ ], int searchnum , int left, int
right)
{    /* 查找searchnum在list [ 0 ] <= list [1] <= ··· <= list [ n-1
] 中. 查找成功返回查找到的元素的位置,否则返回-1*/
  int middle ;
  if ( left <= right )  {
  middle = ( left + right ) / 2 ;
  switch ( COMPARE  ( list [middle].key , searchnum ))   {
       case  -1 :   return  binsearch(list,searchnum,middle+1,
right );
       case 0 : return  middle;
       case 1 : return binsearch(list,searchnum,left, middle -1
) ;
       }
  }
 return -1;
}
```

从折半查找过程看,以表的中点为比较对象,并以中点将表分割为两个子表,对定位到的子表继续这种操作。所以,对表中每个数据元素的查找过程,可用二叉树来描述,称这个描述查找过程的二叉树为判定树。

可以看到,查找表中任一元素的查找次数,即是判定树中从根到该元素结点路径上各结点关键字的比较次数,也

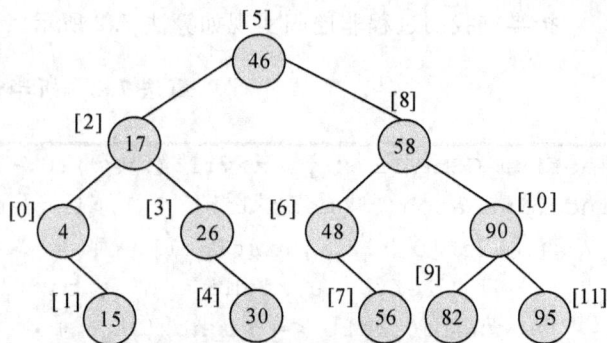

图 7-1 为例 7.1 描述折半查找过程的判定树

即该元素结点在树中的层次数。对于 n 个结点的判定树,树高为 k,则有 $2^{k-1}-1<n\leqslant 2^k-1$,即 $k-1<log_2(n+1)\leqslant k$,所以 $k=\lceil log_2(n+1)\rceil$。因此,折半查找在查找成功时,所进行的关键字比较次数至多为 $\lceil log_2(n+1)\rceil$。

接下来讨论折半查找的平均查找长度。为便于讨论,以树高为 k 的满二叉树($n=2^k-1$)为例。假设表中每个元素的查找是等概率的,即 $P_i=\dfrac{1}{n}$,则树的第 i 层有 2^{i-1} 个结点,因此,折半查找的平均查找长度为:

$$ASL_{bs}=\sum_{i=1}^{n}P_iC_i=\frac{1}{n}\sum_{j=1}^{k}j*2^{j-1}=\frac{n+1}{n}log_2(n+1)-1$$

所以,折半查找的时间效率为 $O(log_2 n)$。

7.2.3 索引顺序表的查找

分块查找又称索引顺序查找,它结合了顺序查找法和折半查找法,是对顺序查找的一种改进。分块查找要求将查找表分成若干个线性子表(分块),并对子表建立索引表(有序),查找表的每一个子表由索引表中的索引项确定。索引项包括两个字段:关键字字段(对应一个块,存放对应块中的最大关键字值,每个块中的数据均小于其关键字的值,在索引表中关键字是有序的);指针字段(存放指向对应子表的指针),并且要求索引项按关键字字段有序。查找时,先用给定值 searchnum 在索引表中检测索引项,以确定所要进行的查找在查找表中的查找分块(由于索引项按关键字字段有序,可用顺序查找或折半查找),然后,再对该分块进行顺序查找。

例 7-2:关键字集合为:

(88,43,14,31,78,8,62,49,35,71,22,83,18,52)

按关键字值 31,62,88 分为三块建立的查找表及其索引表如下:

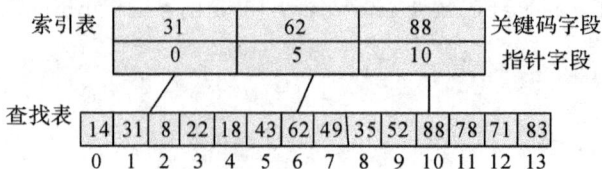

图 7-2 分块查找示例

分块查找的过程实现如算法 7.4 所示。

算法 7.4 分块查找

```
typedef  int  keytype ;
typedef  struct
{
   keytype  key;
}elemtype;
typedef  struct
{
   keytype  key;
   int  link;
}indextype;
int indexsequelsearch(indextype ls[] , elemtype s[] , int m, int
n,keytype key)//ls存放索引表中的信息，s存放查找表中信息，m表示索引表的长度，
n表示查找表的长度，key表示查找的数据
{
   int i , j ;
   int l;
   i=0;
   while(i<m&&key>ls[i].key)// 用给定值key先在ls中检测索引项，确定其在查找
表中的查找分块
      i++;
   if(i>=m)
      return -1;
   else
   {
      if(i==m-1)
         l=n-1;
      else
         l=ls[i+1].link;
      j=ls[i].link;
      while(key!=s[j].key&&j<l)// 在对应的分块查找表进行顺序查找
         j++;
      if(key==s[j].key)
         return j ;
      else
         return -1;
   }
}
```

分块查找由索引表查找和指定块中顺序查找两步完成。设 n 个数据元素的查找表分为 m 个子表，且每个子表均为 t 个元素，则 $t=\dfrac{n}{m}$。这样，分块查找的平均查找长度为：

$$ASL = ASL_{索引表} + ASL_{指定块} = \frac{1}{2}(m+1) + \frac{1}{2}(\frac{n}{m}+1) = \frac{1}{2}(m+\frac{n}{m}) + 1$$

可见，平均查找长度不仅和表的总长度 n 有关，而且和子表个数 m 有关。对于表长 n 确定的情况下，m 取 $\sqrt{n}$ 时，$ASL=\sqrt{n}+1$ 达到最小值。

三种静态查找方法比较如表 7.2 所示。

表 7.2　三种静态查找方法比较表

	顺序查找	折半查找	分块查找
ASL	最大	最小	两者之间
表结构	有序表、无序表	有序表	分块有序表
存储结构	顺序存储结构、线性链表	顺序存储结构	顺序存储结构、线性链表

7.3　动态查找表

7.3.1　二叉查找树(二叉排序树)

1. 二叉查找树及其查找过程

二叉查找树(Binary Search Tree)或者是一棵空树；或者是具有下列性质的二叉树：

(1) 若左子树不空，则左子树上所有结点的值均小于根结点的值；若右子树不空，则右子树上所有结点的值均大于根结点的值。

(2) 左右子树也都是二叉查找树。

根据定义可知图 7-3 中(a)不是一棵二叉查找树，(b)和(c)是二叉查找树。

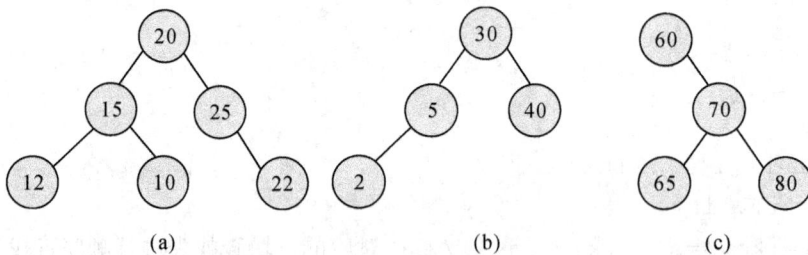

图 7-3　二叉树

由图 7-4 可以看出，对二叉查找树进行中序遍历，便可得到一个按关键字有序的序列，因此，一个无序序列，可通过构造一棵二叉查找树而成为有序序列。

从其定义可见，二叉查找树的查找过程为：

① 若查找树为空，查找失败。

② 查找树非空，将给定值 key 与查找树的根结点关键字比较。

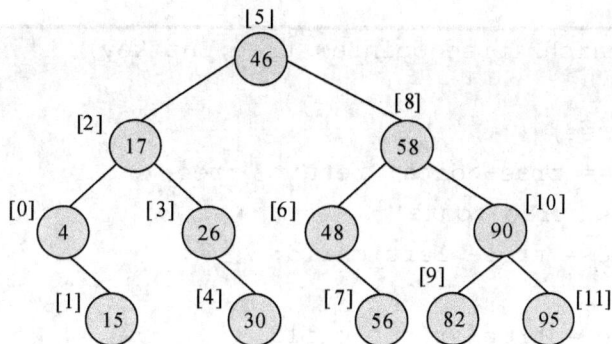

图 7-4　一棵二叉排序树示例

③ 若相等,查找成功,结束查找过程,否则,

a. 当给定值 key 小于根结点关键字,查找将在以左孩子为根的子树上继续进行,转①

b. 当给定值 key 大于根结点关键字,查找将在以右孩子为根的子树上继续进行,转①

二叉查找树递归查找实现如算法 7.5 所示。

算法 7.5　二叉查找树递归查找实现算法

```
typedef  struct node{
    int data
    struct node *left_child;
    struct node *right_child;
    }*tree_pointer;

tree_pointer search(tree_pointer root,int key)
{  /* 查找成功返回结点指针，否则返回 NULL. */
    if ( !root ) return NULL;
    if (key == root->data)  return root;
    if (key <  root->data)
            return search (root->left_child, key);
    return search (root->right_child, key);
}
```

二叉查找树非递归查找实现如算法 7.6 所示。

算法 7.6　二叉查找树非递归查找实现算法

```
tree_pointer search2(tree_pointer tree,int key)
{
    while (tree) {
    if (key == tree->data) return  tree;
    if (key <  tree->data)
        tree = tree->left_child;
    else
        tree = tree->right_child;
    }
    return NULL;
}
```

分析算法 7.5 和 7.6 的效率,假如二叉查找树的高度为 h,执行 search 和 search2 的时间复杂度为 O(h)。其中 search 还要用到额外的栈,栈使用的复杂度为 O(h)。

2.二叉查找树的插入和删除

二叉查找树是一种动态树表。其特点是,树的结构通常不是一次生成的,而是在查找过程中,当树中不存在关键字等于给定值的结点时再进行插入。新插入的结点一定是一个新添加的叶子结点,并且是查找不成功时查找路径上访问的最后一个结点的左孩子或右孩子结点。在图 7-3(b)插入结点 80,如图 7-5(a)所示。在图 7-5(a)上插入结点 35,如图 7-5(b)所示。

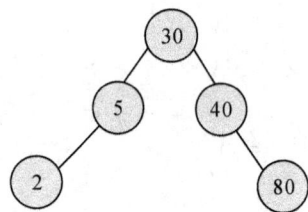

(a) 插入80结点之后的二叉查找树　　　　　　(b) 插入35结点之后的二叉查找树

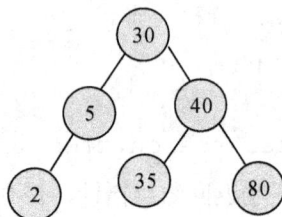

图 7-5　二叉查找树插入操作实例算法

二叉查找树插入操作实现如算法 7.7 所示。

同样,在二叉查找树上删去一个结点也很方便。删除结点的过程为:

(1)先确定被删除结点,

① 有没有被删除的结点;

② 若有,则确定被删除的结点是根结点还是一般结点。

(2)如果被删除结点是根结点,则

① 根结点有左右子树的情况下,选择根结点的左子树中的最大结点为新的根结点;/或者是右子树中的最小结点为新的根结点;

算法 7.7　二叉查找树插入操作实现算法

```
void insert_node(tree_pointer *node, int num)
/*假如 num 在树中不存在,则在树中插入一个新结点,结点的数据域 data = num
*/
{    tree_pointer ptr, temp = modified_search (*node, num);
     if ( temp || !(*node)){
         /*num 在树中不存在*/
         ptr = (tree_pointer) malloc (sizeof(node));
         if (IS_FULL( ptr )){
             fprintf (stderr,"The memory is full \n");
             exit(1);
         }
         ptr->data = num;
         ptr->left_child = ptr->right_child = NULL;
         if (*node)    /* 作为 temp 的孩子结点插入*/
             if (num < temp->data) temp->left_child = ptr;
             else temp->right_child = ptr;
         else *node = ptr;
    }
}
```

② 如果根结点没有左子树,则以右子树的根结点作为新的根结点;

③ 如果根结点没有右子树,则以左子树的根结点作为新的根结点。

(3)如果被删除结点是一般结点,则

① 若被删除结点 P 有左、右子树,则按照中序遍历找其左子树中的最大结点,以此最大结点的值代替 P 结点的值,然后删除此最大结点(如同删除根结点)。

② 若被删除结点 P 没有左子树,则把结点 P 的右子树的全部挂接在 P 的双亲上,且位置是 P 在其双亲中原来的位置。

③ 若被删除结点 P 没有右子树,则把结点 P 的左子树的全部挂接在 P 的双亲上,且位置是 P 在其双亲中原来的位置。

此外,如果删除的是二叉查找树的叶子结点,则只需将其双亲结点指向它的指针清零,再释放它即可。

图 7-6 显示了二叉查找树删除结点的过程。

7.3.2　平衡二叉树

平衡二叉树即 AVL($\underline{A}$delson$-\underline{V}$elskii and $\underline{L}$andis)树,它或者是一棵空二叉树,空的二叉树是高度平衡的,或者是具有下列性质的二叉查找树:假如 T 是一棵非空的二叉树,它的左子树 T_L 和右子树 T_R 都是平衡二叉树,且左子树 T_L 和右子树 T_R 高度之差的绝对值不超过 1,即 $|H_L-H_R|\leqslant1$。

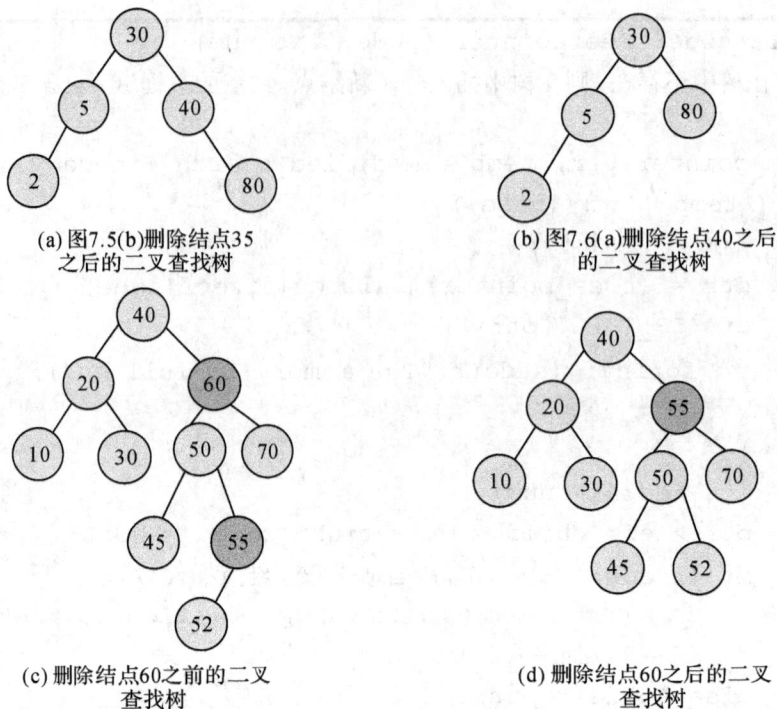

(a) 图7.5(b)删除结点35
之后的二叉查找树

(b) 图7.6(a)删除结点40之后
的二叉查找树

(c) 删除结点60之前的二叉
查找树

(d) 删除结点60之后的二叉
查找树

图 7-6　二叉查找树删除结点过程

　　图 7-7 给出了两棵二叉查找树,每个结点旁边所注数字是以该结点为根的树中,左子树与右子树高度之差,称为结点的平衡因子(balance factor,BF(T))。由平衡二叉树定义,所有结点的 BF(T)=−1,0 或 1。若二叉查找树中存在这样的结点,其 BF(T)的绝对值大于1,这棵树就不是平衡二叉树。如图 7-7(a)所示的二叉查找树。

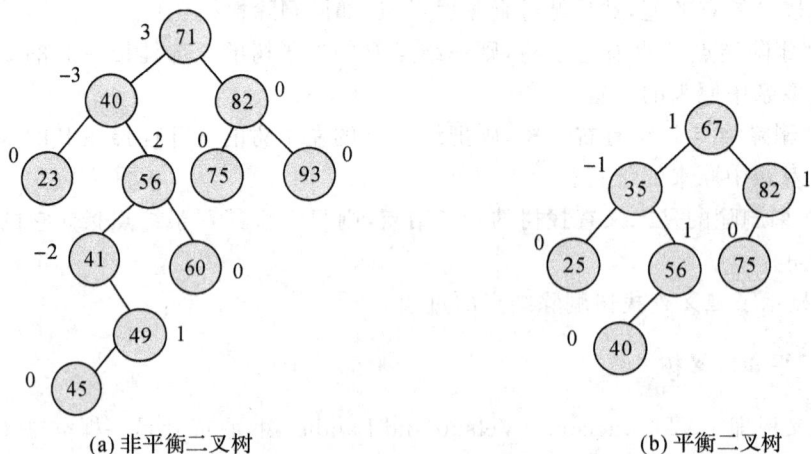

(a) 非平衡二叉树

(b) 平衡二叉树

图 7-7　非平衡二叉树和平衡二叉树

在平衡二叉树上插入或删除结点后,可能使二叉树失去平衡,因此,需要对非平衡的二叉树进行平衡化调整。进行平衡化调整归纳起来有以下四种情况:其中结点 A 指离插入结点最近,且 BF 绝对值超过 1 的祖先结点。

1.单向右旋(LL):新的结点 Y 插在结点 A 的左子树根结点的左子树上。

如图 7-8 的图(a)为插入前的子树。其中,B 为结点 A 的左子树,B_L、B_R 分别为结点 B 的左右子树,A_R 的高为 h,B 的高为 h+1。图(a)所示的子树是平衡二叉树。

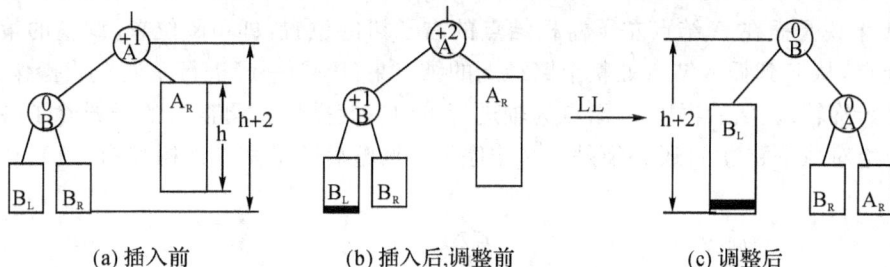

(a) 插入前   (b) 插入后,调整前   (c) 调整后

图 7-8 单向右旋操作

在图 7-8(a)中所示的树 B_L 上插入一个结点,如图 7-8(b)所示。结点插入后导致结点 A 的平衡因子绝对值大于 1,以结点 A 为根的子树失去平衡。所插入结点的位置对于结点 A 来说是插在 A 结点左子树根结点的左子树的位置,即 LL 位置,调整的策略是以 A 为起点,从 A 到插入结点处整个路径上的结点集(A,B,B_L)一起进行单向右旋操作(即以 A 为轴顺时针旋转)。调整后的子树除了各结点的平衡因子绝对值不超过 1,还必须是二叉排序树。由于结点 B 的右子树 B_R 可作为结点 A 的左子树,将结点 A 为根的子树调整为 B 的右子树,结点 B 为新的根结点,如图 7-8(c)。

2.单向左旋(RR):新的结点 Y 插在结点 A 的右子树根结点的右子树上。

如图 7-9 的图(a)为插入前的子树。其中,B 为结点 A 的右子树,B_L、B_R 分别为结点 B 的左右子树,A_L 的高为 h,B 的高为 h+1。图(a)所示的子树是平衡二叉树。

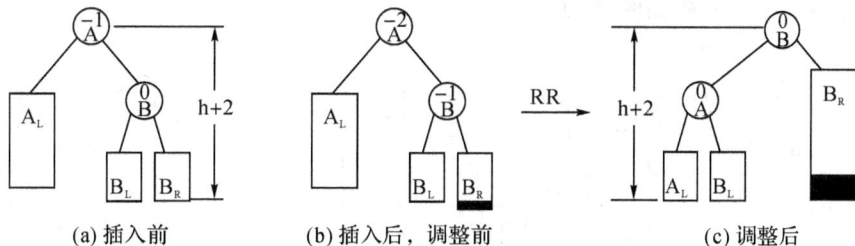

(a) 插入前   (b) 插入后,调整前   (c) 调整后

图 7-9 单向左旋操作

在图 7-9(a)中所示的树 B_R 上插入一个结点,如图 7-9(b)所示。结点插入后导致结点 A 的平衡因子绝对值大于 1,以结点 A 为根的子树失去平衡。所插入结点的位置对于结点 A 来说是插在 A 结点右子树根结点的右子树的位置,即 RR 位置,调整的策略是以 A 为起点,从 A 到插入结点处整个路径上的结点集(A,B,B_R)一起进行单向左旋操作(即以 A 为轴

逆时针旋转)。调整后的子树除了各结点的平衡因子绝对值不超过1,还必须是二叉排序树。由于结点B的左子树B_L可作为结点A的右子树,将结点A为根的子树调整为B的左子树,结点B为新的根结点,如图7-9(c)。

3.双向旋转先左后右(LR):新的结点Y插在结点A的左子树根结点的右子树上。

如图7-10的图(a)为插入前的子树。其中,B为结点A的左子树。图(a)所示的子树是平衡二叉树。在图(a)中所示的B上插入一个结点C,如图7-10(b)所示。结点插入后导致结点A的平衡因子绝对值大于1,以结点A为根的子树失去平衡。所插入结点C的位置对于结点A来说是插在A结点左子树根结点的右子树的位置,即LR位置,调整的策略是先以B为起点,从B到插入结点处整个路径上的结点集(B,C)一起进行单向左旋操作(即以B为轴逆时针旋转)。然后再以A结点为轴进行单向右旋操作。调整后的子树除了各结点的平衡因子绝对值不超过1,还必须是二叉排序树。调整后的平衡二叉树如图7-10(c)。

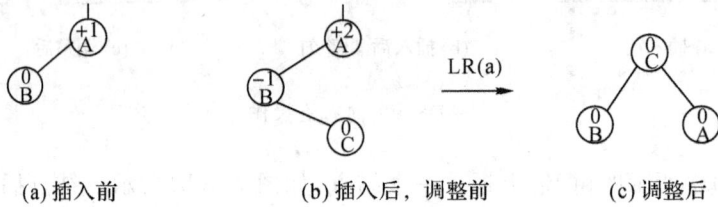

(a)插入前　　　　　(b)插入后,调整前　　　　　(c)调整后

图7-10　双向旋转(LR)操作(1)

图7-11显示了双向旋转(LR)的第二种情况。其中图(a)为插入前的子树。其中,B为结点A的左子树。图(a)所示的子树是平衡二叉树。在图(a)中所示的C的左子树上插入一个结点,如图7-11(b)所示。结点插入后导致结点A的平衡因子绝对值大于1,以结点A为根的子树失去平衡。所插入结点的位置对于结点A来说是插在A结点左子树根结点B的右子树的位置,即LR位置,调整的策略是先以B为起点,从B到插入结点处整个路径上的结点集(B,C,C_L)一起进行单向左旋操作(即以B为轴逆时针旋转)。然后再以A结点为轴进行单向右旋操作。调整后的子树各结点的平衡因子绝对值不超过1,而且是二叉排序树。调整后的平衡二叉树如图7-11(c)。

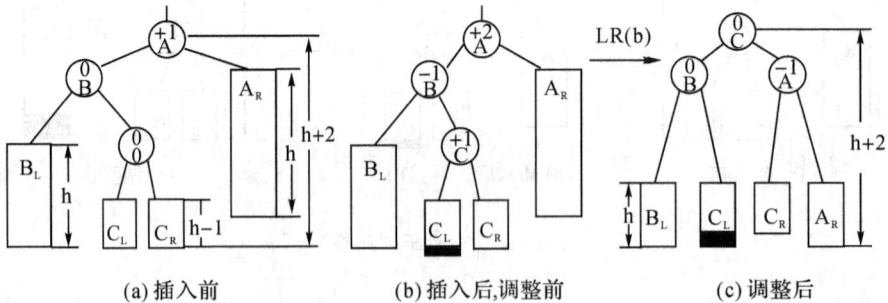

(a)插入前　　　　　(b)插入后,调整前　　　　　(c)调整后

图7-11　双向旋转(LR)操作(2)

图7-12显示了双向旋转(LR)的第三种情况。其中图(a)为插入前的子树。其中,B为

结点 A 的右子树。图(a)所示的子树是平衡二叉树。在图(a)中所示的 C 的右子树上插入一个结点,如图 7-12(b)所示。结点插入后导致结点 A 的平衡因子绝对值大于1,以结点 A 为根的子树失去平衡。所插入结点的位置对于结点 A 来说是插在 A 结点左子树 B 的右子树(C 的 C_R)的位置,即 LR 位置,调整的策略是先以 B 为起点,从 B 到插入结点处整个路径上的结点集(B,C,C_R)一起进行单向左旋操作(即以 B 为轴逆时针旋转)。然后再以 A 结点为轴进行单向右旋操作。调整后的子树各结点的平衡因子绝对值不超过1,而且是二叉排序树。调整后的平衡二叉树如图 7-12(c)。

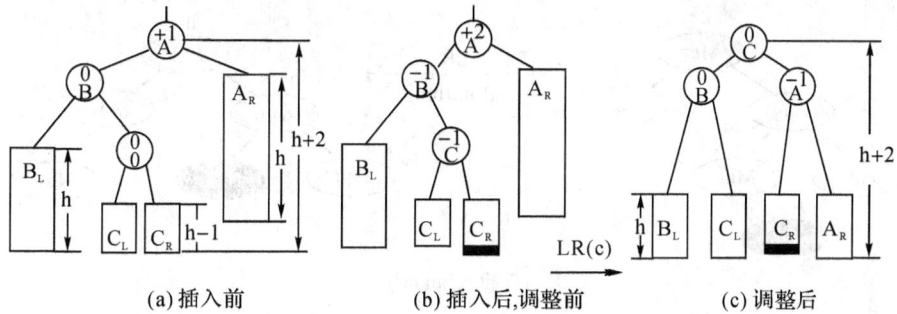

图 7-12　双向旋转(LR)操作(3)

4. 双向旋转先右后左(RL):新的结点 Y 插在结点 A 的右子树根结点的左子树上。

先右后左双向旋转和先左后右双向旋转对称。在这就不详细描述了。

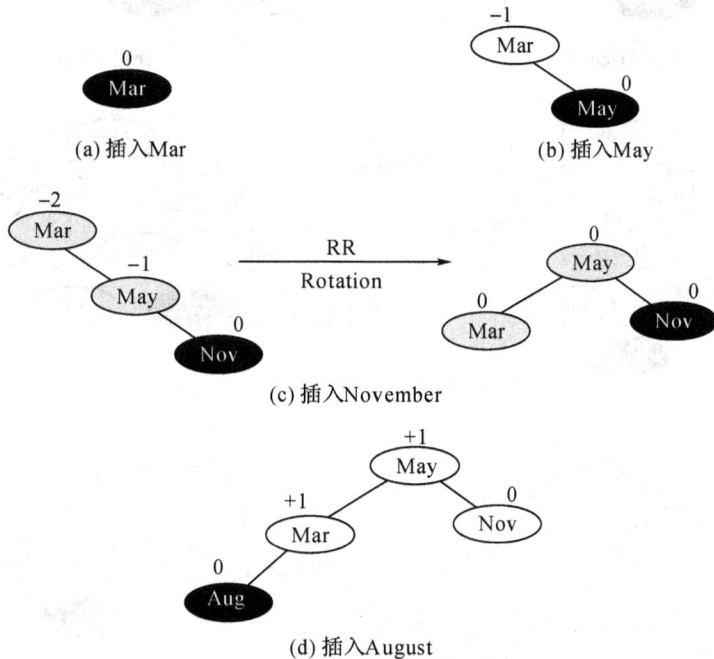

(a) 插入Mar

(b) 插入May

(c) 插入November

(d) 插入August

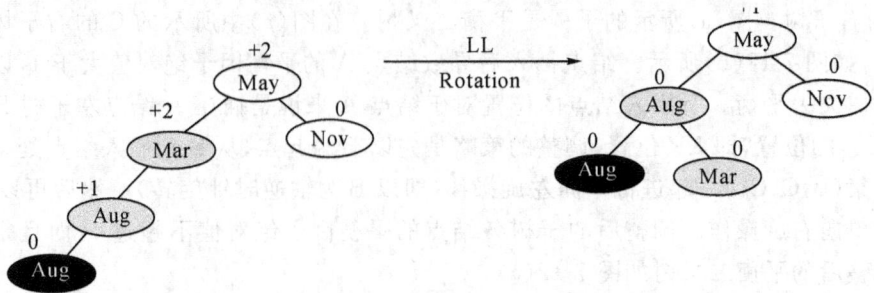

(e) 插入april

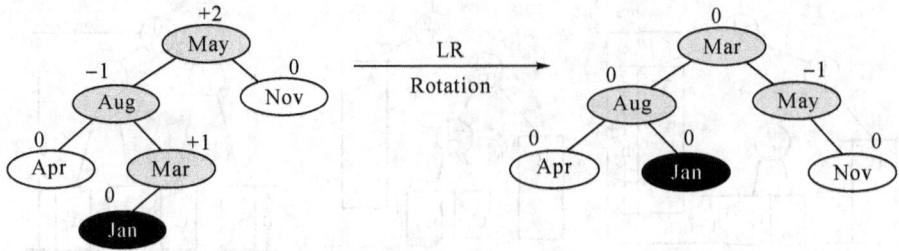

(f) 插入January

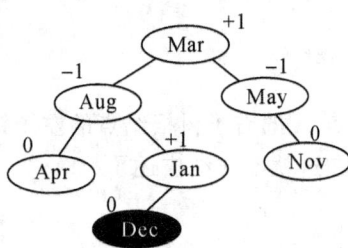

(g) 插入December

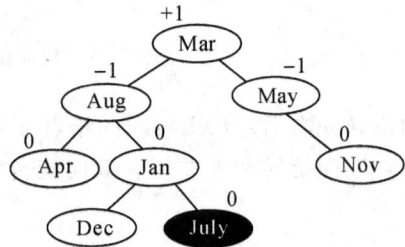

(h) 插入July

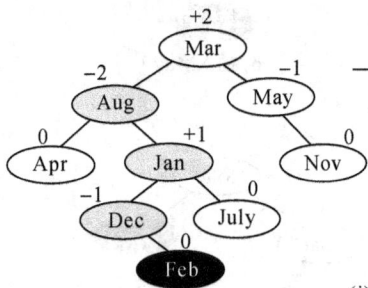

(i) 插入February

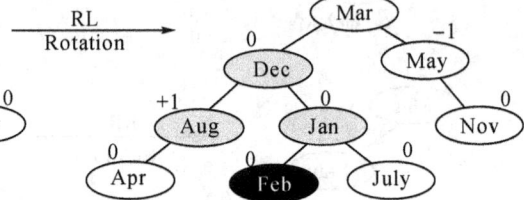

(j) 插入June

(k) 插入October

(l) 插入September

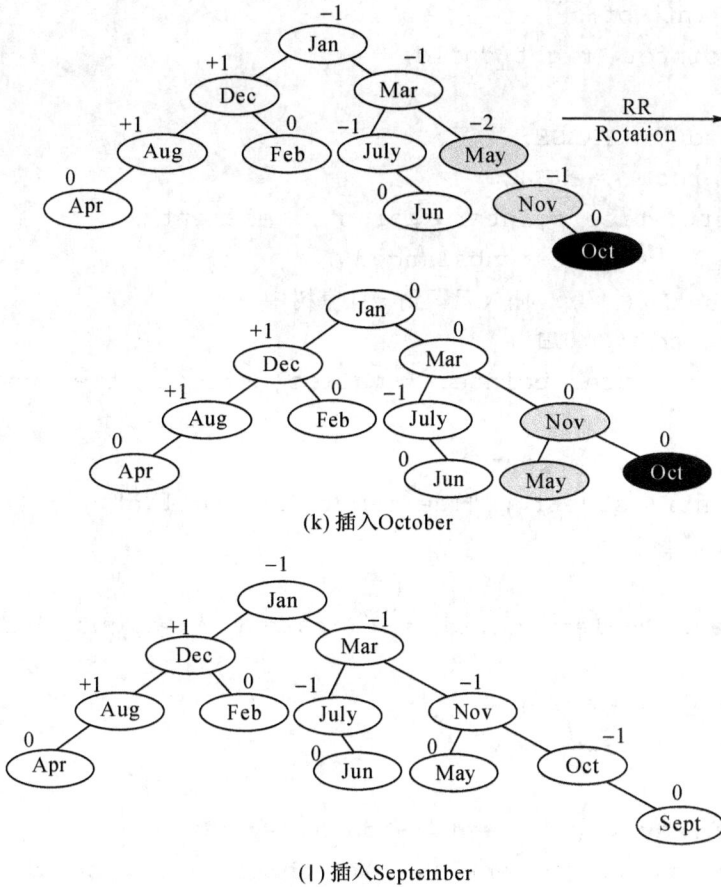

图 7-13   AVL 树构造示例

图 7-13 显示了构造一棵关于月份的平衡二叉查找树的过程。月份插入的顺序为 March, May, November, August, April, January, December, July, February, June, October, and September。平衡二叉树插入算法如算法 7.8 所示。

算法 7.8   平衡二叉树插入实现算法

```
#define IS_FULL (ptr ) (!(ptr ))
#define FALSE = 0
#define  TRUE = 1
typedef  struct {
     int key;
     }element;
typedef  struct tree_node  *tree_pointer;
        struct tree_node {
     tree_pointer lefe_child;
     element   data;
```

```
        short  int  bf;
        tree_pointer  right_child;
           };
int  unbalanced  =  FALSE;
tree_pointer  root  =  NULL;
void avl_insert( tree_pointer *parent , element x ,
                    int *unbalanced )
{  if ( !*parent ){   /* 插入元素到一棵空树中 */
      *unbalanced = TRUE ;
      *parent = ( tree_pointer ) malloc( sizeof( tree_node )
 ) ;
      if ( IS_FULL( *parent ) ){
         fprintf( stderr , "The memory is  full\n" ) ;
         exit( 1 ) ;
      }
      ( *parent )->left_child = ( *parent )->right_child =
NULL ;
      ( *parent )->bf = 0 ;
      ( *parent )->data = x ;
   }
   else if ( x.key < ( *parent )->data.key ){
      avl_insert( &( *parent )->left_child , x , unbalanced
 ) ;
      if ( *unbalanced )
        switch( ( *parent )->bf ){
          case -1: ( *parent )->bf = 0 ;
                   *unbalanced = FALSE ;    break ;
          case 0:  ( *parent )->bf = 1 ;       break ;
          case 1: left_rotation( parent , unbalanced ) ;
          }
   }
   else if ( x.key > ( *parent )->data.key ){
      avl_insert( &( *parent )->right_child , x , unbalanced
 ) ;
      if ( *unbalanced )

      switch ( ( *parent )->bf ){
         case 1:  ( *parent )->bf = 0 ;
                  *unbalanced = FALSE ;    break ;
         case 0:  ( *parent )->bf = -1 ;      break ;
```

```
                case -1: right_rotation( parent , unbalanced ) ;
            }
    }
    else {  *unbalanced = FALSE ;
        printf( "The key is already in the tree" ) ;
    }
}
void left_rotation( tree_pointer *parent , int *unbalanced )
{
        tree_pointer grand_child , child ;
        child = ( *parent )->left_child ;
        if ( child->bf == 1 ){
            /* LL 旋转 */
            ( *parent )->left_child = child->right_child ;
            child->right_child = *parent ;
            ( *parent )->bf = 0 ;
            ( *parent ) = child ;
        }
        else {
        /* LR 旋转*/
            grand_child = child->right_child ;
            child->right_child = grand_child->left_child ;
            grand_child->left_child = child ;
            ( *parent )->left_child = grand_child->right_child ;
            grand_child->right_child = *parent ;
            switch( grand_child->bf ){
                case 1:  ( *parent )->bf = -1 ;
                        child->bf = 0 ;
                        break ;
                case 0:  ( *parent )->bf = child->bf = 0 ;
                        break ;
                case -1: ( *parent )->bf = 0 ;
                        child->bf = 1 ;
            }
            *parent = grand_child ;
        }
        ( *parent )->bf = 0 ;
        *unbalanced = FALSE ;
}
```

在平衡二叉树上进行查找的过程和二叉排序树相同,因此,在查找过程中和给定值进行比较的关键字个数不超过二叉树的深度。那么,在深度为 h 的平衡二叉树上进行查找的时间复杂度为 O(logn)。

7.4 哈希表

7.4.1 基本概念

上述讨论的静态查找和动态查找的方法,由于数据元素的存储位置与关键字之间不存在确定的关系,因此,查找时,需要进行一系列对关键字的查找比较,即"查找算法"是建立在比较的基础上的,查找效率由比较一次缩小的查找范围决定。理想的情况是依据关键字直接得到其对应的数据元素位置,即要求关键字与数据元素间存在一一对应关系,通过这个关系,能很快地由关键字得到对应的数据元素位置。这样的查找表就是哈希表。

哈希表与哈希方法:选取某个函数,根据该函数按关键字计算数据元素的存储位置,并按此存放数据元素;这个过程称为哈希造表;查找时,由同一个函数对给定值 x 计算地址,将 x 与地址单元中数据元素的关键字进行比较,确定查找是否成功,这种查找的方法就是哈希方法(杂凑法,或散列法);哈希方法中使用的转换函数称为哈希函数(杂凑函数,或散列函数);按这个思想构造的表称为哈希表(杂凑表,或散列表)。

对于 n 个数据元素的集合,总能找到关键字与存放地址一一对应的函数。若最大关键为 m,可以分配 m 个数据元素存放单元,选取函数 f(key)=key 即可,但这样会造成存储空间的很大浪费,甚至不可能分配这么大的存储空间。通常关键字的集合比哈希地址集合大得多,因而经过哈希函数变换后,可能将不同的关键字映射到同一个哈希地址上,这种现象称为哈希冲突(Collision),映射到同一哈希地址上的关键字称为同义词。可以说,冲突不可能避免,只能尽可能减少。所以,哈希方法需要解决以下两个问题:

(1)构造好的哈希函数

①所选函数尽可能简单,以便提高转换速度。

②所选函数对关键字计算出的地址,应在哈希地址集中大致均匀分布,以减少空间浪费。

(2)制定好的解决冲突的方案。

7.4.2 哈希函数构造方法

设计哈希函数的目标就是要使通过哈希函数得到的 n 个数据元素的哈希地址尽可能均匀地分布在 m 个连续内存单元上,同时使计算过程尽可能地简单以达到尽可能高的时间效率。有许多种不同的哈希函数设计方法,下面主要讨论几种常用的整数类型关键字的哈希函数设计方法。

1. 直接定址法

Hash(key)=a * key+b   (a、b 为常数)

即取关键字的某个线性函数值为哈希地址,这类函数是一一对应函数,不会产生冲突,但要求地址集合与关键字集合大小相同,因此,对于较大的关键字集合不适用。

2. 除留余数法

$$Hash(key) = key \% p \qquad (p \text{ 是一个整数})$$

即取关键字除以 p 的余数作为哈希地址。使用除留余数法,选取合适的 p 很重要,若哈希表表长为 m,则要求 p≤m,且接近 m 或等于 m。一般选取质数,也可以是不包含小于 20 质因子的合数。

3. 数字分析法

设关键字集合中,每个关键字均由 m 位组成,每位上可能有 r 种不同的符号。数字分析法根据 r 种不同的符号,在各位上的分布情况,选取某几位,组合成哈希地址。所选的位应是各种符号在该位上出现的频率大致相同。

4. 平方取中法

对关键字平方后,按哈希表大小,取中间的若干位作为哈希地址。

5. 折叠法(Folding)

此方法将关键字自左到右分成位数相等的几部分,最后一部分位数可以短些,然后将这几部分叠加求和,并按哈希表表长,取后几位作为哈希地址。这种方法称为折叠法。折叠法又可以分成两种:

(1)移位折叠法——将各部分的最后一位对齐相加。

(2)间界叠加法——从一端向另一端沿各部分分界来回折叠后,最后一位对齐相加。

7.4.3 处理冲突的方法

解决哈希冲突的方法主要有开放定址法和链表法两大类。

1. 开放定址法

所谓开放定址法,即是由关键字得到的哈希地址一旦产生了冲突,即计算得到的这个哈希地址上已经存放了数据元素,则需要去寻找下一个空的哈希地址来放置这个关键字,只要哈希表足够大,空的哈希地址总能找到,并将数据元素存入。

根据寻找下一个空的哈希地址的方法不同,开放定址法又可以分为:

(1)线性探测法

$$H_i = (Hash(key) + d_i) \% m (1 \leq i < m)$$

其中:Hash(key)为哈希函数,m 为哈希表长度,d_i 为增量序列 1,2,……m−1,且 $d_i = i$。

例 7-3:关键字集为{for,do,while,if,else,function},哈希表表长为 13,Hash(x) = x%13(x 为关键字各个字母 ASCII 值的和),用线性探测法处理冲突,建表过程如表 7.3 所示,结果如表 7.4 所示。

表 7.3　例 7-3 的建表过程

关键字	Key 到 x 的转换	x	hash
for	102＋111＋114	327	2
do	100＋111	211	3
while	119＋104＋105＋108＋101	537	4
if	105＋102	207	12
else	101＋108＋115＋101	425	9
function	102＋117＋110＋99＋116＋105＋111＋110	870	12

表 7.4　例 7-3 的哈希表

[0]	[1]	[2]	[3]	[4]	[5]	[6]	[7]	[8]	[9]	[10]	[11]	[12]
function		for	do	while					else			if

for、do、while、if、else 均是由哈希函数得到的没有冲突的哈希地址而直接存入的；

Hash(function)＝12，哈希地址上冲突，需寻找下一个空的哈希地址；

由 H_1＝(Hash(function)＋1)%13＝0，哈希地址 0 为空，将 function 存入。

具体实现如算法 7.9 所示。

算法 7.9　哈希表构造算法

```
#define MAX_CHAR 10 /*一个标志符含有的最多字符个数 */
#define TABLE_SIZE 13 /*哈希表最大表容＝质数* /
typedef  struct  {
                char  key [MAX_CHAR ];
                  / * other fields */
                } element;
element  hash_table [ TABLE_SIZE ];
void init_table(element ht[ ])
{
  int i ;
  for ( i = 0 ; i < TABLE_SIZE ; i++ )
    ht[i].key[0] = NULL ;
}
/*创建一个哈希函数*/
int transform ( char *key )
{
  int number = 0 ;
  while ( *key )
    number += *key++ ;
    return number ;
}
int hash ( char *key )
{
  return  ( transform ( key )%TABLE_SIZE ) ;
}
/*线性探测再散列，如果哈希表已满则退出*/
void linear_insert ( element item,element ht[ ] )
{
  int i,hash_value ;
   hash_value = hash ( item.key ) ;
```

```
i = hash_value ;
while( strlen ( ht[i].key ) )
 {
   if ( !strcmp ( ht[i].key,item.key ) )
    {
       fprintf ( stderr,"Duplicate entry\n" ):
       exit ( 1 ) ;
    }
   i =( i+1 )%TABLE_SIZE ;
   if ( i == hash_value )
    {
       fprintf ( stderr,"The table is full\n" ) ;
       exit ( 1 ) ;
    }
 }
   ht[i] = item ;
}
```

线性探测法可能使第 i 个哈希地址的同义词存入第 i+1 个哈希地址,这样本应存入第 i+1 个哈希地址的元素变成了第 i+2 个哈希地址的同义词,……因此,可能出现很多元素在相邻的哈希地址上"堆积"起来,大大降低了查找效率。为此,可以采用二次探测法来改善"堆积"问题。

(2)二次探测法

$$H_i = (Hash(key) \pm d_i) \quad \% \quad m$$

其中:Hash(key)为哈希函数,m 为哈希表长度,m 要求是某个 4k+3 的质数(k 是整数)

d_i 为增量序列 $1^2, -1^2, 2^2, -2^2, \cdots\cdots q^2, -q^2$ 且 $q \leqslant \frac{1}{2}(m-1)$。

2. 链表法

设哈希函数得到的哈希地址域在区间[0,m-1]上,以每个哈希地址作为一个指针,指向一个链,即分配指针数组;建立 m 个空链表,由哈希函数对关键字转换后,映射到同一哈希地址 i 的同义词均加入到 i 所对应的链表中。

例 7-4:关键字序列为 acos,atoi,char,define,exp,ceil,cos,float,atol,floor and ctime,哈希函数为 Hash(key)=(取字符串首字母在字母表中的顺序位置)。用链表法处理冲突,结果如图 7-14 所示。

具体实现如算法 7.10 所示。

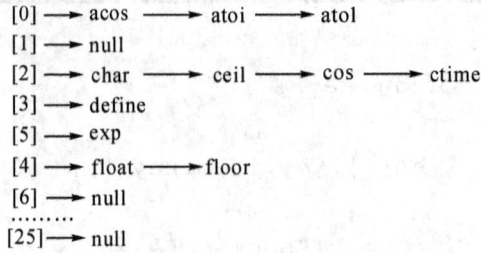

```
[0] ── acos ──── atoi ──── atol
[1] ── null
[2] ── char ──── ceil ──── cos ──── ctime
[3] ── define
[5] ── exp
[4] ── float ──── floor
[6] ── null
………
[25] ── null
```

图 7-14 例 7.4 的哈希表

算法 7.10   例 7.4 哈希表构造算法

```c
#define MAX_CHAR   10    /* 标志符含有的最多字符数*/
#define TABLE_SIZE   13
#define IS_FULL( ptr )   ( !(ptr))
typedef  struct {
          char  key [MAX_CHAR ]
            /* 其它字段 */
          } element;
typedef  struct  list *list_pointer;
typedef  struct  list {
              element  item;
              list_pointer  link ;
              };
list_pointer  hash_table [TABLE_SIZE ];
/*通过链表法创建一个哈希表*/
void chain_insert ( element item,list_pointer ht[ ] )
{
  int hash_value = hash  ( item.key ) ;
  list_pointer ptr, trail = NULL, lead = ht[hash_value] ;
  for (  ; lead ; trail = lead, lead = lead->link )
    if ( !strcmp ( lead->item.key, item.key ) )
      {
        fprintf ( stderr,"The key is in the table\n" ) ;
        exit ( 1 ) ;
      }
    ptr = ( list_pointer )malloc ( sizeof ( list ) ) ;
    if ( IS_FULL ( ptr ) )
      {
```

```
      fprintf ( stderr,"The memory is full\n" ) ;
      exit ( 1 ) ;
   }
ptr->item = item ;
ptr->link = NULL ;
if ( trail )
   trail->link = ptr ;
else
   ht[hash_value] = ptr ;
}
```

7.4.4 哈希表的查找及分析

　　哈希表的查找过程基本上和哈希造表过程相同。一些关键字可通过哈希函数转换的地址直接找到,另一些关键字在哈希函数得到的地址上产生了冲突,需要按处理冲突的方法进行查找。所以,哈希表的查找效率用平均查找长度来衡量。

　　查找过程中,关键字的比较次数,取决于产生冲突的多少,产生的冲突少,查找效率就高,产生的冲突多,查找效率就低。因此,影响产生冲突多少的因素,也就是影响查找效率的因素。影响产生冲突多少有以下三个因素:

　　1. 哈希函数是否均匀;

　　2. 处理冲突的方法;

　　3. 哈希表的装填因子 α。所谓装填因子是指哈希表中已存入的数据元素个数 n 与哈希地址空间大小 m 的比值,即 $\alpha = n/m$,当 α 越小时,冲突的可能性就越小,反之越大。

　　哈希方法存取速度快,也较节省空间,静态查找、动态查找均适用,但由于存取是随机的,因此,不便于顺序查找。

习　　题

　　1. 设有序表为(a, b, c, d, e, f, g, h, i, j, k, p, q),请分别写出对给定值 a, g 和 n 进行折半查找的过程。

　　2. 假定查找有序表 A[25]中每一元素的概率相等,试分别求出进行顺序、二分查找每一元素时的平均查找长度。

　　3. 以数据集合{1,2,3,4,5,6}的不同序列为输入,构造 4 棵高度为 4 的二叉排序树。

　　4. 已知一组元素为(46,25,78,62,12,37,70,29),画出按元素排列顺序输入生成的一棵二叉搜索树。

　　5. 画出对长度为 10 的有序表进行折半查找的判定树,并求其等概率时查找成功的平均查找长度。

　　6. 已知一组关键字{49,38,65,97,76,13,27,44,82,35,50},画出由此生成的二叉排序

树,注意边插入边平衡。

7. 已知散列表的地址区间为 0~11,散列函数为 H(k)＝k％11,采用线性探测法处理冲突,将关键字序列 20,30,70,15,8,12,18,63,19 依次存储到散列表中,试构造出该散列表,并求出在等概率情况下的平均查找长度。

8. 已知输入关键字序列为(100,90,120,60,78,35,42,31,15)地址区间为 0~11。设计一个哈希表函数把上述关键字散到 0~11 中,画出散列表(冲突用线性探测法);写出查找算法,计算在等概率情况下查找成功的平均查找长度。

9. 假定一个待散列存储的线性表为(32,75,29,63,48,94,25,46,18,70),散列地址空间为 HT[13],若采用除留余数法构造散列函数和线性探测法处理冲突,试求出每一元素的初始散列地址和最终散列地址,画出最后得到的散列表,求出平均查找长度。

10. 假设散列函数为 H(k)＝k％11,采用链表法处理冲突。设计算法:输入一组关键字(09,31,26,19,01,13,02,11,27,16,05,21)构造散列表。查找值为 x 的元素。若查找成功,返回其所在结点的指针,否则返回 NULL。

11. 假定一个待散列存储的线性表为(32,75,29,63,48,94,25,46,18,70),散列地址空间为 HT[11],若采用除留余数法构造散列函数和链表法处理冲突,试求出每一元素的散列地址,画出最后得到的散列表,求出平均查找长度。

第八章 排 序

排序(Sorting)是计算机程序设计中的一种重要操作,其功能是对一个数据元素集合或序列重新排列成一个按数据元素的某个数据项(字段)有序的序列。作为排序依据的数据项为数据元素的关键字。排序的一个目的是为了便于查找,如折半查找的应用前提是基于一个有序表,还有二叉排序树、B 树查找的过程也是一个排序过程。

8.1 排序的基本概念

排序(Sorting)是把一个无序的数据元素序列整理成有规律的按排序关键字递增(或递减)排列的有序序列的过程。其中待排序的数据元素构成一个线性表;存储结构采用链式结构的排序方法一般只有直接插入排序;本章主要讨论存储结构采用顺序存储结构,即采用数组存储。若对任意的数据元素序列,在排序的过程中,记录 R_i 和记录 R_j 具有相同的关键字值,即有 $R_i.key = R_j.key$。若排序前,记录 R_i 在序列中的位置领先于记录 R_j 在序列中的位置,即 $i > j$,如果排序后,记录 R_i 在序列中的位置由 i 变为 i',记录 R_j 在序列中的位置由 j 变为 j',若记录 $R_{i'}$ 在序列中的位置仍然领先于记录 $R_{j'}$ 在序列中的位置,即 $i' > j'$,则称这种排序算法是"稳定的"。反之,则是"不稳定的"。排序分为两类:内排序和外排序。外排序是指排序过程中还需访问外存储器,足够大的元素序列,因不能完全放入内存,只能使用外排序。而内排序是指待排序列完全存放在内存中所进行的排序过程,适合不太大的元素序列。内排序主要包括插入排序、选择排序、交换排序、归并排序和基数排序等。通常,在排序的过程中需进行下列两种基本操作:(1)比较两个关键字的大小;(2)将记录从一个位置移动至另一个位置。前一个操作对大多数排序方法来说都是必需的,而后一个操作可以通过改变记录的存储方式来予以避免。本节主要介绍内部排序,而且本章讨论的均按递增顺序。

8.2 插入排序(insertion sort)

8.2.1 直接插入排序

设有 n 个记录,存放在数组 r 中,重新安排记录在数组中的存放顺序,使得按关键字有序。即

$$r[1].key \leqslant r[2].key \leqslant \cdots\cdots \leqslant r[n].key$$

先来看看向有序表中插入一个记录的方法:

设 $1 < j \leqslant n, r[1].key \leqslant r[2].key \leqslant \cdots\cdots \leqslant r[j-1].key$,将 r[j]插入,重新安排存放顺序,使得 $r[1].key \leqslant r[2].key \leqslant \cdots\cdots \leqslant r[j].key$,得到新的有序表,记录数增 1。插入过程描

述如下：

① r[0]＝r[j];//r[j]送 r[0]中，使 r[j]为待插入记录空位

i＝j−1;//从第 i 个记录向前测试插入位置，用 r[0]为辅助单元，可免去测试 i<1。

② 若 r[0].key≥r[i].key，转④。　　　//插入位置确定

③ 若 r[0].key<r[i].key 时，

r[i+1]＝r[i];i＝i−1;转②。　　　//调整待插入位置

④ r[i+1]＝r[0];结束。　　　　//存放待插入记录

直接插入排序方法：仅有一个记录的表总是有序的，因此，对 n 个记录的表，可从第二个记录开始直到第 n 个记录，逐个向有序表中进行插入操作，从而得到 n 个记录按关键字有序的表。

【例 8.1】待排序列为(26，5，37，15，61，11，59，15，48，19)，用直接插入法排序。排序过程如下：

初始关键字序列：	[26]	5	37	15	61	11	59	15	48	19
第一次排序：	[5	26]	37	15	61	11	59	15	48	19
第二次排序：	[5	26	37]	15	61	11	59	15	48	19
第三次排序：	[5	15	26	37]	61	11	59	15	48	19
第四次排序：	[5	15	26	37	61]	11	59	15	48	19
第五次排序：	[5	11	15	26	37	61]	59	15	48	19
第六次排序：	[5	11	15	26	37	59	61]	15	48	19
第七次排序：	[5	11	15	15	26	37	59	61]	48	19
第八次排序：	[5	11	15	15	26	37	48	59	61]	19
第九次排序：	[5	11	15	15	19	26	37	48	59	61]

直接插入排序实现如算法 8.1 所示。

分析该算法的时间效率：向有序表中逐个插入记录的操作，进行了 n−1 趟，每趟操作分为比较关键字和移动记录，而比较的次数和移动记录的次数取决于待排的序列按关键字的初始排列的情况。

最好情况下：即待排的序列已经按照关键字有序时，每趟操作只需 1 次比较 2 次移动。

总的比较次数＝n−1 次

总移动次数＝2(n−1)次

最坏情况下：即第 j 趟操作，插入记录需要同前面的 j 个记录进行 j 次关键字比较，移动记录的次数为 j+2 次。

$$总的比较次数 = \sum_{j=1}^{n-1} j = \frac{1}{2}n(n-1)$$

$$总的移动次数 = \sum_{j=1}^{n-1}(j+2) = \frac{1}{2}n(n-1) + 2n$$

平均情况下：即第 j 趟操作，插入记录大约同前面的 $j/2$ 个记录进行关键字比较，移动记录的次数为 $j/2+2$ 次。

$$总的比较次数 = \sum_{j=1}^{n-1} \frac{j}{2} = \frac{1}{4}n(n-1) = \frac{1}{4}n^2$$

$$总的移动次数 = \sum_{j=1}^{n-1}(\frac{j}{2}+2) = \frac{1}{4}n(n-1)+2n = \frac{1}{4}n^2$$

由此,通过表中两个 15 可以得出直接插入排序是一个稳定的排序方法。而其时间复杂度为 $O(n^2)$,主要花费在比较(采用倒序比较)和移动。

算法 8.1　直接插入排序

```c
#define MAX_SIZE  1000
typedef  struct {
        int key;
        } element;
element list [MAX_SIZE ];
void insertion_sort(element list[ ],int n)
{
    int  i, j;
    element next;
    for (i = 1; i < n; i++){
        next = list[ i ];
        for (j = i-1; j >= 0 && next.key < list[j].key; j--)
            list[ j+1] = list [ j ];
        list [ j+1] = next;
    }
}
```

8.2.2　希尔排序(Shell Sort)

希尔排序又称缩小增量排序,是 1959 年由 D. L. Shell 提出来的,和直接插入排序相比有较大的改进。直接插入排序算法简单,在 n 值较小时,效率比较高,在 n 值很大时,若序列按关键字基本有序,效率依然较高,其时间效率可提高到 O(n)。希尔排序即是从这两点出发,给出插入排序的改进方法。

希尔排序的基本思想是:先将整个待排记录序列分割成为若干子序列分别进行直接插入排序,待整个序列中的记录"基本有序"时,再对全体记录进行依次直接插入排序。在分组时,始终保证当前组内的记录个数超过前面分组排序时组内的记录个数。

希尔排序具体实现方法:

1. 选择一个步长序列 $d_1, d_2, \cdots, d_k$,其中 $d_i > d_j$,$d_k = 1$;

2. 按步长序列个数 k,对序列进行 k 趟排序;

3. 每趟排序,根据对应的步长 d_i 分组,即将待排序的记录序列所有距离为 d_i 的记录放在同一组中,如此可将待排序列分割成若干长度为 m 的子序列,分别对各组进行直接插入排序。当 $d_k = 1$ 时,整个序列作为一个表来处理,表长度即为整个序列的长度,整个排序结束。

【例 8.2】设待排序的序列(26，5，37，15，61，11，59，15，48，19)，用希尔排序法。设分别取增量 $d_1=5$，$d_2=3$，$d_3=1$。排序过程如下：

$d_1=5$　　26　5　37　15　61　11　59　15　48　19

子序列分别为{11，26}，{5，59}，{15，37}，{15，48}，{19，61}。

第一趟排序结果：

$d_2=3$　　11　5　15　15　19　26　59　37　48　61

子序列分别为{11，15，59，61}，{5，19，37}，{15，26，48}。

第二趟排序结果：

$d_3=1$　　11　5　15　15　19　26　59　37　48　61

此时，序列基本"有序"，对其进行直接插入排序，得到最终结果：

　　　　　5　11　15　15　19　26　37　48　59　61

希尔排序实现如算法 8.2 所示。

算法 8.2　希尔排序

```
void  ShellSort(element x[] , int n , int d[] , int number)
{/*待排记录在x[0]~x[n-1]中, d 为增量值数组, number 为增量值个数*/
 int  i , j , k ,span,m;
 element s ;
 for(m=0 ; m<number ; m++)
 {
    span=d[m];
    for(k=0 ; k<span ; k++)
    {
      for(i=k ; i<n-1 ; i+=span)
      {
        s=x[i+span];
        j=i;
        while(j>-1&&s.key<x[j].key)
        {
```

```
        x[j+ span]=x[j];
        j-=span;
    }
    x[j+span]=s;
    }
  }
 }
}
```

希尔排序时间复杂度比较难以计算,因为关键字的比较次数与记录移动次数依赖于步长因子序列的选取,特定情况下可以准确估算出关键字的比较次数和记录的移动次数,而目前还没有给出选取最好的步长因子序列的方法,所以希尔排序的时间复杂度大概为 $O(n(\log_2 n)^2)$。步长因子序列可以有各种取法,有取奇数的,也有取质数的,但需要注意:步长因子中除 1 外没有公因子,且最后一个步长因子必须为 1,一般有 $d_{i+1}=int(d_i/2)$。希尔排序方法是一个不稳定的排序方法。

8.3　选择排序(selection sort)

选择排序主要是每一趟从待排序列中选取一个关键字最小的记录,也即第一趟从 n 个记录中选取关键字最小的记录,第二趟从剩下的 n−1 个记录中选取关键字最小的记录,直到整个序列的记录选完。这样,由选取记录的顺序,便得到按关键字有序的序列。

8.3.1　简单选择排序

简单选择排序算法思想是:第一趟,从 n 个记录中找出关键字最小的记录与第一个记录交换;第二趟,从第二个记录开始的 n−1 个记录中再选出关键字最小的记录与第二个记录交换;如此,第 i 趟,则从第 i 个记录开始的 n−i+1 个记录中选出关键字最小的记录与第 i 个记录交换,直到整个序列按关键字有序。简单的描述为:在 $a_i,a_{i+1},\cdots,a_{n-1}(i=0\cdots n-1)$ 中选择一个最小的结点 a_k,然后 a_k 与 a_i 交换,重复 n−1 遍后,$a_0,\cdots,a_{n-1}$ 就有序了。

【例 8.3】设待排序的序列(26,5,37,15,61,11,59,15,48,19),用简单选择法排序。排序过程如下:

初始关键字序列: [26]	5	37	15	61	11	59	15	48	19
第一次排序: [5]	26	37	15	61	11	59	15	48	19
第二次排序: [5	11]	37	15	61	26	59	15	48	19
第三次排序: [5	11	15]	37	61	26	59	15	48	19
第四次排序: [5	11	15	15]	61	26	59	37	48	19
第五次排序: [5	11	15	15	19]	26	59	37	48	61
第六次排序: [5	11	15	15	19	26]	59	37	48	61
第七次排序: [5	11	15	15	19	26	37]	59	48	61
第八次排序: [5	11	15	15	19	26	37	48]	59	61

第九次排序：　　［5　　　11　　15　　15　　19　　26　　37　　48　　59］　61
第十次排序：　　［5　　　11　　15　　15　　19　　26　　37　　48　　59　　61］

简单选择排序实现如算法 8.3 所示。

算法 8.3　简单选择排序

```
void SelectSort(element x[] , int n)
{
    int i , j , small ;
    element temp ;
    for(i=0 ; i<n-1 ; i++)
    {
        small=i;
        for(j=i+1 ; j<n ; j++)
            if(x[j].key<x[small].key)
                small=j ;
        if(small!=i)
        {
            temp=x[i] ;
            x[i]=x[small];
            x[small]=temp;
        }
    }
}
```

从程序中可看出,简单选择排序移动记录的次数较少,但关键字的比较次数依然是 $\frac{1}{2}n(n-1)$,所以时间复杂度为 $O(n^2)$。简单选择排序是一种稳定的排序法。

8.3.2　堆排序

设有 n 个元素,将其按关键字排序。首先将这 n 个元素按关键字建成堆,将堆顶元素输出,得到 n 个元素中关键字最小(或最大)的元素。然后,再对剩下的 n-1 个元素建成堆,输出堆顶元素,得到 n 个元素中关键字次小(或次大)的元素。如此反复,便得到一个按关键字有序的序列。称这个过程为堆排序。实现堆排序需解决两个问题:

(1)如何将 n 个元素的序列按关键字建成堆。即初始化建堆。

(2)输出堆顶元素后,怎样调整剩余 n-1 个元素,使其按关键字成为一个新堆。即调整成新堆。

建堆方法:对初始序列建堆的过程,就是一个反复进行筛选的过程。n 个结点的完全二叉树,则最后一个结点是第 $\left[\frac{n}{2}\right]$ 个结点的子女。对第 $\left[\frac{n}{2}\right]$ 个结点为根的子树筛选,使子树成为堆,之后向前依次对各结点为根的子树进行筛选,使之成为堆,直到根结点。

调整新堆的方法:设有 m 个元素的堆,输出堆顶元素后,剩下 m−1 个元素。将堆底元素放在堆顶,若此时堆被破坏了,其原因仅是根结点不满足堆的性质,因此从树根处开始自上往下调整。将根结点与其左、右子树中较小(或小大)的根结点进行交换。若与左子树根结点交换,则左子树堆被破坏,且仅左子树的根结点不满足堆的性质;若与右子树根结点交换,则右子树堆被破坏,且仅右子树的根结点不满足堆的性质。继续对不满足堆性质的子树进行上述交换操作,直到叶子结点,堆被建成。称这个自根结点到叶子结点的调整过程为筛选。

堆排序:对 n 个元素的序列进行堆排序,先将其建成堆,以根结点与第 n 个结点交换;调整前 n−1 个结点成为堆,再以根结点与第 n−1 个结点交换;重复上述操作,直到整个序列有序。

【例 8.4】设待排序的序列(16,7,3,20,17,8),用堆排序(最大堆)法排序。排序过程如下:

(1)采用顺序存储法将待排序的序列表示成一棵完全二叉树。如图 8.1(a)所示。

(2)接下来,将这棵完全二叉树调整为

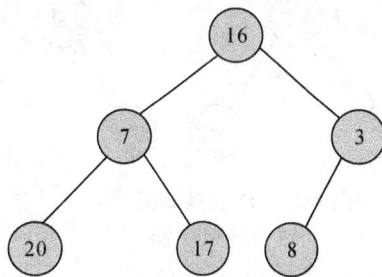

图 8-1　(a) 待排序的序列表示成一颗完全二叉树

一个最大堆,我们首先调节以 3 为根结点的这棵子树,将它调整为最大堆。得到 8.1(b)。继续调整以 7 为根的子树,将它调整为最大堆,得到 8.1(c);在此基础上,继续调整以 16 为根的树,将 16 和 20 交换得到 8.1(d),但这还不是一个堆,继续向下调整,交换 16 和 17,得到 8.1(e),为初始调整建成的最大堆。

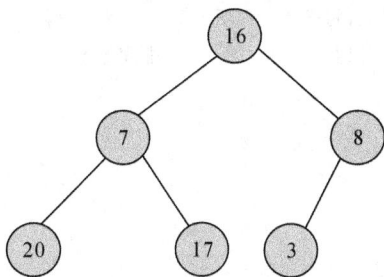

图 8-1　(b) 将 3 和 8 交换后,以 8 为
根结点的子树为一个最大堆

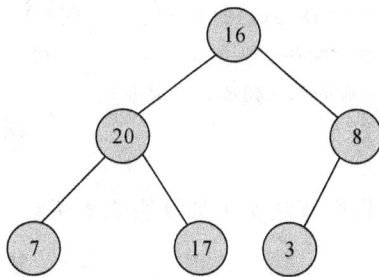

图 8-1　(c) 将(b)中的 20 和 7 交换后,
以 20 为根结点的子树为一个最大堆

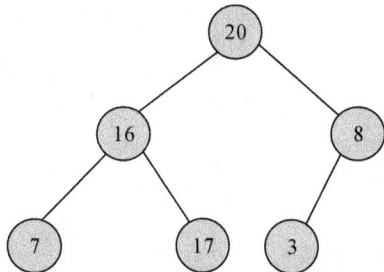

图 8-1　(d) 继续调整以 20 为根的树为最大堆,
将(c)中的 20 和 16 交换后得到的二叉树

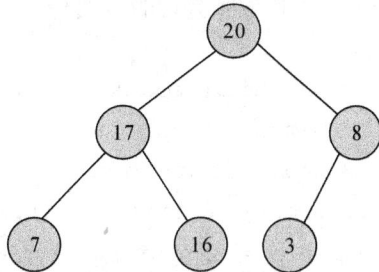

图 8-1　(e) (e)将(d)中的 16 和 17 交换后,
形成了初始的最大堆

(3)最大堆排序过程,如图 8.1(f),(g),(h),(i),(j)所示。8.1(e)得到一个最大堆,根为最大的数据,接下来交换 3 和 20,得到 8.1(f),对 8.1(f)中的 3 到 16 这五个结点构成的二叉树进行从上往下的堆调整过程。将 17 和 3 交换,得到 8.1(g),还不是一个最大堆,继续向下调整,交换 16 和 3,得到 8.1(h)这个最大堆,将根结点 17 和最后一个结点 3 进行交换,得到(i),不断重复以上过程,直至得到 8.1(j)。

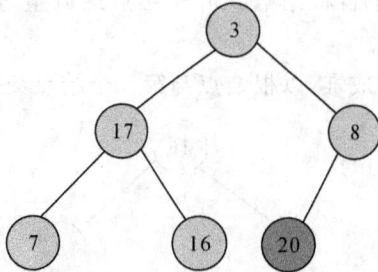

图 8-1 (f) 交换 20 和 3,
得到最大数 20

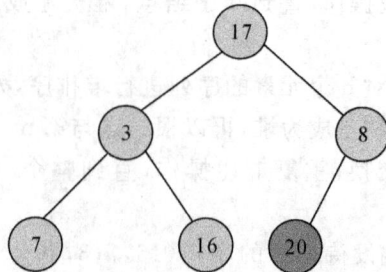

图 8-1 (g) 调整 17 到 16 这 5 个数据组成的
完全二叉树,将(f)中的 17 和 3 交换

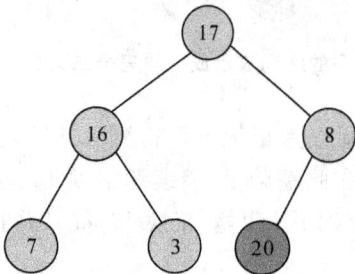

图 8-1 (h) 在(g)的基础上,
将 16 和 3 交换,17 到 3 这五个
数据组成的二叉树成为最大堆

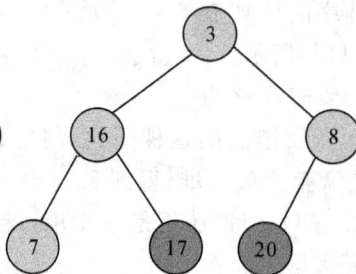

图 8-1 (i) 在(g)的基础上,将 3
和 17 交换后得到的二叉树

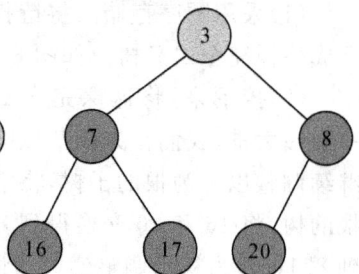

图 8-1 (j) 最后得到的
排序结果

图 8-1 最大堆排序

堆排序算法实现如算法 8.4 所示。

算法 8.4 堆排序

```
void adjust(element list[ ], int root, int n)
/*把一个二叉树调整为堆的算法*/
{
    int child,rootkey;
    element temp;
    temp = list[root];
    rootkey = list[root].key;
    child = 2*root;  /* 左孩子 */
    while (child <= n){
        if    ((child    <    n)    &&    (list[child].key    <
```

```
list[child+1].key))
                child++;
        if (rootkey > list[child].key)
                break;
        else{
            list[child/2] = list[child];    /* move to parent
*/
            child *= 2;
        }
    }
    list [child/2] = temp;
}
void HeapSort(element list[ ], int n)
/*堆排序算法*/
{
    int i,j;
    element temp;
    for (i = n/2; i > 0; i--)
        adjust(list, i, n);
    for (i = n-1; i > 0; i--){
        SWAP(list[1], list[i+1], temp);//SWAP实现两个数交换的宏
        adjust(list, 1, i);
    }
}
```

分析算法的时间复杂度，设树高为 k，$k=\lfloor log_2 n \rfloor +1$。从根到叶的筛选，关键字比较次数之多为 $2(k-1)$ 次，交换记录至多为 k 次。因此堆排序最坏情况下，时间复杂度也为 $O(n log_2 n)$。当数据元素较少时，不提倡使用堆排序。堆排序是一种不稳定的排序方法。

8.4　交换排序

交换排序主要是通过两两比较待排记录的关键字，若发生与排序要求相逆，则交换之。

8.4.1　冒泡排序(bubble sort)

冒泡排序是一种简单常用的排序方法。其基本思想是：将待排序序列中第一个记录的关键字与第二个记录的关键字作比较，如果第一个记录的关键字的值大于第二个记录的关键字的值，则交换两个记录的位置，否则不交换；然后继续对当前序列中的第二个记录和第三个记录作同样的处理。依次类推，直到序列中倒数第二个记录和最后一个记录处理完为止。

【例8.5】设待排序的序列(26，5，37，15，61，11，59，15，48，19)，用冒泡法排序。排序过程如下：

初始关键字序列:	26	5	37	15	61	11	59	15	48	19
第一次排序:	5	26	15	37	11	59	15	48	19	[61]
第二次排序:	5	15	26	11	37	15	48	19	[59	61]
第三次排序:	5	15	11	26	15	37	19	[48	59	61]
第四次排序:	5	11	15	15	26	19	[37	48	59	61]
第五次排序:	5	11	15	15	19	[26	37	48	59	61]
第六次排序:	5	11	15	15	[19	26	37	48	59	61]
第七次排序:	5	11	15	[15	19	26	37	48	59	61]
第八次排序:	5	11	[15	15	19	26	37	48	59	61]
第九次排序:	5	[11	15	15	19	26	37	48	59	61]
第十次排序:	[5	11	15	15	19	26	37	48	59	61]

冒泡排序算法实现如算法 8.5 所示。

算法 8.5　冒泡排序

```
void BubbleSort(element x[] , int n)
{
    int i , j , flag=1;/* flag=1表示在一次排序过程中至少有一次记录交换；反之
flag=0表明前一次排序没有记录交换*/
    element temp ;
    for( i=1 ; i<n && flag==1 ; i++)
    {
        flag=0;
        for(j=0 ; j<n-i ; j++)
        {
            if(x[j].key>x[j+1].key)
            {
                flag=1;
                temp=x[j];
                x[j]=x[j+1];
                x[j+1]=temp;
            }
        }
    }
}
```

分析算法的空间复杂度,该算法仅用了一个辅助单元。

分析算法的时间复杂度,该算法总共要进行 $n-1$ 趟冒泡,对 j 个记录的表进行一趟冒泡需要 $j-1$ 次关键字比较。总的比较次数 $= \sum_{j=2}^{n}(j-1) = \frac{1}{2}n(n-1)$。所以该算法的时间复

杂度为 $O(n^2)$。

分析算法的移动次数:最好情况下,待排序列已有序,不需移动。最坏情况下,每次比较后均要进行三次移动,移动次数 $= \sum_{j=2}^{n} 3(j-1) = \frac{3}{2}n(n-1)$。

8.4.2　快速排序(quick sort)

快速排序又叫作分区交换排序,是目前已知的平均速度最快的一种排序方法,它是对冒泡排序方法的一种改进。快速排序的基本思想为:取待排序的结点序列中某个结点的值作为控制值(也称为枢轴),采用某种方法把这个控制值放到适当的位置,使得这个位置的左边的所有结点的值都小于等于这个控制值;而这个位置的右边的所有结点的值都大于这个控制值。

为了方便,一般选取首下标的值作为控制值。

设结点序列为 a[left],a[left+1],…,a[right],且 left<right

给 a[left]找合适位置的算法如下:

(1) left→i,right→j,a[left]→t

(2) 如果 i<j,则

①若 a[i]≤t,那么 i+1→i,转①;

　　否则,转②;

②若 a[j]>t,那么 j-1→j,转②;

　　否则,a[i]←→a[j],j-1→j,i+1→i,转(2)。

(3)如果 i>=j,则 t→a[j],算法结束。

【例 8.6】设待排序的序列(26,5,37,15,61,11,59,15,48,19),用快速法排序。排序过程如下:

R0	R1	R2	R3	R4	R5	R6	R7	R8	R9	left	right
[26	5	37	15	61	11	59	15	48	19]	0	9
[11	5	19	15	15]	26	[59	61	48	37]	0	4
[5]	11	[19	15	15]	26	[59	61	48	37]	2	4
5	11	[15	15]	19	26	[59	61	48	37]	2	3
5	11	[15]	15	19	26	[59	61	48	37]	6	9
5	11	15	15	19	26	[48	37]	59	[61]	6	7
5	11	15	15	19	26	[37]	48	59	61	6	6
5	11	15	15	19	26	37	48	59	61		

快速排序算法 quicksort(list, 0, n-1),如算法 8.6 所示。

算法 8.6　快速排序

```
#define SWAP(x,y,t) {t=y;y=x;x=t;}
void quicksort (element list[ ], int left, int right)
{     int pivot, i, j;
      element temp;
      if (left < right){
          i = left;   j = right+ 1;
          pivot = list [left].key;
          do{
              do        i++;
              while (list[ i ].key < pivot);
              do        j--;
              while (list[ j ].key > pivot);
              if (i < j)
                  SWAP(list [ i ], list [ j ], temp);
          } while ( i < j);
          SWAP(list [ left ], list[ j ], temp);
          quicksort( list, left, j-1);
          quicksort( list, j+1, right);
      }    }
```

　　分析该算法的时间复杂度:快速排序是通常被认为在同数量级($O(n\log_2 n)$)的排序方法中平均性能最好的,该算法的平均比较次数为 $O(n\log_2 n)$。但若初始序列按关键字有序或基本有序时,快速排序反而蜕化为冒泡排序。为改进之,通常以"三者取中法"来选取枢轴记录,即将排序区间的两个端点与中点三个记录关键字居中的调整为支点记录 $pivot=median\{a_{left}, a_{(left+right)/2}, a_{right}\}$。快速排序是一个不稳定的排序方法。

8.5　归并排序(merge sort)

　　归并排序的基本操作是将两个有序表合并为一个有序表。设 $r[u\cdots t]$ 由两个有序子表 $r[u\cdots v-1]$ 和 $r[v\cdots t]$ 组成,两个子表长度分别为 $v-u$、$t-v+1$。合并方法为:

　　(1) $i=u;j=v;k=u;$　　　　　　//置两个子表的起始下标及辅助数组的起始下标

　　(2) 若 $i>v$ 或 $j>t$,转(4)　　//其中一个子表已合并完,比较选取结束

　　(3) //选取 $r[i]$ 和 $r[j]$ 关键字较小的存入辅助数组 rf

　　如果 $r[i].key<r[j].key,rf[k]=r[i];i++;k++;$转(2)

　　否则,$rf[k]=r[j];j++;k++;$转(2)

　　(4) //将尚未处理完的子表中元素存入 rf

　　如果 $i<v$,将 $r[i\cdots v-1]$ 存入 $rf[k\cdots t]$　　//前一子表非空

　　如果 $j<=t$,将 $r[i\cdots v]$ 存入 $rf[k\cdots t]$　　//后一子表非空

（5）合并结束。

将两个有序结点序列进行合并的算法如算法 8.7 所示。

算法 8.7　两个有序结点序列归并的一般算法

```c
void merge(element list[ ],element sorted[ ],int i,int m, int n)
{
  int  j, k, t;
  j = m+1;           /*  j为第二子序列的下标*/
  k = i;             /*k为已排序序列的下标 */
  while ( i <= m && j <= n)
  {
    if ( list[i].key <= list[j].key)
      sorted[k++] = list[i++];
    else
      sorted[k++] = list[j++];
  }
  if (i > m)
  /* sorted[k],...,sorted[n] = list[j],...list[n] */
    for (t = j; t <= n; t++)
      sorted[k+t-j] = list[t];
  else
  /* sorted[k], ...,sorted[n] = list[i], ..., list[m] */
    for (t = i; t <= m; t++)
      sorted[k+t-i] = list[t];
}
```

假设初始序列含有 n 个记录，则可看成 n 个有序的子序列，每个子序列的长度为 1，然后两两归并，得到 $\left\lceil \dfrac{n}{2} \right\rceil$ 长度为 2 或 1 的有序子序列；再两两归并，……，如此重复，直至得到一个长度为 n 的有序序列为止，这种排序方法称为二路归并排序。该排序方法的核心操作是将一维数组中前后相邻的两个有序序列归并为一个有序序列。

【例 8.7】设待排序的序列(26,5,77,1,61,11,59,15,48,19)，用二路归并法排序。排序过程如图 8-2 所示。

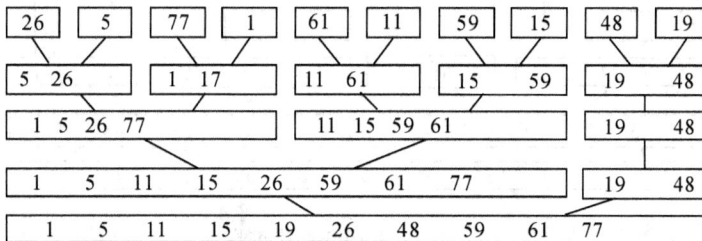

图 8-2　二路归并排序过程

二路归并排序非递归算法实现如算法 8.8 所示。

算法 8.8　二路归并排序非递归算法

```
void merge_pass(element list[ ],element  sorted[ ],int  n,int
length)
{
  int i, j;
  for (i = 0; i <= n-2 * length; i += 2 * length)
    merge(list, sorted, i, i + length - 1, i + 2 * length -1);
  if( i+length < n)
    merge(list, sorted, i, i+length-1, n-1);
  else
    for (j = i; j < n; j++)
      sorted[ j ] = list[ j ];
}

void merge_sort(element list[ ], int n)
{
  int length = 1;/* current length being merged */
  element extra[MAX_SIZE];
  while(length < n){
    merge_pass(list, extra, n, length);
  length *= 2;
  merge_pass(extra, list, n, length);
  length *= 2;
  }
}
```

【例 8.8】设待排序的序列(26,5,77,1,61,11,59,15,48,19),用二路归并法排序。排序过程如图 8-3 所示。

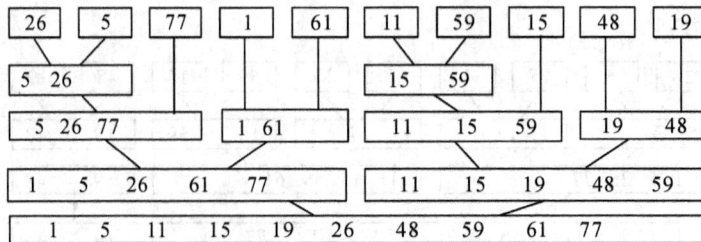

图 8-3　二路归并排序过程

二路归并排序递归算法实现如算法 8.9 所示。

算法 8.9　二路归并排序递归算法

```c
typedef  struct {
                int  key:
                /* other field */
                int  link;
             } element;
int rmerge(element list[ ], int lower, int upper)
/* 对list序列排序, list[lower],..., list[upper] */
{
  int middle;
  if (lower >= upper)
    return lower;
else
 {
      middle = (lower+upper) / 2;
      return listmerge(list, rmerge (list, lower, middle),
      rmerge (list, middle + 1, upper));
    }
}

int listmerge(element list[ ], int first, int second)
{
   int start = n;
   while (first != -1 && second != -1)

   if (list[first].key <= list[second].key)
    {
      list[start].link = first;
      start = first;
      first = list[first].link;
    }
    else
    {
      list[start].link = second;
       start = second;
       second = list[second].link;
     }
   if (first == -1)
```

```
        list[start].link = second;
    else
        list[start].link = first;
    return list[n].link;
}
```

分析该算法的时间复杂度:对 n 个元素的表,将这 n 个元素看作叶结点,若将两两归并生成的子表看作它们的父结点,则归并过程对应由叶向根生成一棵二叉树的过程。所以归并趟数约等于二叉树的高度－1,即 $\log_2 n$,每趟归并需移动记录 n 次,故时间复杂度为 O($n\log_2 n$)。

8.6 基数排序(radix sort)

基数排序又称为桶排序,它借助多关键字排序的思想,将单关键字按基数分成"多关键字"进行排序。基数排序是一种按记录关键字的各位值逐步进行排序的一种方法。此种排序方法一般仅适用于记录的关键字为整数的情况。

8.6.1 多关键字排序

扑克牌中 52 张牌,可按花色和面值分成两个字段,其大小关系为:

花色:梅花＜方块＜红心＜黑心

面值:2＜3＜4＜5＜6＜7＜8＜9＜10＜J＜Q＜K＜A

若对扑克牌按花色、面值进行升序排序,得到如下序列:

梅花 2,3,…,A,方块 2,3,…,A,红心 2,3,…,A,黑心 2,3,…,A

即两张牌,若花色不同,不论面值怎样,花色低的那张牌小于花色高的,只有在同花色情况下,大小关系才由面值的大小确定。这就是多关键字排序。

为得到排序结果,下面讨论两种排序方法。

方法 1:先对花色排序,将其分为 4 个组,即梅花组、方块组、红心组、黑心组。再对每个组分别按面值进行排序,最后,将 4 个组连接起来即可。

方法 2:先按 13 个面值给出 13 个编号组(2 号,3 号,…,A 号),将牌按面值依次放入对应的编号组,分成 13 堆。再按花色给出 4 个编号组(梅花、方块、红心、黑心),将 2 号组中牌取出分别放入对应花色组,再将 3 号组中牌取出分别放入对应花色组,……,这样,4 个花色组中均按面值有序,然后,将 4 个花色组依次连接起来即可。

一般情况下,假设有 n 个记录的序列$\{R_1,R_2,\cdots R_n\}$,且每个记录 R_i 中含有 d 个关键字$\{k_i^0,k_i^1,\cdots,k_i^{d-1}\}$,则称序列对关键字$\{k_i^0,k_i^1,\cdots,k_i^{d-1}\}$有序是指:对于序列中任两个记录 R_i 和 $R_j(1\leqslant i\leqslant j\leqslant n)$都满足下列有序关系:

$$(k_i^0,k_i^1,\cdots,k_i^{d-1})<(k_j^0,k_j^1,\cdots,k_j^{d-1})$$

其中 k^0 称为最主位关键字,k^{d-1} 称为最次位关键字。

多关键字排序按照从最主位关键字到最次位关键字或从最次位到最主位关键字的顺序逐次排序,分两种方法:

(1)最高位优先(Most Significant Digit first)法,简称 MSD 法:先按 k^0 排序分组,同一

组中记录,关键字 k^0 相等,再对各组按 k^1 排序分成子组,之后,对后面的关键字继续这样的排序分组,直到按最次位关键字 k^{d-1} 对各子组排序后。再将各组连接起来,便得到一个有序序列。扑克牌按花色、面值排序中介绍的方法一即是 MSD 法。如图 8-4 所示。

图 8-4　MSD 法

（2）最低位优先(Least Significant Digit first)法,简称 LSD 法:先从 k^{d-1} 开始排序,再对 k^{d-2} 进行排序,依次重复,直到对 k^0 排序后便得到一个有序序列。扑克牌按花色、面值排序中介绍的方法 2 即是 LSD 法。如图 8-5 所示

图 8-5　LSD 法

LSD 比 MSD 要简单。LSD 是从头结点到尾结点进行若干次分配和收集,执行的次数取决于构成关键字的位数;而 MSD 需要处理各堆与子堆的独立排序问题,通常是一个递归过程。

8.6.2　链式基数排序

基数排序是借助"分配"和"收集"两种操作对单逻辑关键字进行排序的一种内部排序方法。

有的逻辑关键字可以看成由若干个关键字复合而成的。例如:若关键字是数值,且其值都在 $0 \leqslant K \leqslant 999$ 范围内,则可把每一个十进制数字看成一个关键字,即可认为 K 由三个关键字(K^0,K^1,K^2)组成,其中 K^0 是百位数,K^1 是十位数,K^2 是个位数。由于如此分解而得的每个关键字 K^i 都在相同的范围内(对数字 $0 \leqslant K^i \leqslant 9$;对字母'A'$\leqslant K^i \leqslant$'Z')则按 LSD 进行排序更为方便,只要从最低数位关键字起,按关键字的不同值将序列中记录"分配"到 RADIX 个队列中后再"收集"之,如此重复 d 次。按这种方法实现排序称之为基数排序,其中"基"指的是 RADIX 的取值范围。

【例 8.9】设待排序的序列(179,208,306,93,859,984,55,9,271,33),用基数排序。排序过程如图 8-6 所示。

（1）初始输入：$179->208->306->93->859->984->55->9->271->33$

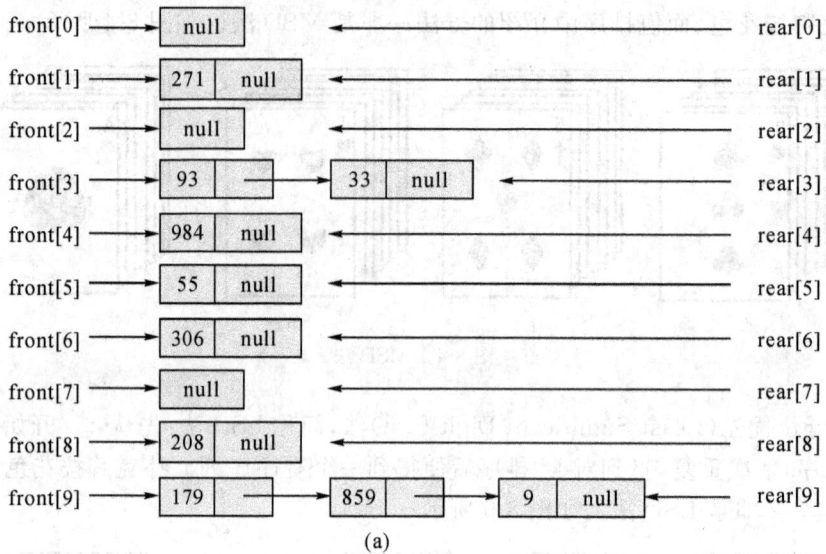

```
front[0] ──▶ [ null ]              ◀──────────────────────────  rear[0]

front[1] ──▶ [ 271 | null ]        ◀──────────────────────────  rear[1]

front[2] ──▶ [ null ]              ◀──────────────────────────  rear[2]

front[3] ──▶ [ 93 | · ]──▶[ 33 | null ]   ◀────────────────────  rear[3]

front[4] ──▶ [ 984 | null ]        ◀──────────────────────────  rear[4]

front[5] ──▶ [ 55 | null ]         ◀──────────────────────────  rear[5]

front[6] ──▶ [ 306 | null ]        ◀──────────────────────────  rear[6]

front[7] ──▶ [ null ]              ◀──────────────────────────  rear[7]

front[8] ──▶ [ 208 | null ]        ◀──────────────────────────  rear[8]

front[9] ──▶ [ 179 | · ]──▶[ 859 | · ]──▶[ 9 | null ]  ◀──────  rear[9]
```

(a)

（2）第一次分配，i＝2：

$271->93->33->984->55->306->208->179->859->9$

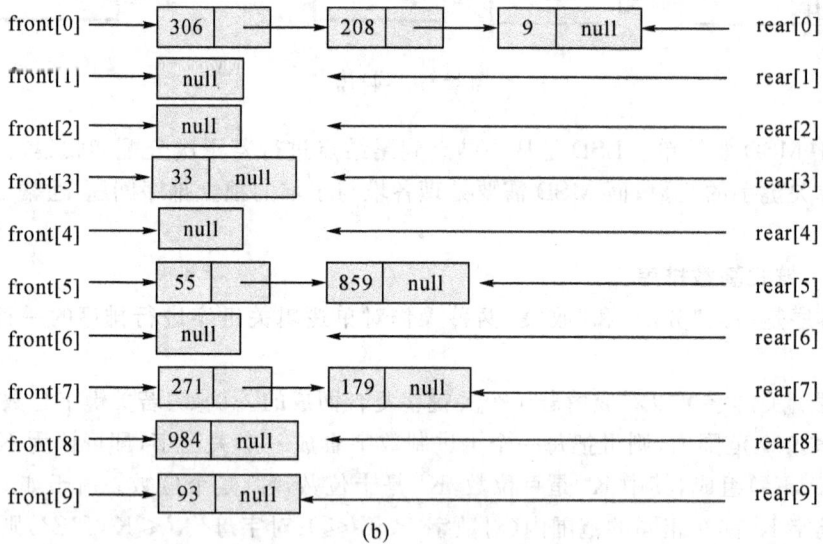

```
front[0] ──▶ [ 306 | · ]──▶[ 208 | · ]──▶[ 9 | null ]  ◀──────  rear[0]

front[1] ──▶ [ null ]              ◀──────────────────────────  rear[1]

front[2] ──▶ [ null ]              ◀──────────────────────────  rear[2]

front[3] ──▶ [ 33 | null ]         ◀──────────────────────────  rear[3]

front[4] ──▶ [ null ]              ◀──────────────────────────  rear[4]

front[5] ──▶ [ 55 | · ]──▶[ 859 | null ]   ◀───────────────────  rear[5]

front[6] ──▶ [ null ]              ◀──────────────────────────  rear[6]

front[7] ──▶ [ 271 | · ]──▶[ 179 | null ]   ◀──────────────────  rear[7]

front[8] ──▶ [ 984 | null ]        ◀──────────────────────────  rear[8]

front[9] ──▶ [ 93 | null ]         ◀──────────────────────────  rear[9]
```

(b)

（3）第二次分配，i＝1：

$306->208->9->33->55->859->271->179->984->93$

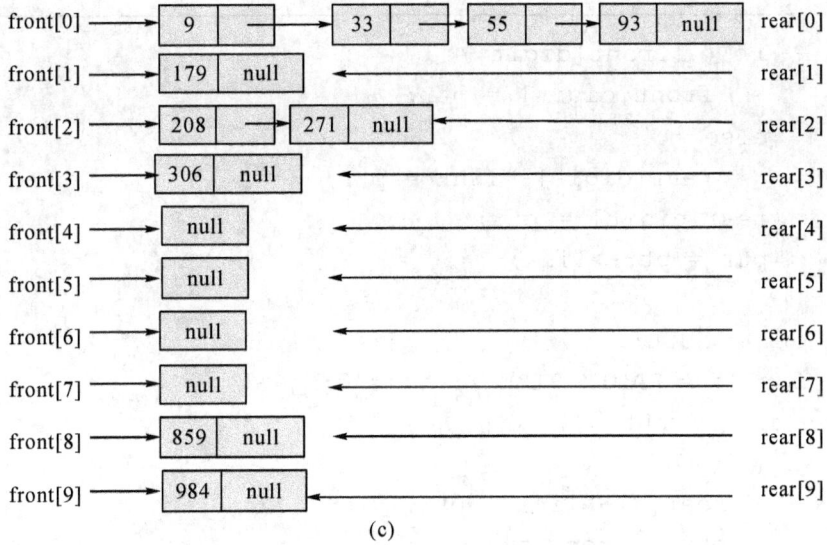

图 8-6　基数排序过程

（4）第三次分配，i＝0：

9－＞33－＞55－＞93－＞179－＞208－＞271－＞306－＞859－＞984

基数排序算法实现如算法 8.10 所示。

算法 8.10　基数排序

```
#define MAX_DIGIT 3   /* 数字在0到999之间 */
#define RADIX_SIZE 10
typedef  struct  list_node *list_pointer;
typedef struct list_node {
                    int key[MAX_DIGIT];
                    list_pointer link;
                    };
list_pointer radix_sort (list_pointer ptr)
/* 基于链接表的基数排序( LSD radix sort) */
{
   list_pointer front [RADIX_SIZE], rear[RADIX_SIZE];
   int i,j,digit;
for (i = MAX_DIGIT-1; i >= 0; i--)
 {
     for (j = 0;j < RADIX_SIZE; j++)
       front[j] = rear[j] = NULL;
     while (ptr)
       {
          digit = ptr->key[i];
```

```
        if ( !front[digit])
            front[digit] = ptr;
        else
            rear[digit]->link = ptr;
        rear[digit] = ptr;
        ptr = ptr->link;
    }
    ptr = NULL;
    for (j = RADIX_SIZE-1; j >= 0; j--)
      if ( front[j])
      {
          rear[j]->link = ptr;
          ptr = front[j];
      }
    }
    return ptr;
}
```

8.7 性能比较

从平均时间性能而言,快速排序最佳,其所需时间最省,但在最坏情况下的时间性能不如堆排序和归并排序。在 n 较大时,归并排序所需时间较堆排序省,但所需辅助存储量最多。当序列中的记录"基本有序"或 n 值较小时,直接插入排序是最佳的排序方法。

稳定的排序方法有:直接插入排序,冒泡排序,归并排序

不稳定的排序方法有:快速排序,堆排序,希尔排序

各种排序算法比较如表 8.1 所示。

表 8.1 各种排序算法比较表

类　别	类　型	时间复杂度（平均）	时间复杂度（最好）	时间复杂度（最坏）	辅助空间
交换排序 exchange	冒泡排序 Bubble sort	$O(n^2)$	$O(n)$	$O(n^2)$	$O(1)$
	快速排序 Quick sort	$O(n\log n)$	$O(n)$	$O(n^2)$	$O(\log n)$
选择排序 select	简单选择排序 Straight sort	$O(n^2)$	$O(n^2)$	$O(n^2)$	$O(1)$
树排序 Tree	二叉树排序 Binary tree sort	$O(n\log n)$		斜的 $O(n^2)$	
	堆排序 Heap sort	$O(n\log n)$	$O(n\log n)$	small n	$O(1)$

续表

类 别	类 型	时间复杂度（平均）	时间复杂度（最好）	时间复杂度（最坏）	辅助空间
插入排序 insertion	直接插入排序 Simple sort	$O(n^2)$	$O(n)$	$O(n^2)$	$O(1)$
	希尔排序 Shell sort	$O(n(\log n)^2)$			$O(1)$
归并排序 merge	归并排序 Merge sort	$O(n\log n)$	large n	small n	$O(n)$

习 题

1. 已知一组元素的排序码为(46,16,53,14,26,40,38,86,65,27,34)

(1) 利用直接插入排序的方法写出每次向前面有序表插入一个元素的排列结果。

(2) 利用简单选择排序方法写出每次选择和交换后的排列结果。

(3) 利用堆排序的方法写出在构成初始堆和利用堆排序的过程中,每次筛运算后的排列结果,并画出初始堆所对应的完全二叉树。

(4) 利用快速排序的方法写出每一趟划分后的排列结果,并画出由此快速排序得到的二叉搜索树。

(5) 利用归并排序的方法写出每一趟二路归并排序后的结果。

2. 请实现非递归的快速排序算法。

3. 二路插入排序是将待排关键字序列 r[1…n]中关键字分二路分别按序插入到辅助向量 d[1…n]前半部和后半部(注:向量 d 可视为循环表),其原则为,先将 r[1]赋给 d[1],再从 r[2]记录开始分二路插入。编写实现二路插入排序算法。

4. 叙述基数排序算法,并对下列整数序列用图表示其基数排序的全过程。(179,208,93,306,55,859,984,9,271,33)

5. 输入 n 个只含一位数字的整数,试用基数排序的方法,对这 n 个数排序。

6. 设待排序的排序码序列为{12,2,16,30,28,10,16*,20,6,18},试分别写出使用以下排序方法每趟排序后的结果。并说明做了多少次比较。(1)直接插入排序(2)希尔排序(增量为 5,2,1)(3)冒泡排序(4)快速排序(5)基数排序(6)堆排序。

第九章 文　　件

在数据处理方面,特别是事务型的软件编制工作中,都涉及有关文件的知识。尽管数据管理技术早已从文件系统发展到数据库系统,但因为文件系统是数据库系统的基础,从专用、高效和系统软件研制角度看,文件系统仍有其不可取代的地位。正如高级语言出现后,汇编语言仍是软件研制的重要工具一样。本章讨论如何有效地组织数据,提供方便而又高效地利用数据信息的方法。

9.1　有关文件的基本概念

9.1.1　文件概念

文件(File)是性质相同的记录的集合。文件的数据量通常很大,被放置在外存上。按其记录的类型不同而分为两类:操作系统文件和数据库文件。操作系统中研究的文件一种是无结构的流式文件,是指对文件内信息不再划分单位,它是由一串字符流构成的文件。数据库中所研究的文件是带有结构的记录集合,每个记录可由若干个数据项构成。数据结构中讨论的文件主要是数据库意义上的文件,不是操作系统意义上的文件。

记录是文件中存取的基本单位,数据项是文件可使用的最小单位。数据项有时也称为字段(Field),或者称为属性(Attribute)。其值能唯一标识一个记录的数据项或数据项的组合称为主关键字项。例如表9.1所示为一个数据库文件,每个学生的情况是一个记录,它由7个数据项组成。其中"职工号"可作为主关键字项,它能唯一标识一个记录,即它的值对任意两个记录都是不同的。姓名、性别等数据只能作为次关键字项,因为它们的值对不同的记录可以是相同的。

表 1.1　学生信息数据库文件

学号	姓名	性别	班级	专业	籍贯	入学成绩
010010001	胡朋	女	信息 0501	信息管理	上海	595
010010002	王永	男	信息 0501	信息管理	广州	610
010010003	刘林	男	信息 0501	信息管理	浙江	620
010010004	张勇	男	信息 0501	信息管理	浙江	615

9.1.2　文件分类

1. 单关键字文件和多关键字文件

文件可以按照记录中关键字的多少,分成单关键字文件和多关键字文件。单关键字文件是指文件中的记录只有一个唯一标识记录的主关键字。多关键字文件是指文件中的记录除了含有一个主关键字外,还含有若干个次关键字的文件。

2. 定长文件和不定长文件

由定长记录组成的文件称做定长文件,含有的信息长度相同的记录称定长记录。文件中记录含有的信息长度不等,则称其为不定长文件。例如表 9.1 所示的学生信息文件是一个定长文件。

9.2 文件的逻辑结构及物理结构

9.2.1 文件的逻辑结构及操作

文件的逻辑结构是指文件在用户或应用程序员面前呈现的方式,是用户对数据的表示和存取方式。在文件系统设计时,选择何种逻辑结构才能更有利于用户对文件信息的操作呢?一般情况下,选取文件的逻辑结构应遵循下述原则:

• 当用户对文件信息进行修改操作时,给定的逻辑结构应能尽量减少对已存储好的文件信息的变动。

• 当用户需要对文件信息进行操作时,给定的逻辑结构应使文件系统在尽可能短的时间内查找到需要查找的记录或基本信息单位。

• 应使文件信息占据最小的存储空间。

• 应是便于用户进行操作的。

显然,对于字符流的无结构文件来说,查找文件中的基本信息单位,例如某个单词,是比较困难的。但反过来,字符流的无结构文件管理简单,用户可以方便地对其进行操作。所以,那些对基本信息单位操作不多的文件较适于采用字符流的无结构方式,例如,源程序文件、目标代码文件等。除了字符流的无结构方式外,记录式的有结构文件可把文件中的记录按各种不同的方式排列,构成不同的逻辑结构,以便用户对文件中的记录进行修改、追加、查找和管理等操作。

文件的操作主要有两类:检索和维护。

检索即在文件中查找满足给定条件的记录。文件的检索有以下三种方式:

(1)顺序存取:存取下一个逻辑记录。

(2)直接存取:存取第 i 个逻辑记录。

以上两种存取方式都是根据记录序号或记录的相对位置进行存取的。

(3)按关键字存取:给定一个值,查询一个或一批关键字与给定值相关的记录。对数据库文件可以有如下四种查询方式:

①简单询问:只询问单个关键字等于给定值的记录。

【例】表 9.1 的学生数据文件中,查询学号="010010007",或姓名="王永"的记录。

②范围询问:只询问单个关键字属于某个范围内的所有记录。

【例】表 9.1 的学生数据文件中,查询入学成绩>600 的所有学生的记录。

③函数询问:规定单个关键字的某个函数,询问该函数的某个值。

【例】表 9.1 的学生数据文件中,查询全体学生的平均入学成绩是多少。

④布尔询问:以上三种询问用布尔运算(与、或、非)组合起来的询问。

【例】表 9.1 的学生数据文件中,要找出所有入学成绩低于 600 的信息管理专业学生以及所有入学成绩高于 620 的计算机专业学生,查询条件是:

(专业＝"信息管理")and(入学成绩＜590)or(专业＝"计算机")and(入学成绩＞620)

维护操作包括:对文件进行记录的插入、删除及修改等更新操作。为提高文件的效率,进行再组织操作。文件被破坏后的恢复操作,以及文件中数据的安全保护等。

文件上的检索和更新操作,都可有实时和批量两种不同的处理方式。实时处理指响应时间要求严格,要求在接受询问后几秒钟内完成检索和更新。批量处理指响应时间要求宽松一些,不同的文件系统有不同的要求。例如一个民航订票系统,其检索和更新都应当实时处理;而银行的账户系统需要实时检索,但可进行批量更新,即可以将一天的存款和提款记录在一个事务文件上,在一天的营业之后再进行批量处理。

9.2.2 文件的存储结构(亦称物理结构)

文件的存储结构是指文件在外存上的组织方式。文件在外存上的基本的组织方式有四种:顺序组织,索引组织,散列组织和链组织;对应的文件名称分别为:顺序文件、索引文件、散列文件和多关键字文件。文件组织的各种方式往往是这四种基本方式的结合。

选择哪一种文件组织方式,取决于对文件中记录的使用方式和频繁程度、存取要求、外存的性质和容量。常用外存设备有磁带,磁盘等。磁带是顺序存取设备,只适用于存储顺序文件。磁盘是直接存取设备,适用于存储顺序文件、索引文件、散列文件和多关键字文件等。

评价一个文件组织的效率,是执行文件操作所花费的时间和文件组织所需的存储空间。通常文件组织的主要目的,是为了能高效、方便地对文件进行操作,而检索功能的多寡和速度的快慢,是衡量文件操作质量的重要标志,因此,如何提高检索的效率,是研究各种文件组织方式首先要关注的问题。

9.3 顺序文件

顺序文件是指按记录进入文件的先后顺序存放、其逻辑顺序和物理顺序一致的文件。一切存储在顺序存取存储器(如磁带)上的文件,都只能是顺序文件。顺序文件分为顺序有序文件和顺序无序文件。记录按其主关键字有序的顺序文件为顺序有序文件。记录未按其主关键字有序排列的顺序文件为顺序无序文件。为提高检索效率,常将顺序文件组织成有序文件。

顺序有序文件存取的查找方法很多。包括顺序查找法,分块查找法,二分查找法等。

顺序查找法即顺序扫描文件,按记录的主关键字逐个查找。要检索第 i 个记录,必须检索前 i−1 个记录。这种查找法对于少量的检索是不经济的,但适合于批量检索。顺序存取存储器上的文件只能用顺序查找法存取。

分块查找法的具体方法为:设文件按主关键字的递增序,每 100 个记录为一块,各块的最后一个记录的主关键字为 K100,K200,…,K100i,…等,查找时,将所要查找的记录的主关键字 K,依次和各块的最后一个记录的主关键字比较,当 K 大于 K100(i−1)且小于或等于 K100i 时,则在第 i 块内进行扫描。分块查找法在查找时不必扫描整个文件中的记录。

二分查找法只适合对较小的文件或一个文件的索引进行查找。当文件很大,在磁盘上占有多个柱面时,二分查找将引起磁头来回移动,增加寻查时间。对磁盘等直接存取设备,还可以对顺序文件进行插值查找和跳步查找。

由于文件中的记录不能像向量空间的数据那样"移动",故只能通过复制整个文件的方法实现插人、删除和修改等更新操作。我们也可以用批量处理方式实现顺序文件的更新。批量处理方式工作原理为:把所有对顺序文件(以下称主文件)的更新请求,都放入一个较小的事务文件中;当事务文件变得足够大时,将事务文件按主关键字排序;再按事务文件对主文件进行一次全面的更新,产生一个新的主文件;最后,清空事务文件,以便积累此后的更新内容。

顺序文件主要优点是连续存取的速度较快。顺序文件具有连续存取特点。当文件中第 i 个记录刚被存取过,而下一个要存取的是第 i+1 个记录,则这种存取将会很快完成。对存放在单一存储设备(如磁带)上的顺序文件连续存取速度快。顺序文件存放在多路存储设备(如磁盘)上时,在多道程序的情况下,由于别的用户可能驱使磁头移向其他柱面,会降低连续存取的速度。顺序文件多用于磁带。

9.4 索引文件

索引文件由主文件和索引表构成。主文件为文件本身。索引表是在文件本身外建立的一张表,它指明逻辑记录和物理记录之间的一一对应关系。索引表由若干索引项组成。一般索引项由主关键字和该关键字所在记录的物理地址组成。索引表必须按主关键字有序,而主文件本身则可以按主关键字有序或无序。

主文件按主关键字有序的文件称索引顺序文件(Indexed Sequential File)。在索引顺序文件中,可对一组记录建立一个索引项。这种索引表称为稀疏索引。主文件按主关键字无序的文件称索引非顺序文件(Indexed Non Sequential File)。在索引非顺序文件中,必须为每个记录建立一个索引项,这样建立的索引表称为稠密索引。通常将索引非顺序文件简称为索引文件。索引非顺序文件主文件无序,顺序存取将会频繁地引起磁头移动,适合于随机存取,不适合于顺序存取。索引顺序文件的主文件是有序的,适合于随机存取、顺序存取。索引顺序文件的索引是稀疏索引。索引占用空间较少,是最常用的一种文件组织。最常用的索引顺序文件:ISAM 文件和 VSAM 文件。

索引文件在存储器上分为两个区:索引区和数据区。索引区存放索引表,数据区存放主文件。建立索引文件的过程为:首先按输入记录的先后次序建立数据区和索引表。其中索引表中关键字是无序的;然后,待全部记录输入完毕后对索引表进行排序,排序后的索引表和主文件一起就形成了索引文件。

【例】对于表 9.2 的数据文件,主关键字是学号,排序前的索引表如表 9.3 所示,排序后的索引表见表 9.4,表 9.2 和表 9.4 一起形成了一个索引文件。

表 9.2 数据文件			
物理地址	学号	姓名	其他
101	010010001	胡朋	
102	010010004	张勇	
103	010010002	王永	
104	010010003	刘林	

表 9.3 排序前的索引	
关键字	物理地址
010010001	101
010010004	102
010010002	103
010010003	104

表 9.4 排序后的索引	
关键字	物理地址
010010001	101
010010002	103
010010003	104
010010004	102

索引文件的检索操作分两步进行:首先,将外存上含有索引区的页块送人内存,查找所需记录的物理地址。然后,将含有该记录的页块送人内存。索引表不大时,索引表可一次读入内存,在索引文件中检索只需两次访问外存:一次读索引,一次读记录。由于索引表有序,对索引表的查找可用顺序查找或二分查找等方法。

索引文件的更新操作包括插入和删除等。插入操作为将插入记录置于数据区的末尾,并在索引表中插入索引项;删除操作删去相应的索引项;修改主关键字时,要同时修改索引表。

我们也可以利用查找表建立多级索引。对索引表建立的索引,称为查找表。查找表的建立可以为占据多个页块的索引表的查阅减少外存访问次数。当查找表中项目仍很多,可建立更高一级的索引。通常最高可达四级索引:

数据文件—>索引表—>查找表—>第二查找表—>第三查找表。

【例】检索过程从最高一级索引——第三查找表开始,需要 5 次访问外存。

多级索引是一种静态索引,多级索引的各级索引均为顺序表,结构简单,修改很不方便,每次修改都要重组索引。

当数据文件在使用过程中记录变动较多时,利用二叉排序树(或 AVL 树)、B 树(或其变型)等树表结构建立的索引,为动态索引。

树表结构建立的索引的特点为插入、删除方便,本身是层次结构,无须建立多级索引,建立索引表的过程即为排序过程。在各种树表结构的选择中,当数据文件的记录数不很多,内存容量足以容纳整个索引表时,可采用二叉排序树(或 AVL 树)作索引;当文件很大时,索引表(树表)本身也在外存,查找索引时访问外存的次数恰为查找路径上的结点数。采用 m 阶 B-树(或其变型)作为索引表为宜(m 的选择取决于索引项的多少和缓冲区的大小)。

由于访问外存的时间比内存中查找的时间大得多,所以外存的索引表的查找性能主要着眼于访问外存的次数,即索引表的深度。ISAM 文件和 VSAM 文件是常用的索引顺序文件。

9.5 ISAM 文件和 VSAM 文件

9.5.1 ISAM 文件

ISAM 为 Indexed Sequential Access Methed (索引顺序存取方法)的缩写,它是一种专为磁盘存取文件设计的文件组织方式,采用静态索引结构。由于磁盘是以盘组、柱面和磁道三级地址存取的设备,则可对磁盘上的数据文件建立盘组、柱面和磁道多级索引,下面我们讨论在同一个盘组上建立的 ISAM 文件。

1. ISAM 文件的组成

ISAM 文件由多级主索引、柱面索引、磁道索引和主文件组成。

文件的记录在同一盘组上存放时,应先集中放在一个柱面上,然后再顺序存放在相邻的柱面上。对同一柱面,则应按盘面的次序顺序存放。

【例】图 9-1 所示的文件是存放在同一个磁盘组上的 ISAM 文件。

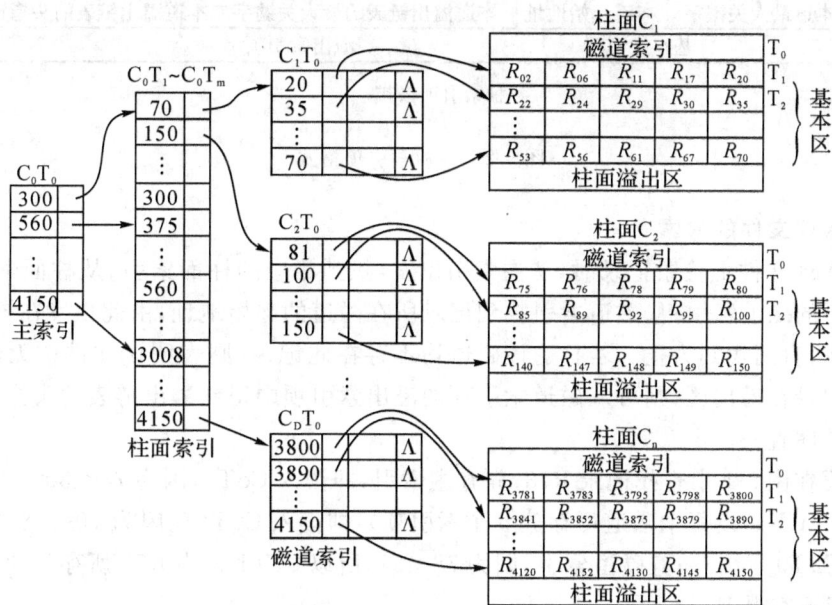

图 9-1　ISAM 文件结构

其中:

① C 表示柱面;

② T 表示磁道;

③ CiTi 表示 i 号柱面,j 号磁道;

④ Ri 表示主关键字为 i 的记录。

从图中可看出,主索引是柱面索引的索引,这里只有一级主索引。若文件占用的柱面索引很大,使得一级主索引也很大时,可采用多级主索引。当然,若柱面索引较小时,则主索引可省略。

通常主索引和柱面索引放在同一个柱面上(如图 9-1 是放在 0 号柱面上),主索引放在该柱面最前的 1 个磁道上,其后的磁道中存放柱面索引。每个存放主文件的柱面都建立有一个磁道索引,放在该柱面的最前面的磁道 To 上,其后的若干个磁道是存放主文件记录的基本区,该柱面最后的若干个磁道是溢出区。基本区中的记录是按主关键字大小顺序存储的,溢出区被整个柱面上的基本区中各磁道共享,当基本区中某磁道溢出时,就将该磁道的溢出记录,按主关键字大小链成一个链表(以下简称溢出链表)放入溢出区。

2. 各级索引中的索引项结构

图 9-2 所示为各种索引项格式。如图所示,磁道索引中的每一个索引项,都由两个子索引项组成:基本索引和溢出索引项。

主索引项:

一组柱面索引项中最大关键字	本组柱面索引项的起始地址

柱面索引项:

柱面的最大关键字	本柱面的磁道索引的地址

磁道索引项:

本道最大关键字	本道起始地址	本道溢出链表的最大关键字	本道溢出链表的头指针

基本索引项 ←————————→ 溢出索引项

各种索引项格式

图 9-2　各种索引项格式

3. ISAM 文件的检索

在 ISAM 文件上检索记录时,从主索引出发,找到相应的柱面索引;从柱面索引找到记录所在柱面的磁道索引;从磁道索引找到记录所在磁道的起始地址,由此虫发在该磁道上进行顺序查找,直到找到为止。若找遍该磁道均不存在此记录,则表明该文件中无此记录;若被查找的记录在溢出区,则可从磁道索引项的溢出索引项中得到溢出链表的头指针,然后对该表进行顺序查找。

【例】要在图 9-1 中查找记录 R78,先查主索引,即读入 CoTo;因为 78<300,则查找竹面索引的 C0Tl(不妨设每个磁道可存放 5 个索引项),即读入 C0Tl 瘟因为 70<78<150,所以进一步把 C2T0 入内存;查磁道索引,因为 78<81,所以 C2T1 即为 R78 所存放的磁道,读入 C2T1,后即可查得 R78。

为了提高检索效率,通常可让主索引常驻内存,并将柱面索引放在数据义件所占空间居中位置的柱面上,这样,从柱面索引查找到磁道索引时,磁头移动距离的平均值最小。

4. ISAM 文件的插入操作

当插人新记录时,首先找到它应插入的磁道。若该磁道不满,则将新记录插入该磁道的适当位置上即可;若该磁道已满,则新记录或者插在该磁道上,或者直接插入到该磁道的溢出链表上。插入后,可能要修改磁道索引中的基本索引项和溢出索引项。

【例】依次将记录 R72,R87,R91 插入到上图所示的文件后,第二个柱面的磁道索引及该柱面中主文件 W 的变化状况如下图 9-3 所示。

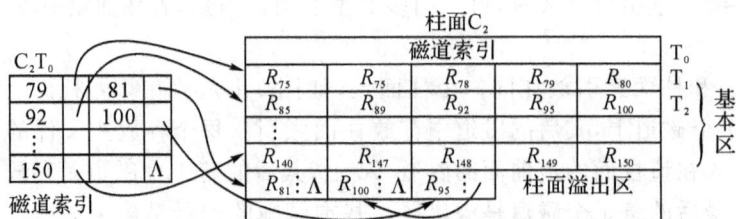

图 9-3　插入 R_{72},R_{87},R_{91} 后柱面变化状况

当插入 R72 时,应将它插在 C2Tl,因为 72<75,所以 R72 应插在该磁道的第一个记录的位置上,而该磁道上原记录依次后移一个位置,于是最后一个记录 R81 被移入溢出区。

由于该磁道上最大关键字由 81 变成 79,故它的溢出链表也由空变为含有一个记录 R81 的非空表。因此,将 C2T1 对应的磁道索引项中基本索引项的最大关键字,由 81 改为 79;将溢出索引项的最大关键字置为 81,且令溢出链表的头指针指向 R81,的位置;类似地,R87 和 B91 被先后插入到第 2 号柱面的第 2 号磁道 C2T2 上。插入 R87 时,R100 被移到溢出区;插入 R91 时,R95 被移到溢出区,即该磁道溢出链表上有两个记录。虽然物理位置上 R100 在 R95,之前,但作为按关键字有序的链表,B95 是链表上的第一个记录,R100 是第二个记录。因此,C2T2 对应的溢出索引项中,最大关键字为 100,而溢出链表头指针指向 R95 的位置;C2T2 移出 R95 和移出 R100 后,92 变为该磁道上最大关键字,所以 C2T2 对应的基本索引项中最大关键字由 100 变为 92。

5. ISAM 文件中删除记录的操作

ISAM 文件中删除记录的操作,比插入简单得多,只要找到待删除的记录,在其存储位置上作删除标记即可,而不需要移动记录或改变指针。在经过多次的增删后,文件的结构可能变得很不合理。此时,大量的记录进入溢出区,而基本区中又浪费很多的空间。因此,通常需要周期性地整理 ISAM 文件,把记录读入内存重新排列,复制成一个新的 ISAM 文件,填满基本区而空出溢出区。

9.5.2 VSAM 文件

VSAM 是 Virtual Storage Access Method(虚拟存储存取方法)的缩写,它也是一种索引顺序文件的组织方式,采用 B+树作为动态索引结构。

1. B+树

一棵 m 阶 B+树可以定义如下:

(1)树中每个非叶结点最多有 m 棵子树;

(2)根结点(非叶结点)至少有 2 棵子树。除根结点外,其他的非叶子结点至少有 $\lceil m/2 \rceil$ 棵子树;有 n 棵子树的非叶子结点有 n-1 个关键字。

(3)所有的叶子结点都处于同一层次上,包含了全部关键字及指向相应数据对象存放地址的指针,且叶子结点本身按关键字从小到大顺序链接;

(4)每个叶子结点中的子树棵数 n 可以多于 m,可以少于 m,视关键字字节数及对象地址指针字节数而定。若设结点可容纳最大关键字数为 m1,则指向对象的地址指针也有 m1 个。结点中的子树棵数 n 应满足 $\lceil \lceil m1/2 \rceil, m1 \rceil$。若根结点同时又是叶结点,则结点格式同叶子结点。所有的非叶子结点可以看成是索引部分,结点中关键字 Ki 与指向子树的指针 Ai 构成对子树(即下一层索引块)的索引项(Ki,Ai),Ki 是子树中最小的关键字。特别地,子树指针 A0 所指子树上所有关键字均小于 K1。结点格式同 B-树。

在 B+树上进行随机查找、插入和删除的过程基本上与 B-树类似。只是在查找过程中,如果非叶结点上的关键字等于给定值,查找并不停止,而是继续沿右指针向下,一直查到叶结点上的这个关键字。B+树的查找分析类似于 B-树。

B+树的插入仅在叶子结点上进行。每插入一个关键字-指针索引项后都要判断结点中的子树棵数是否超出范围。当插入后结点中的子树棵数>m1 时,需要将叶子结点分裂为两个结点,它们的关键字分别为 $\lceil (m1+1)/2 \rceil$ 和 $\lfloor (m1+1)/2 \rfloor$。并且它们的双亲结点中应同时包含这两个结点的最小关键字和结点地址。此后,问题归于在非叶子结点中的插入了。

(1)在非叶子结点中关键字的插入与叶结点的插入类似,但非叶子结点中的子树棵数的上限为 m,超出这个范围就需要进行结点分裂。

(2)在做根结点分裂时,因为没有双亲结点,就必须创建新的双亲结点,作为树的新根。这样树的高度就增加一层了。

图 9-4　显示了 B+树插入结点的过程。

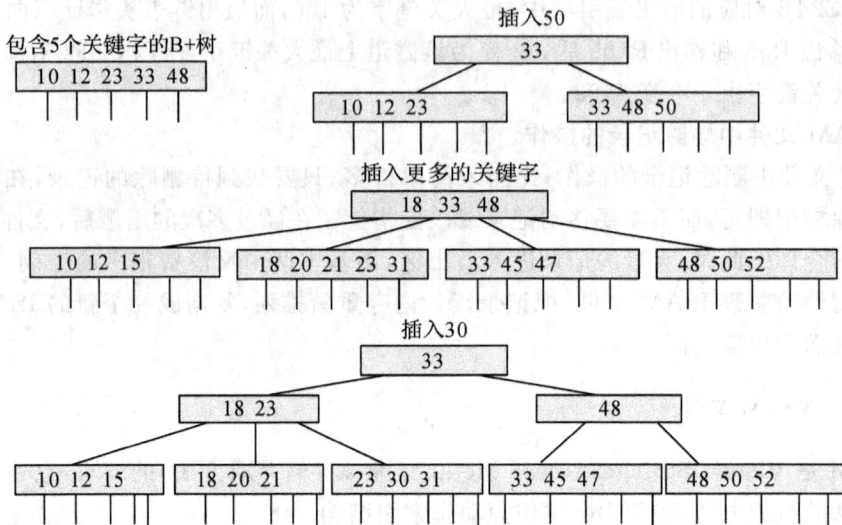

图 9-4　B+树插入结点的过程

B+树的删除仅在叶子结点上进行。当在叶子结点上删除一个关键字—指针索引项后,结点中的子树棵数仍然不少于⌈m1/2⌉,这属于简单删除,其上层索引可以不改变。

如果删除的关键字是该结点的最小关键字,但因在其上层的副本只是起了一个引导查找的"分界关键字"的作用,所以上层的副本仍然可以保留。

如果在叶子结点中删除一个关键字—指针索引项后,该结点中的子树棵数 n 小于结点子树棵数的下限⌈m1/2⌉,必须做结点的调整或合并工作。

(1)如果右兄弟结点的子树棵数已达到下限⌈m1/2⌉,没有多余的关键字可以移入被删关键字所在的结点,这时必须进行两个结点的合并。将右兄弟结点中的所有关键字—指针索引项移入被删关键字所在结点,再将右兄弟结点删去。

(2)结点的合并将导致双亲结点中"分界关键字"的减少,有可能减到非叶子结点中子树棵数的下限⌈m/2⌉以下。这样将引起非叶子结点的调整或合并。

(3)如果根结点的最后两个子女结点合并,树的层数就会减少一层。

图 9-5 显示了 B+树删除结点的过程。

3. VSAM 文件

VSAM 文件的结构示意图如 9.6 所示。它由索引集、顺序集和数据集三部分组成。其中数据集即为主文件,而顺序集和索引集构成主文件的"索引",是一棵 B+树。其中顺序集中的每个结点即为 B+树的叶子结点,包含主文件的全部索引项,索引集中的结点即为 B+

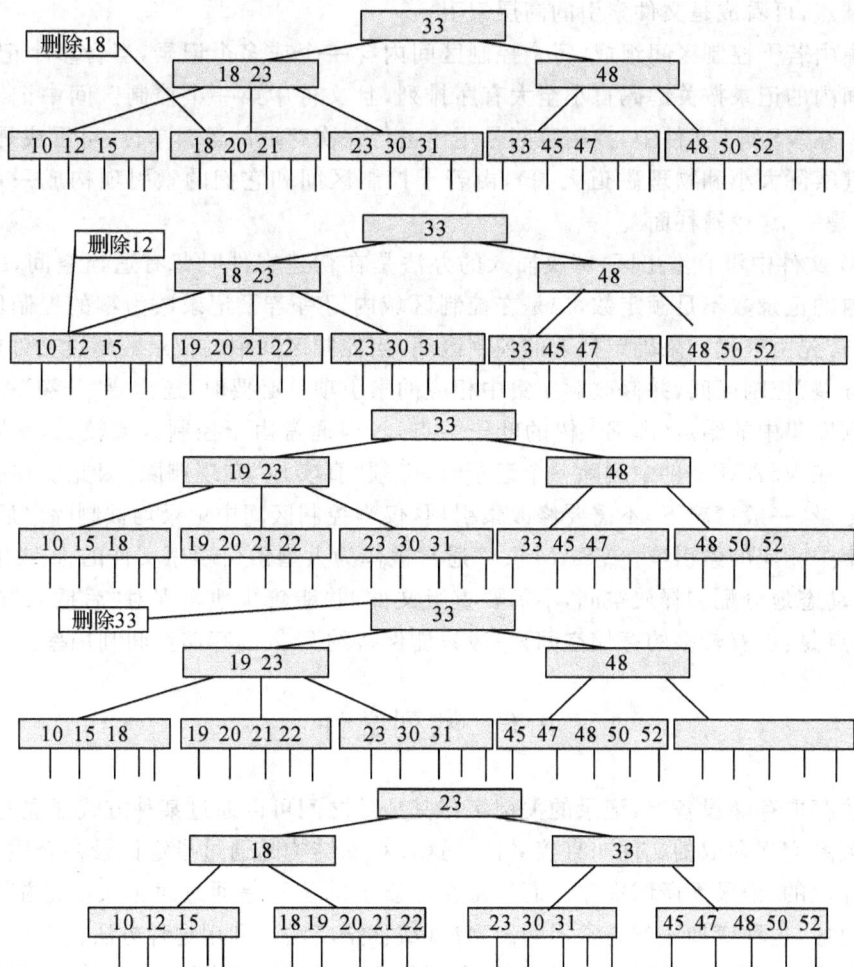

图 9-5   B+树删除结点的过程

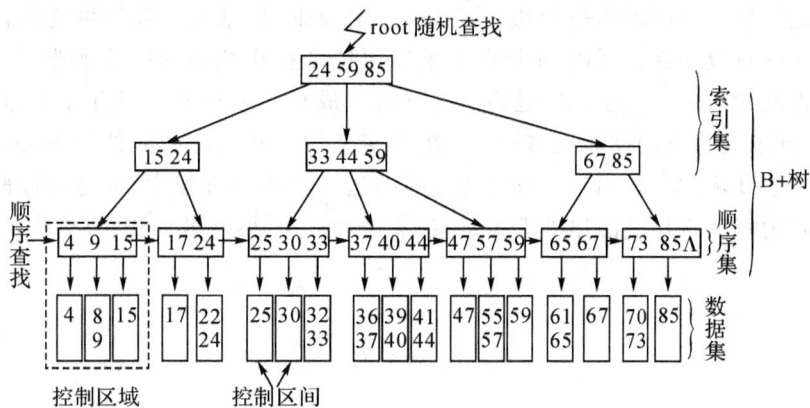

图 9-6   VSAM 文件的结构示意图

树的非叶结点,可看成是文件索引的高层索引。

数据集由若干控制区间组成,每个控制区间内含一个或多个记录,当含多个记录时,同一控制区间内的记录按关键码自小至大有序排列,且文件中第一个控制区间中记录的关键码值最小。在 VSAM 文件中,控制区间是用户进行一次存取的逻辑单位,可看成是一个"逻辑磁道"(其实际大小和物理磁道无关),由若干控制区间和它们的索引项构成一个控制区域,可看成是一个"逻辑柱面"。

VSAM 文件中没有溢出区,解决插入的办法是在初建文件时留有适当空间,一是每个控制区间内的记录数不足额定数,二是在控制区域内留有若干记录数为零的控制区间。插入记录时,首先由查找结果确定插入的控制区间,当控制区间中的记录数超过文件规定的大小时,要"分裂"控制区间,并修改顺序集中相应的索引项。必要时,还需要"分裂"控制区域,同时分裂顺序集中的结点(即 B+树的叶子结点)。但通常由于控制区域较大,实际上很少发生分裂。在 VSAM 文件中删除一个记录时,必须"真实地"实现删除,因此要在控制区间内"移动"记录,一般情况下,不需要修改索引项,仅当控制区间中记录均被删除之后,才需要修改顺序集中相应的索引项。VSAM 文件通常被作为大型索引顺序文件的标准组织方式。其优点是:动态地分配和释放空间,不需要重组文件,并能较快地实现对"后插入"的记录的检索;其缺点是:占有较多的存储空间,一般只能保持约 75% 的存储空间利用率。

9.6　散列文件

在直接存取存储设备上,记录的关键字与其地址之间可以通过某种方式建立对应关系,利用这种关系实现存取的文件叫直接文件。这种存储结构是通过指定记录在介质上的位置进行直接存取的,记录无所谓次序。而记录在介质上的位置是通过对记录的键施加变换而获得相应地址,这种变换法就是常用的散列法(或称杂凑法),利用这种方法构造的文件常称为直接文件或散列文件。这种存储结构用在不能采用顺序组织方法、次序较乱、又需在极短时间内存取的场合,比如对于实时处理文件、操作系统目录文件、编译程序变量名表等特别有效;此外,这种存储结构又不需要索引,节省了索引存储空间和索引查找时间。

计算寻址结构中较困难的是"冲突"问题。一般说来,地址的总数和可能选择的关键字之间不存在一一对应关系。因此,不同的关键字可能变换出相同的地址来造成冲突。一种散列算法是否成功的一个重要标志是将不同键映射成相同地址的几率有多大,几率越小冲突就越小,则此散列算法的性能也越好。解决冲突会增加相当多的额外代价,因而,"冲突"是寻址结构性能变坏的主要因素。解决冲突的办法叫溢出处理技术,这是设计散列文件需要考虑的主要内容。常用的溢出处理技术有:顺序探查法、两次散列法、拉链法、独立溢出区法等。

习　题

1. 常见的文件组织方式有哪几种? 各有何特点? 文件上的操作有哪几种? 如何评价文件组织的效率?
2. 索引文件、散列文件和多关键字文件适合存放在磁带上吗? 为什么?

3. 设有一个职工文件,其记录格式为(职工号、姓名、性别、职务、年龄、工资)。其中职工号为关键字,并设该文件有如下五个记录:

地址	职工号	姓名	性别	职务	年龄	工资
A	39	张恒珊	男	程序员	25	3270
B	50	王莉	女	分析员	31	5685
C	10	季迎宾	男	程序员	28	3575
D	75	丁达芬	女	操作员	18	1650
E	27	赵军	男	分析员	33	6280

(1)若该记录为顺序文件,请写出文件的存储结构;

(2)若该文件为索引顺序文件,请写出索引表;

(3)若该文件为倒排序文件,请写出关于性别的倒排表和关于职务的倒排表。